KB044617

벌레의 마음

김천아

서범석

성상현

이대한

최명규

벌레의마음

예쁜꼬마선충에게 배우는
생명의 인문학

바다출판사

일러두기

- 이 글은 〈사이언스온〉에 '논문 읽어 주는 엘레강스 펜클럽'으로 연재한 글을 묶은 것이다.
- 유전자는 이탤릭체로, 단백질은 대문자로 표기하는 학계의 일반적 표기법을 따랐다.
- 외국인 인명은 국립국어원 외래어 표기법을 따랐다.

서문

연구는 사회적인 활동입니다. 방대하게 얽히고설킨 학문 세계는 동료 연구자들의 도움 없이 헤쳐 나가기가 어렵습니다. 어떤 연구가 '좋은' 연구가 되기 위해선 동료 연구자들에게 '사회적 인정'을 받아야 하기도 합니다. 또 연구에 필요한 사회적·경제적 지원을 받으려면 사람들에게 연구의 필요성을 이해시켜야 합니다. 이 모든 과정에서 '소통'은 핵심적인 도구이자 매개입니다.

연구실 안 혹은 연구실 간에 이뤄지는 소통에 비해 연구실과 사회 사이의 소통은 상대적으로 굉장히 제한적입니다. 연구자와 일반 대중이 소통할 기회는 많지 않으며, 대부분의 소통은 언론 매체들을 통해 이뤄집니다. 그뿐만 아니라 언론 매체를 통해 제한적으로 매개되는 소통의 과정에선 연구의 참모습이 유실되기 쉽습니다. 많은 과학 기사에서 연구의 핵심적이고 본질적인 부분은 축소되고, 기대에 가까운 전망이 과학적 성과로 비약하는 경우가 많습니다.

과학 기사들을 보다 보면 암은 금방이라도 정복될 것 같고, 각종 희귀병들도 금방 해결될 것 같은 뉘앙스가 가득합니다. 그러나 현실은 녹록치 않습니다. 우리는 암에 대해 여전히 아는 것보다 모르는 것이 더 많으며, 아주 단순한 진리들, 이를테면 인간은 왜 늙는 것인지에 대해서도 거의 알지 못합니다. 연구하면 할수록 우리가 알지 못하는 것이 너무 많다는 연구자들의 느낌과 연구를 통해 아주 많은 것이 밝혀지고 있다는 대중이 가지고 있는 이미지 사이의 괴리는 점점 커지는 것만 같습니다.

"과학적으로 검증됐다."라는 말이 거의 종교적으로 받아들여지는 사회입니다. '효능이 과학적으로 검증된 식품', '과학적으로 검증된 다이어트 방식'과 같은 식으로 말입니다. 하지만 이들을 자세히 들여다보면 빈약하거나 신뢰할 수 없는 근거에 기반을 둔 사례가 많습니다. 이렇게 언론을 통해 부풀려진 과학적 발견들은 상업화를 통해 각종 식품, 의료기구, 관련 서적 등에 끼워 팔리면서 몇 겹의 옷을 더 껴입습니다.

연구실 밖으로 나온 과학은 종종 이런 과정을 거치면서 객관성을 점점 상실하고 수많은 논리적 비약과 성급한 일반화로 점철됩니다. 혹시라도 잘못된 전제로 그릇된 결론을 내릴지, 연구 과정의 실수로 왜곡된 연구 결과가 나올지 늘 조심스럽게 검토해야 하는 저희에게 이런 '과학의 가벼움'은 퍽 불편한 것이 아닐 수 없습니다. 치밀한 논리적 분석과 엄격한 실험 과정을 준수해야 하는 연구실의 과학은 꽤 무거운 것이기 때문입니다. 연구실 안의 무거운 과학과 바깥의 가벼운 과학, 그 무게의 간극은 어디서 비롯된 것일까요.

저희는 이 거리감이 소통의 부족이 가져온 결과라고 생각합니다. 연구실 안에서 어떤 일들이 벌어지고 있는지, 연구 결과가 학문적으로 어떤 지점을 확보하고 있는지, 연구 성과는 어떤 전망을 가져다주는지를 실체적으로 알려주는 소통의 노력이 충분하지 않았던 것이 아닐까요. 또 외부인들이 특정 연구 결과에 대해 호기심과 궁금증을 갖고 질문을 던지기도 쉽지 않은 상황입니다.

물론 이런 단절에는 충분한 현실적인 이유가 있어 보입니다. 현대 과학은 고도로 전문화되어있습니다. 이웃 연구실의 연구 결과도 쉽게 이해하기 어려운 경우가 허다한데, 비전문가들이야 오죽하겠습니까. 기자들도 쏟아져 나오는 연구 결과들을 한정된 지면 위에서 심층적으로 다루기 어려울 것이고, 대중들도 복잡하고 머리 아픈 과학 기사를 읽기 버거울 것입니다. 이런 현실적인 제약 때문에 연구실 밖으로 나간 과학은 한없이 가벼워져 코에 걸면 코걸이, 귀에 걸면 귀걸이가 되고 있는 것이 아닐까요.

소통의 핵심은 언어입니다. 연구실 안팎의 불통은 결국 '언어의 문제'입니다. 연구자들이 사용하는 언어는 일반인들에게 외국어 혹은 외계어에 가까울 것입니다. (실제로 연구실에서 사용되는 많은 어휘가 외국어이기도 합니다.) 이런 상황에서 소통은 곧 통역이기도 합니다. 서로 이해할 수 있는 언어를 사용한다는 것은 소통의 전제 조건이기 때문입니다.

통역은 양쪽 언어를 잘 아는 사람이 해낼 수 있습니다. 아마도 비전문가보다는 연구자가 해당 연구 분야에 대해 더 잘 통역할 수 있을 것입니다. 연구실 안팎의 소통이 부족해 보인 것은 아마 통역의 시도들이 많지 않았기 때문으로 보입니다. 바쁜 연구 활동 와중에 글을 쓰거나 대중 강연을 하기는 쉽지 않은 일입니다. 사회적·제도적 환경이 소통에 노력을 기울이기보다는 연구 성과를 내는 데 집중하도록 요구하고 있기도 합니다.

그런 만만치 않은 조건 속에서도 여기 통역자를 자처한 다섯 사람이 모였습니다. 저희는 예쁜꼬마선충이라는 작은 벌레를 연구하는 연구실에서 수년간 함께 동고동락한 대학원생이자 연구원입니다. 사실 저희가 과학에 대한 전문 통역가가 되려는 거창한 의도를 갖고 글을 쓰기로 한 것은 아닙니다. 저희는 연구실 안에서 오가는 고민과 이야기들을 글쓰기를 통해 공유하고자 합니다. 그렇다면 저희는 왜 '이야기'를 하려는 것일까요.

각자 하고 싶은 이야기가 다르고 할 수 있는 이야기도 다르겠지만, 저희가 함께 글을 쓰게 된 이유는 '소통의 열망' 때문입니다. 그 열망은 이를테면 이런 것입니다. 깊은 밤, 술집에 모인 다섯 남자가 수다스럽게 자신들의 이야기를 쏟아냅니다. 연구 이야기, 연애 이야기, 가족 이야기까지. 많은 이야기가 오고 가지만 별로 달라지는 것도, 해결되는 것도 없습니다. 하지만 그들은 자신들의 돈과 시간을 아까워하지 않습니다. 큰 도움이 되지 않더라도 누군가 내 이야기를 들어주고 내가 누군가의 이야기에 응답한다는 것은 즐겁고 따뜻한 일이기 때문입니다.

그런 의미에서 저희의 통역은 곧 낭독이기도 합니다. 단순히 누군가의 이야기를 전달해주는 것이 아니라, 아무도 시키지 않았지만 저희 스스로 이야기를 들려드리고자 하기 때문입니다. 어설픈 통역이라도 진심이 담긴 이 낭독이 누군가에겐 들을 만한 이야기가 되었으면 좋겠습니다.

이 책이 나오기까지 많은 분의 도움과 응원을 받았습니다. 저희 글이 과학을 좋아하는 독자들에게 널리 읽힐 수 있도록 연재 공간을 마련해 주시고 원고에 대한 조언을 아끼지 않으셨던 한겨레 〈사이언스온〉의 오철우 기자님께 깊은 감사의 마음을 전합니다. 지도 학생들의 일탈(?)을 눈감아주시는 것을 넘어 저희들의 새로운 시도와 소통의 노력을 응원해 주신 이준호 교수님께도 감사와 존경의 마음을 전하고 싶습니다. 저희 원고가 더 많은 독자에게 읽힐 수 있도록 책으로 엮어 주신 김은수 편집자님과 바다출판사 측에도 감사드립니다. 무엇보다 진리 탐구라는 미명 아래 저희 손끝에서 스러져간 수많은 꼬마선충에게 이 자리를 빌려 심심한 사의를 표합니다.

차례

2부 생명의 보편성 : DNA에서 세포까지

3부 늙는다는 것은 생명의 일 : 선충에서 인간까지

들어가면서

히치하이커 예쁜꼬마선충, 코스모폴리탄이 되다

본격적인 내용에 들어가기에 앞서 이 책의 주인공인 '예쁜꼬마선충*Caenorhabditis elegans*'을 소개하고자 합니다. 사실 앞으로 계속 꼬마선충을 언급하겠지만 이 책은 꼬마선충 그 자체보다는 꼬마선충을 '이용한' 이야기에 가까울지 모릅니다. 《어린 왕자》에는 다음과 같은 구절이 있습니다.

> 만약 어른들에게 "창가에 제라늄 화분이 놓여 있고 지붕에는 비둘기가 살고 있는 빨간 벽돌집을 보았어요."라고 말한다면 아무런 관심을 갖지 않을 테지만, "십만 프랑짜리 집을 보았어요."라고 한다면 "참 좋은 집을 보았구나!"라고 감탄하며 소리칠 거예요.

어쩌면 이후 살펴볼 글들은 《어린왕자》의 '어른들'처럼 꼬마선충이 얼마만큼 쓸모가 있는지 어필하고자 하는 노력일지 모릅니다. 수명 연구에서 꼬마선충이 왜 유용하고, 미토콘드리아 모계 유전의 비밀을 푸는 데 어떤 역할을 했으며, 선충의 신경 연구가 인간의 뇌 연구에 어떤 도움을 주는지 설명하는 식입니다.

하지만 이런 이야기를 통해서는 꼬마선충 그 자체에 대해서 상상하기는 어렵습니다. 도대체 어디서 온 녀석이고, 그 생김새가 어떠하고, 무얼 먹고 사는지와 같은 이미지 말입니다. 어른의 눈으로 꼬마선충을 보기에 앞서 '어린 왕자'의 눈높이에서 우리와 함께 살고 있는 이웃인 꼬마선충이 어떤 친구인지 소개하고자 합니다.

박물학과 생물학

솔직하게 먼저 고백하자면 사실 저희는 꼬마선충이라는 친구에 대해서 그다지 많이 알지 못합니다. 이 친구에 대해 알아보려는 노력이 부족했다기보다는, 실제로 꼬마선충의 '삶'에 대해 알려진 바도, 알려는 사람도 많지 않았기 때문입니다. 아마 동물원에서 볼 수 있는 어떤 동물도 꼬마선충보다는 그 일상이 잘 알려져 있을 겁니다.

연구실에서 꼬마선충은 멸균된 플라스틱 용기 안에서 인간이 제공해주는 대장균을 어쩔 수 없이 먹으며 살아갑니다. 게다가 대부분의 꼬마선충 연구자와 마찬가지로 저희는 영국 브리스톨이라는 지역에서 채집된 한 품종만을 연구합니다. 꼬마선충에 대한 이런 저희의 연구는 마치 외계인이 우주정거장에 머무는 한 인간을 연구하는 꼴이나 마찬가지입니다. 그 외계인이 인간에 대해 무지한 만큼이나 사실 우리는 꼬마선충에 대해 무지하다고 할 수 있습니다.

모순된 말처럼 들리겠지만 꼬마선충에 대한 이런 무지는 자연과학natural science의 발전에서 비롯된 것입니다. 오늘날처럼 물리학, 화학, 생물학, 지질학처럼 다양한 자연과학 분야가 확립되기 이전은 이른바 박물학natural history의 시대였습니다. 박물지, 자연사 등으로도 번역되는 박물학은 동물·식물·광물 등 자연에 존재하는 물질과 생명체들의 종류나 특성 그리고 그들의 분포와 생태적 지위에 대해 탐구하는 학문입니다. 박물학은 실험에 상당한 비중을 두는 자연과학과 달리 '관측'을 연구의 주요 방법론으로 삼습니다. 호기심과 탐구심으로 무장하고 산과 들을 휘젓고 다니며 여기저기 돋보기를 들이대는 사람들이 바로 박물학자라 할 수 있습니다.

박물학의 역사는 500종이 넘는 동물을 관찰하고 기록한 아리스토텔레스까지 거슬러 올라갑니다. 곤충학자로 유명한 파브르도 기본적으로 박물학자이며, 모든 생물 종에 대해 '속명(성)'과 '종명(이름)'으로 이루어진 보편적인 명명법을 마련한 린네도 또한 유명한 박물학자입니다. 말할 것도 없이 5년 동안 비글호를 타고 다니며 전 세계를 누비던 다윈 역시 박물학의 전설이라 할 수 있죠.

다윈의 시대까지도 생물체를 연구하는 많은 사람이 생물학자라기보다는 박물학자로 불렸습니다. 제국주의 시대라는 역사적인 상황과 맞물려 박물학자들은 자국뿐 아니라 식민지들을 돌아다니며 새로운 생물 종들을 관찰하고 채집하여 분류하였습니다. 박물학자를 지원한 제국주의 국가의 핵심 목표 중 하나는 제국 전체의 자연사를 확보하는 것

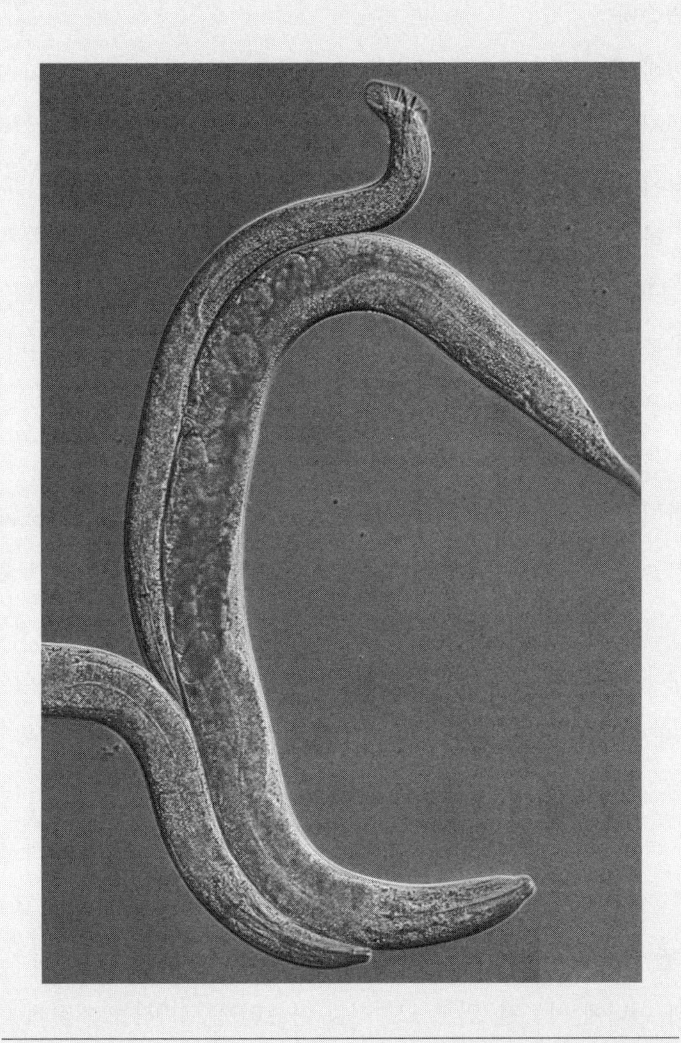

그림 1 이 책의 주인공인 예쁜꼬마선충. 학명은 *Caenorhabditis elegans*로 선형동물의 일종이다. 몸길이는 1mm 정도로 투명한 몸을 가지고 있으며, 암수한몸(자웅동체)과 수컷이라는 두 가지의 성이 있다. 그림에서 크기가 큰 선충이 암수한몸이며, 작은 것이 수컷이다. 정상적인 조건에서 생애 주기가 3주로 짧고, 몸이 투명하며, 체세포가 1,000여 개 정도밖에 되지 않는다는 장점이 있어 유전학 연구의 모델 동물로 사용된다. 출처/필자 촬영.

이었습니다.

이에 반해 생물학은 19세기 들어 생리학, 발생학, 세포학 등이 발전하면서 정립되기 시작하였습니다. 현미경과 염색법을 비롯한 기술적 진보와 다양한 이론적 성과에 힘입어 20세기 들어 생물학은 생명체를 탐구하는 주류적인 학문이 되었습니다. 시대를 풍미했던 박물학은 이제 분류학과 생태학 같은 생물학의 분과 학문으로 흡수되었습니다.

박물학자들이 주로 연구 활동을 벌이는 장소는 자연이었습니다. 실험실은 채집해 온 생물을 관찰하고 정리하던 공간에 가까웠죠. 이에 반해 생물학자들에게 실험실은 대부분의 연구 활동이 이루어지는 핵심 공간이 되었습니다. 비록 실험 재료는 자연에서 채집해 오더라도 생물학자들은 실험실에서 그 대상을 현미경으로 관찰하고 통제된 조건에서 실험을 진행하기 때문입니다. 아이러니하게도 생물학자들은 생물학 연구에 매진할수록 자연과 더 멀어지는 결과를 낳기도 합니다. 실험실은 자연이 아니기 때문이죠. 아마 대부분의 생물학자는 연구실 뒷동산에 피는 들꽃과 날아다니는 곤충에 대해 아는 바가 거의 없을 겁니다.

우리가 코끼리의 일상보다 꼬마선충의 일상에 대해 아는 바가 훨씬 적은 것은 꼬마선충이 박물학이 아니라 생물학적 전통 위에서 연구되어 왔기 때문입니다. 박물학자에게 코끼리는 '관찰 대상'입니다. 코끼리가 어디에 사는지, 인도 코끼리와 아프리카 코끼리는 어떻게 다른지, 코끼리는 새끼를 어떻게 키우는지에 대해 자세히 관찰하고 기록합니다. 반면 생물학자에게 꼬마선충은 '실험 대상'입니다. 온도가 수명에 어떤 영향을 미치는지, 굶기면 어떤 생리적 변화가 일어나는지를 알아보기 위한 실험이 통제된 조건에서 진행됩니다. 이 과정을 통해 서로 얻게 되는 '앎'의 종류와 양상이 퍽 달라진다고 할 수 있습니다.

꼬마선충에게 진실인 것은 인간에게도 진실?

저희는 박물학과 자연과학의 성격이 아주 본질적인 차원에서 다르다고 봅니다. 박물학적 전통과 생물학적 전통의 가장 중요한 차이는 바로 '다양성'과 '보편성'의 문제 아닐까 생각합니다. 박물학은 기본적으로 자연과 생명의 다양성에 주목합니다. 새로운 종을 찾아내고 분류하며 신기한 형태와 현상에 관심을 기울입니다. 심해에서 기괴한 생명체를 찾아내거나 새로운 종류의 광물을 발굴하는 식이죠. 반면 생물학은 생명의 보편적인 특성에 집중합니다. 모든 생명체에서 통용될 수 있는 유전의 원리, 세포의 구조와 같은 문제를 주로 다뤄왔습니다.

보편성에 많은 무게를 두는 생물학적 전통은 다음과 같은 자크 모노Jacques Monod의 명언으로 요약될 수 있습니다.

"대장균에서 진실인 것은 코끼리에서도 진실이다."

실제로 수없이 다양한 종을 탐구하는 박물학과 달리 생물학 연구는 매우 소수의 종을 대상으로 이루어져 왔습니다. 이 책의 주인공인 예쁜꼬마선충을 비롯해 대장균, 효모, 초파리, 개구리, 생쥐 등이 바로 그 주인공입니다. 생물학자들은 이러한 종을 가리켜 '모델 생명체'라고 부릅니다.

모델 생명체는 생물학자들이 채택한 선택과 집중 전략의 핵심입니다. 모델 생명체는 그 자체가 연구 대상이라기보단 어떤 생물학적 현상을 탐구하기 위한 '수단'이라 할 수 있습니다. 연구자들마다 각기 다른 종을 연구하게 되면 연구 결과나 사용하는 언어, 실험 노하우들을 공유하기가 쉽지 않습니다. 반면 과학자들끼리 암묵적으로 특정 종을 표준으로 정하고 함께 연구하면 '규모의 과학'이 작동하여 훨씬 효율적인 방식으로 연구 결과가 축적될 수 있습니다. 물론 그 성과는 다른 생물종 연구에까지 파급되고요.

예쁜꼬마선충은 그중에서도 아주 극적이고 성공적인 사례라고 할 수 있습니다. 일단 예쁜꼬마선충은 업계에서 완전한 무명이었다는 점에서 극적이었습니다. 시드니 브레너Sydney Brenner가 유전학, 발생학, 신경생물학 연구를 위해 생물학의 세계로 납치(?)하기 전까지 꼬마선충은 대부분의 생물학자가 전혀 알지 못하던 종이었습니다. 단 한 명의 연구자로부터 시작된 연구는 현재 전 세계에서 수천 명 이상의 연구자가 연구할 만큼 그 규모가 커졌고, 인류에 안겨준 엄청난 지적 성과를 인정받아 연구자들이 수차례 노벨상을 수상하기도 했습니다.

인간과는 어떤 면으로 보나 별로 비슷한 구석이 없는 예쁜꼬마선충에 대한 연구가 이토록 우리 자신에 대해 많은 지식을 제공하게 될 줄은 아무도 예측하지 못했을 겁니다. 꼬마선충의 유전자 중 거의 40%가 인간에게 보존되어 있고, 세포 사멸, 노화, 신경 발생 등과 관련된 수많은 생물학적인 기작이 꼬마선충에서 먼저 밝혀지고 인간에게도 적용될 수 있음이 알려졌습니다.

반대로 꼬마선충에게서 인간과 관련이 없는 것, 즉 '꼬마선충만의 무언가'는 철저히 무시당했습니다. 꼬마선충 그 자체는 목적이 아니라 수단이기 때문입니다. 마치 대부분의 사람이 자동차를 탈 때, 이 차를 누가 디자인했고, 무엇으로 만들어졌으며, 연료의 화학적 성분은 무엇인지에 대해 별로 궁금해하지 않는 것처럼 말입니다. 수단은 그저 우리를 목적지로 데려다 주면 그만입니다.

꼬마선충을 사랑한 여자

아마 "사랑하면 알게 되고, 알면 보이나니, 그때 보이는 것은 전과 같지 않으리라."라는 얘기를 들어 보신 적이 있으실 겁니다. 보통 사람들은 자동차를 그저 교통수단으로 이용하지만, 어떤 사람들은 말 그대로 자동차를 사랑하기도 합니다. 이 사람들에게 자동차는 수단을 넘어 그 자체가 어떤 '목적'이 됩니다. 재질이 무엇이며, 엔진의 특징은 무엇인지, 신차는 어떤 기술적 진보가 이뤄졌는지를 열정적으로 알아봅니다. 자동차를 사랑하고, 그리하여 자동차에 대해 더 많이 아는 사람들에겐 다른 사람의 눈에 혼잡하게만 보이는 도로가 완전히 다르게 보일 겁니다. 굳이 자동차를 쓰기 위해 그렇게까지 해야 할 필요가 없는데도 말이죠.

모두가 꼬마선충을 '이용'하기에 바쁠 때, 꼬마선충 그 자체를 '사랑'한 여성 과학자가 있습니다. 바로 프랑스를 기반으로 연구 활동을 펼치고 있는 마리-안 펠릭스Marie-Anne Felix입니다. 사랑에 빠진 사람이 연인이 어디서 무얼 하고 있으며 밥은 먹었는지 궁금해하듯, 그리고 무엇보다 연인을 만나고 싶어 안달이 나듯, 2000년 중반부터 펠릭스는 전 세계를 돌아다니며 꼬마선충을 찾아다녔습니다. 꼬마선충과 사랑에 빠진 그녀가 벌레에 대해 더 많이 알게 된 이야기를 들려주면서 우리는 전과 다른 시각으로 꼬마선충을 바라보게 되었습니다.

우선 그녀가 들려준 가장 충격적인 이야기는 예쁜꼬마선충이 흙 속에서 서식하지 않는다는 보고였습니다. 수많은 논문은 예쁜꼬마선충을 소개할 때 '자유 서식하는 토양 선충free-living soil nematode'이라고 표현해 왔습니다. 많은 꼬마선충이 정원의 퇴비 같은 데서 발견됐기 때문이죠. 그러나 펠릭스의 열정적인 채집 활동을 통해 실제로 꼬마선충의 주요 서식지가 흙 속이 아니라 썩은 식물체라는 사실을 밝혀냈습니다. 특히 썩은 과일에서 왕성하게 번식하고 있는 꼬마선충 군집을 쉽게 발견할 수 있었습니다.

그 결과 '토양 선충soil nematode'이라고 불리던 꼬마선충은 '과실 벌레fruit worm'라는 제대로 된 별칭을 갖게 되었습니다. 사실 꼬마선충이 썩은 줄기나 꽃에서도 발견됐기 때문에 '식물 벌레plant worm'나 '식물 선충plant nematode'이 더 정확한 표현일 수 있지만, '과실 벌레'란 이름이 붙게 된 이유는 바로 또 다른 유명한 모델 생명체인 초파리의 별칭이 '과실 파리fruit fly'기 때문입니다. 공교롭게도 초파리, 꼬마선충과 함께 유전학의 대표 주자라 할 수 있는 효모*Saccharomyces cerevisiae*도 과일이 썩어가는 과정에서 발견됩니다. 우연인지 필연인지 알 수 없지만, 신기하게도 유전학의 세 가지 대표 모델 생명체들이 모두 서식지를 공유하는 것처럼 보입니다.

코스모폴리탄 꼬마선충

또 펠릭스를 비롯하여 박물학적 열정을 지닌 몇몇 연구자의 모험을 통해 우리는 꼬마선충이 미국과 유럽뿐만 아니라 아프리카, 오세아니아, 하와이 등 거의 전 대륙과 여러 섬에 거주하고 있다는 사실을 알게 되었습니다. 꼬마선충의 광활한 지리적 분포를 보고 있자면 저절로 범세계주의자라는 뜻의 '코스모폴리탄'이라는 칭호가 떠오릅니다.

사실 이는 굉장히 이상한 일입니다. 1mm 남짓한 꼬마선충이 날개가 달린 것도 아닌데 지구 구석구석 돌아다니며 서식처를 확보했다는 사실은 굉장히 비현실적인 이야기처럼 들리기 때문입니다. 예를 들어 지리산에서 서식하는 개구리가 아메리카 로키산맥에서도, 아프리카 킬리만자로에서도 발견되는 것과 비슷한 상황이라 할 수 있지요.

더욱 놀라운 사실은 전 세계 꼬마선충 군집들 사이에서 '국지적으로 높지만 전 지구적으로는 낮은 유전적 다양성'이 나타난다는 점입니다. 비유하자면 뉴욕처럼 세계 각지에서 온 다양한 민족들이 한 지역에 뒤섞여 살고 있는 것이 국지적으로 높은 유전적 다양성에 해당합니다. 반면 전 세계 어디를 가든 만나게 되는 사람들은 대부분 뉴욕에서 본 사람들과 비슷하게 생긴 사람들일 겁니다. 이는 전 지구적으로 다양성이 낮다는 것에 해당하지요.

비행기를 타고 온 대륙을 날아다니고, 이민자들이 각지에서 모여 메트로폴리스를 이루는 인간이라면 코스모폴리탄이란 말이 어울리겠지만 꼬마선충이 코스모폴리탄이라니요. 심지어 최근 연구 결과에 따르면 꼬마선충을 여러 그룹으로 분류하는 것 자체가 거의 어렵다고 합니다. 인간을 몽골리안, 슬라브족 등으로 큰 범위에서 분류하는 것과 같은 작업이 꼬마선충에서는 개체들 간의 유전적 유사성 때문에 쉽지 않다는 것입니다. 시간이 지나면 각 지역별로 격리된 군집들은 서로 다른 유전적 변이를 축적하게 되기 마련인데 말이죠.

뒤집어 생각하면 유전적 다양성이 낮다는 것은 해당 종이 물리적인 격리가 잘 되지 않았다고 해석할 수 있습니다. 예를 들어 민물고기보다는 바다에 사는 물고기들이 군집 간에 유전적 다양성이 낮을 가능성이 큽니다. 바다는 거의 모두 연결되어 있고, 개울은 서로 격리되어 있기 때문이죠. 이런 군집 간의 격리는 기본적으로 해당 종의 이동성과 밀접한 관련이 있습니다. 물고기는 육지 위로 이동할 수 없기 때문에 각 개울마다 군집이 격리되는 것이죠. 반대로 생물 종 자체가 매우 높은 이동 능력을 갖고 있으면 이러한 군집의 격리는 잘 일어나지 않습니다. 새나 꽃가루를 이용해 멀리 날아다니는 식물들을 떠올리면 됩니다.

그런데 날개도 없고 발도 없는 꼬마선충이 어떻게 코스모폴리탄이 된 것일까요? 한 가지 중요한 힌트는 꼬마선충이 과수원의 썩은 과일, 마당의 퇴비 등 인간과 가까운 곳에서 자주 발견이 된다는 사실입니다. 여기서 쉽게 떠올릴 수 있는 한 가지 가능성은 꼬마선충이 코스모폴리탄인 인간에 '히치하이킹'하여 그 자신도 코스모폴리탄으로 행세(?)하게 됐을 가능성입니다.

이렇게 상상해 봅시다. 프랑스에서 한 선원이 사과 몇 개를 짐보따리에 쑤셔 넣고 배에 올라탑니다. 사과가 있다는 사실을 까먹은 선원은 알제리에 내려서야 사과를 먹고 남은 찌꺼기를 아무 데나 휙 던져 버립니다. 그때 사과에 묻어 있던 꼬마선충은 졸지에 알제리에 덩그러니 남겨지게 됩니다. 프랑스 꼬마선충의 국적이 알제리로 순식간에 바뀌게 된 것이지요.

문제는 여기서 끝나지 않습니다. 어디 그런 일이 한 번만 일어나겠습니까? 수많은 프랑스 선원이 프랑스 포도와 사과 등등을 먹고 다른 땅에 버리는 일은 물론이고, 아예 와인을 만들기 위해 프랑스 품종을 다른 대륙에 옮겨 심게 되면서 프랑스 꼬마선충이 전 세계로 퍼지게 되는 일이 일어날 수 있습니다. 글로벌 마인드 프랑스인 덕에 꼬마선충들도 엉겁결에 코스모폴리탄이 되는 것이지요. 그 결과 꼬마선충이 전 지구적으로 낮은 유전적 다양성을 갖게 될 수 있습니다.

더 심각한 건 프랑스 선원들만 배를 타고 돌아다닌 게 아니란 사실입니다. 요즘처럼 검역이 엄격하지 않은 시대에는 온갖 나라의 사람들이 자기 나라의 열매를 들고 세계 곳곳을 누볐을 겁니다. 그러다 보면 프랑스, 아프리카, 하와이에서 온 꼬마선충들이 다 같은 지역에서 서식하게 될 가능성이 충분합니다.

지금까지 이야기는 물론 순전한 '상상'에 불과합니다. 이미 과거에 일어난 사건들이기 때문에 확증할 방법은 없습니다. 하지만 최근의 한 연구 결과에 따르면 짧으면 지난 200년 동안, 아무리 길어도 인류 문명이 본격적으로 시작된 이래 특정 지역의 꼬마선충이 전 세계를 휩쓸고 다니며 유전적 다양성을 낮추는 결과를 야기했을 가능성이 높다고 합니다. 이 시기는 인간이 그 어느 때보다도 활발하게 각지를 돌아다니던 시기와 정확히 겹칩니다. 혹시 강력한 해군력과 생산력을 기반으로 영국인들이 해가 지지 않는 대영제국을 구축했듯, 어떤 강인한 특성을 지닌 꼬마선충 한 품종이 '꼽사리'로 배를 타고 다니며 광대한 영토를 정복한 것은 아닐까요.

한국에는 꼬마선충이 있다?

그렇다면 과연 미국에도, 아프리카에도, 호주에도, 심지어 하와이에도 정착한 꼬마선충이 한국에는 서식하고 있을까요? 평소에 생태학과 진화에 큰 관심을 갖고 있던 저희는 펠릭스의 열정적인 연구에 아주 깊은 감명을 받았습니다. 어릴 적 사슴벌레를 찾아 산과 들을 헤매던 순수한 호기심으로 부풀어 올랐습니다. 그 시점엔 아무도 한국에서 꼬마선충을 채집하려고 시도한 적이 없었습니다. 사실 동아시아 전체에서 꼬마선충은 단 한 번 일본에서 발견된 적이 있는데, 그마저도 동물원에서 발견된 것이라 일본 토종 꼬마선충이라고 보긴 어려운 상황이었습니다. 요컨대 동아시아 지역에 꼬마선충이 살고 있는지조차 불분명한 상황이었습니다.

2011년 여름, 저희는 무작정 선충 채집에 나섰습니다. 지도 교수님의 도움을 얻어 처음 찾아간 충주의 한 과수원에서 썩은 사과를 오려내 대장균이 있는 한천 배지 위에 올렸습니다. 그리고 실험실에서 가져온 현미경을 과수원 창고에 설치하고 관찰을 시작했습니다. 그때였습니다. 마치 아폴로 11호에서 닐 암스트롱이 달 표면에 첫걸음을 내딛듯, 작고 투명한 선충 한 마리가 미끈한 몸놀림을 자랑하며 유유히 과일 조각에서 기어 나오는 것이 보였습니다. 마치 슬로우모션 영상이 재생되듯 그 장면이 눈앞에 펼쳐졌고, 그만 "있어! 있어!"하고 환호성을 지르고 말

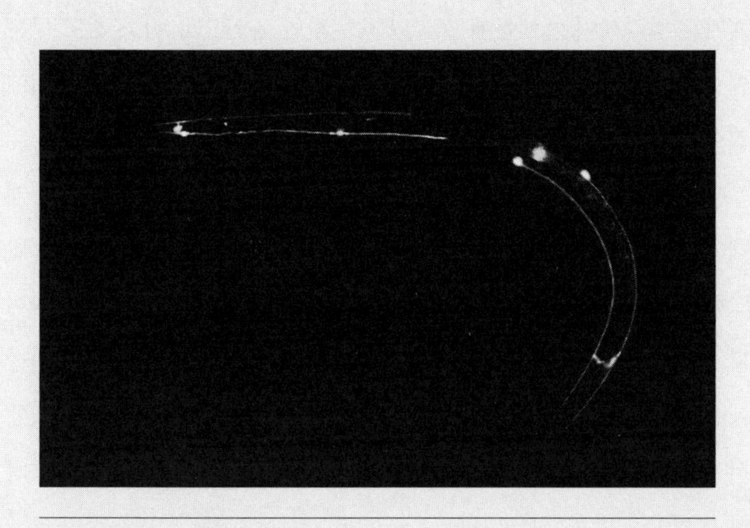

그림 2 필자들이 촬영한 예쁜꼬마선충의 신경계. 출처/필자 촬영.

았습니다.

그러나 설레발은 금물이었습니다. 선충은 지구상에서 종 다양성이 가장 높은 분류군 중 하나이기 때문입니다. 빛나는 것이 모두 황금이 아니듯, 조그마한 선충이 모두 예쁜꼬마선충은 아닙니다. 흥분된 마음을 가라앉히고 채취한 샘플들을 잘 포장한 다음 실험실로 가져와 자세히 관찰하기 시작했습니다. 서울로 올라오는 동안 썩은 과일에서는 엄청나게 많은 선충이 배지로 기어 나와 바글거리고 있었습니다.

채집한 종이 어떤 종인지를 판별하는 것을 '동정identification'이라고 합니다. 생물 종은 다양한 기준으로 구분할 수 있는데, 가장 간단한 방법은 눈으로 형태적 혹은 해부학적 특징을 분석하는 방법이라 할 수 있습니다. 선충 종마다 크기, 색깔, 섭식 기관의 구조, 알을 낳는 음문의 위치가 각양각색이기 때문에 조금만 숙달되면 육안으로 어느 정도 구분이 되기도 합니다. 하지만 이는 서로 유연관계가 먼, 즉 아주 오래전에 진화의 가지에서 갈라져 나온 종일 경우에만 효과가 있습니다.

매우 가까운 친척 종이어서 육안으로 구분하기 힘든 경우엔 어떻게 해야 할까요. DNA를 분석하는 기술들이 20세기 후반에 놀랍도록 발달한 덕택에 생물학자들은 'DNA 바코드'를 사용할 수 있게 되었습니다. 특정 DNA 부분을 증폭시킨 후 염기 서열을 해독하고, 그 결과를 데이터베이스에 저장된 리스트와 비교 분석하는 것입니다. 슈퍼마켓에서 상품의 바코드만 찍어도 상품 이름과 가격이 나오는 것과 거의 동일한 방식이라 할 수 있습니다.

충주의 과수원에서 선충 채집에 성공한 이후 저희는 전국 방방곡곡을 돌아다녔습니다. 강화도, 여주, 춘천, 포항, 문경, 제천 등을 돌아다니며 채집한 선충 샘플을 일차적으로 육안으로 분류한 뒤 해부학적으로 꼬마선충과 가장 비슷한 선충들의 DNA 바코드를 찍어보았습니다. 아쉽게도 수많은 샘플 모두 꼬마선충과 아주 가까운 친척 종인 '*Caenorhabditis briggsae*'라는 종으로 판명되었습니다. 퍽 실망하였지만 자연이 그러한 걸 어찌하겠습니까. 아직까지도 한국에서 꼬마선충을 발견했다는 보고는 들리지 않고 있는데, 과연 한국에는 꼬마선충이 없는 걸까요, 아니면 아직 연구자들이 찾아내지 못한 걸까요.

생명학 3.0의 시대

누군가에게 "한국에 꼬마선충이 있을까?"라는 질문은 '쓸모없는' 궁금증일지도 모릅니다. 당장 아픈 사람을 고치는 데 도움이 되지도, 식량 생산을 늘리는 획기적인 기술을 주지도 않기 때문입니다. 어떻게 보면 일반적으로 기초 연구 혹은 순수 연구라 불리는 연구들도 꼬마선충을 찾아다니는 등의 박물학적 연구 앞에서는 실용 연구라 불러야 할 것 같기도 합니다. 최소한 기초 생명과학 연구는 당장 질병을 치료하진 못할지라도 장기적으로 암의 비밀을 풀거나 노화의 원인을 규명하는 데 어떤 비전을 제공하는 것처럼 보이기 때문입니다. 그렇다면 이런 박물학적 연구, 자연사적 전통은 도대체 왜 필요한 것일까요? 굳이 자신의 순수한 호기심을 좇아 자연을 탐구하는 데 연구비를 지원해야 할 이유가 있을까요?

예를 하나 들어보겠습니다. 수명 연구 분야에서 탁월한 업적을 인정받고 있는 꼬마선충 연구자들은 지금까지 통제된 실험실 조건에서 수명을 조절하는 '보편적' 요소들을 주로 연구해 왔습니다. 모두 같은 품종을 같은 온도, 같은 먹이에서 키우며 특정 유전자를 망가뜨리거나 인위적으로 발현시켜 주었을 때 수명이 늘어나거나 줄어드는 것을 관찰하였습니다. 그리고 그러한 유전 체계가 인간에게도 보존되어 있는지 검토하는 식이었죠. 대표적으로 인슐린 신호 전달 체계가 선충부터 인간까지 수명 조절에 핵심적인 역할을 한다는 사실이 알려져 있습니다.

하지만 이런 보편적 '수명 조절 인자'들은 실제로 자연에서는 오로지 다양성의 맥락에서만 작동합니다. 같은 유전 체계를 가지고 있어도 개체마다 수명이 다를 수 있고, 반대로 같은 환경에 살아도 어떤 유전적 차이로 인해 수명이 차이가 날 수 있습니다. 중요한 건 보편적인 유전체계 그 자체라기보다는 그 보편성이 환경과 상호작용하면서 발현되는 다양한 양상입니다.

쉽게 얘기하자면, 어떤 음식이 인슐린 체계에 어떻게 영향을 끼쳐 수명의 차이를 이끌어 내는지(환경적 다양성), 같은 음식을 먹어도 인슐린 체계가 개인마다 다르면 어떻게 수명에 다른 영향을 미칠 수 있는지(유전적 다양성)에 대해 알아야 제대로 된 앎이라고 할 수 있다는 겁니다. 이런 연구를 하기 위해서는 기본적으로 개체가 경험하는 다양한 환경이 무엇인지, 또 자연에 얼마나 다양한 개체들이 존재하는지를 이해하는 박물학적 연구가 반드시 전제되어야 합니다. 자연 상에서 꼬마선충의 먹이가 무엇인지 알아야 하고, 서로 다른 수명을 나타내는 품종들을 많이 발굴해야 합니다.

꼬마선충의 자연사에 대한 관심과 연구자가 늘어나는 추세는 바로 그 필요성이 생물학의 비약적 발전으로 더 커지고 있기 때문이라고 생각합니다. 다양한 지역에서 새롭게 꼬마선충과 그 근연종들이 채집되고 있으며, 꼬마선충이 먹고 사는 미생물을 조사하고, 자연에서 꼬마선충을 감염시키는 바이러스도 찾아내며, 매혹적인 페로몬으로 유혹해 올가미로 꼬마선충을 잡아먹는 곰팡이도 연구하는 등 흥미진진한 박물학적 연구 결과들도 점점 더 많이 배출되고 있습니다.

박물학이든 생물학이든 두 학문적 전통은 어쩌면 '생명이란 무엇인가?'라는 같은 질문에 대한 서로 다른 접근법, 혹은 탐험로일지도 모릅니다. 저희는 '생명'이란 눈부신 '다양성'을 꽃 피우는 어떤 '보편성'이라고 생각합니다. 그렇기에 참된 생명 연구는 오로지 보편성의 전통과 다양성의 전통이 만나는 자리에서만 가능하다고 믿습니다. 우리는 통제된 실험실이 아니라 요동치는 자연에서 살아가며, 오로지 자연과의 관계 속에서만 존재합니다. 생명에 대한 학문을 생명학이라 부를 수 있다면, 다양성과 박물학의 시대였던 생명학 1.0의 시대를 지나, 이제 보편성과 생물학의 시대였던 생명학 2.0의 시대를 넘어, 보편 다양하고 관계 중심적인 생명학 3.0의 시대가 이미 시작되고 있습니다. 이제 그 현장에 여러분을 초대합니다.

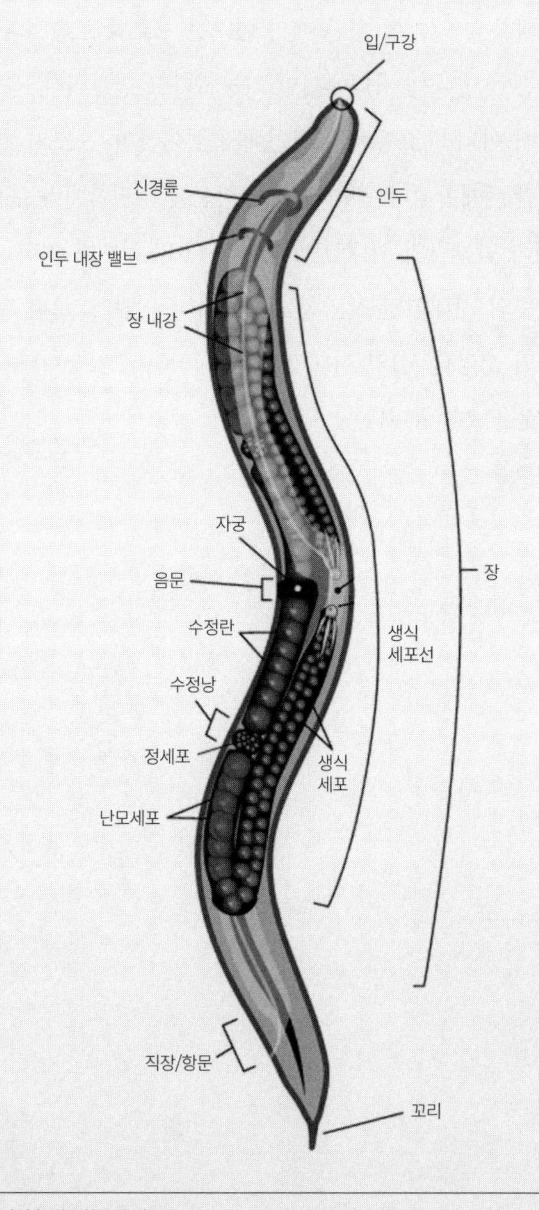

예쁜꼬마선충 암수한몸의 해부도

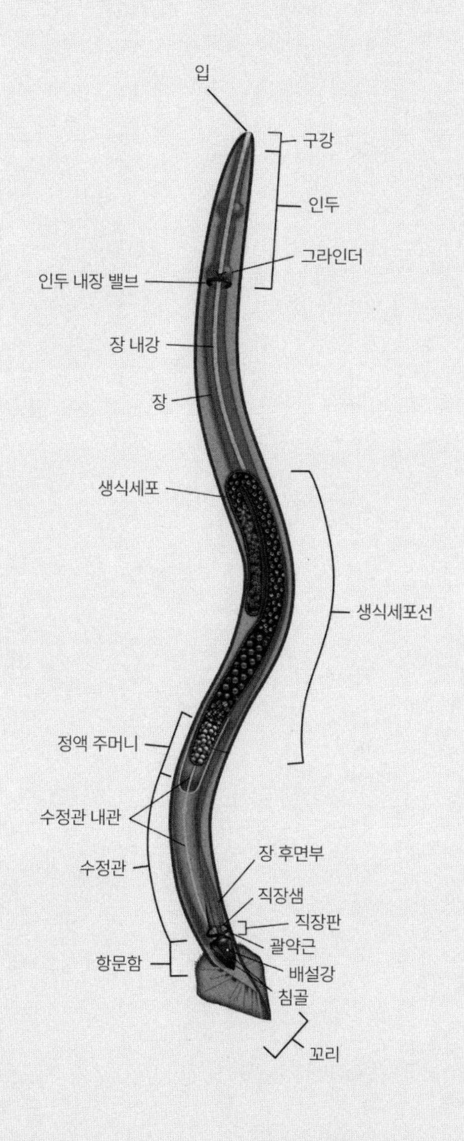

예쁜꼬마선충 수컷의 해부도

1부

마음은 어떻게 작동하는가

: 신경에서 행동까지

1

마음의 작동을 눈으로 본다

신경망 시각화 기법의 현주소

신경계는 영혼의 육체이며, 우리의 뇌는 마음의 몸입니다. 인간의 정신 활동은 오직 수많은 신경세포의 활동을 통해서만 일어날 수 있습니다. 인간이 정신적 존재로 거듭날 수 있는 까닭은 하나의 세포에 불과한 수정란이 분열과 분화로 복잡한 신경 네트워크를 빚어내기 때문입니다. 그렇게 태어난 인간 정신의 궁극적 목표이자 근원적 욕망은 도대체 무엇일까요. 그것은 아마도 바로 '자기 자신에 대한 이해'가 아닐까요. 인간이라는 종은 끊임없이 '내가 누구이며 나는 어떤 존재인지' 물어왔습니다. 어쩌면 신경과학이라는 학문은 '인간 영혼의 이해'라는 그 최종 목표를 달성하기 위해 영혼의 몸체인 신경계를 탐구하려는 신경계 스스로의 노력일지도 모르겠습니다.

마음을 '봐야만' 하는 이유

우리는 마음의 몸인 뇌를 어떻게 연구할 수 있을까요. 모든 연구는 연구자의 '감각'으로부터 시작됩니다. 실험 결과는 오감을 통해서만 수용될 수 있기 때문입니다. 달리 말해 신경과학자들이 뇌를 이해하려면 뇌 그 자체나 뇌에 대한 무언가를 보거나, 듣거나, 맡거나, 맛보거나, 만져야 하는 것입니다.

인간의 감각기관 중에서 시각이 다른 감각보다 압도적으로 예민합니다. 그래서 시각적 동물이라고 불리기도 합니다. 만약 서울에서 뉴욕까지 가는 길에 단 하나의 감각만을 지닐 수 있다면, 대부분이 시각을 선택하지 않을까요. 연구 활동도 마찬가지 입니다. 많은 연구 분야에서 시각 자료는 새로운 지식을 창출하는 핵심 토대며, 연구자들은 그렇게 얻어낸 지식을 다시 시각화하기 위한 노력을 기울입니다.

사실 현대 신경과학도 이처럼 신경계를 '보려는' 노력 덕분에 성립됐다고 할 수 있습니다. 현대 신경과학의 핵심 패러다임이라 할 수 있는 뉴런주의neuron doctrine는 신경계를 수많은 신경세포가 접속하여 이룬 거대한 네트워크로 바라봅니다. 현대 신경과학의 아버지로 불리는 산티아고 라몬 이 카할Santiago Ramón y Cajal은 무려 100여 년 전에 이 원리를 설파했는데, 이는 카밀로 골지Camillo Golgi가 개발한 염색법을 통해 현미경으로 직접 신경조직을 관찰할 수 없었다면 불가능했을 일이었습니

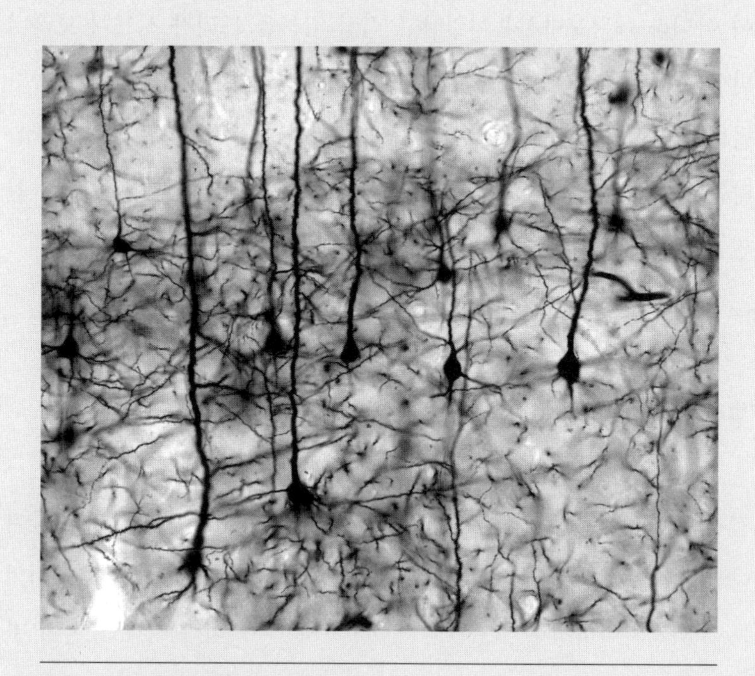

그림 1 골지 염색법을 통해 관찰한 신경세포.

다. 라몬 이 카할과 골지는 그 공로를 인정받아 1906년에 공동으로 노벨생리의학상을 수상하기도 했습니다.

예쁜꼬마선충이 연구되기 시작한 이유 중 하나는 바로 신경 시각화가 용이하기 때문이었습니다. 2013년 예쁜꼬마선충 연구의 시조인 시드니 브레너가 방한하였을 때, 꼬마선충 연구를 시작할 무렵의 역사적 이야기들을 생생하게 전해들을 수 있었습니다. 사실 그전까지는 시드니 브레너 박사가 발생과 신경 연구의 새로운 모델을 구축하고자 꼬마선충을 선택했다는 정도로만 알고 있었습니다. 왜 하필 다른 선충들이 아니라 예쁜꼬마선충이었냐고 직접 질문을 드리자 시드니 브레너 박사는 전자현미경으로 촬영하기에 적합한 동물이었다는 예상치 못한 답변을 하셨습니다. 예쁜꼬마선충의 사촌이라 할 수 있는 *C. briggsae*라는 꼬마선충도 쉽게 찾을 수 있는데 예쁜꼬마선충이 사촌에 비해 훨씬 전자현미경 시료로 잘 만들어진다는 것입니다.

'벌레의 마음' 프로젝트

전자현미경은 생명체의 아주 작은 구조들(nm 단위)까지도 자세히 들여다볼 수 있는 매우 강력한 시각화 도구입니다. 시료에 전자를 투과시키는 투과전자현미경TEM: Transmission Electron Microscope이나 시료 표면에 반사되어 튀어나온 전자를 스캔하는 주사전자현미경SEM: Scanning Electron Microscope은 세포와 생명체의 구조를 밝혀내는 데 엄청난 기여를 해왔습니다. 우리가 지금 알고 있는 세포의 구조는 전자현미경이 없었다면 그 모습을 드러내지 못했을 것입니다. 시드니 브레너가 예쁜꼬마선충에 주목한 이유 중 하나도 투명하고 비교적 단순한 해부학적 구조를 가지고 있어서 전자현미경으로 관찰하기에 용이하다는 점이었습니다. 시드니 브레너는 작고 투명한 꼬마선충을 전자현미경으로 관찰하여 세포의 구조를 너머 개체 수준의 무엇을 보고자 하였습니다.

위대한 과학자들이 대개 그러하듯 시드니 브레너는 시대를 한참이나 앞서간 과학자였습니다. 전자현미경을 이용해 꼬마선충을 아주 자세히 시각화할 수 있는 기술을 갖추자 원대한 프로젝트를 발주했습니다. 바로 예쁜꼬마선충의 신경 전체를 시각화하는 프로젝트였습니다. 오늘날 '벌레의 마음mind of worm'이라고 불리는 이 프로젝트는 대부분의 생물학자가 대장균이나 바이러스의 난제를 풀기에 여념이 없었던 1960년대 말에 시작되었고, 거의 20년 가까이 진행된 끝에 1986년에 340쪽짜리 논문으로 완성되었습니다.

'예쁜꼬마선충 신경계의 구조'라는 굵직한 제목을 달고 있는 이 논문은 꼬마선충이 가진 302개의 모든 신경세포와 그 신경세포들이 이루는 8,000여 개의 접속을 기술하고 있습니다. 말 그대로 예쁜꼬마선충 신경계의 구조 전체를 기술하고 있다 해도 과언이 아닙니다. 꼬마선충의 모든 행동은 바로 이 8,000여 개의 신경 접속 네트워크의 작동을 통해 이루어지며, 바로 이 네트워크가 벌레가 가진 마음의 물적 토대라고 할 수 있습니다.

마음의 지도를 획득한 과학자들은 용감한 여행자처럼 지난 30여 년간 거침없이 꼬마선충의 신경과 행동을 탐구해왔고, 작은 벌레는 신경생물학 연구의 최첨단을 달리게 되었습니다. 특히 개별 신경세포를 연구하거나 뇌의 특정 '부위'들을 연구하는 기존 연구들과 달리, 꼬마선충 신경과학자들은 개별 신경세포들이 서로 접속하여 이루는 '신경 회로neural circuit'에 대한 연구를 '벌레의 마음' 프로젝트 덕분에 용이하게 진행할 수 있었습니다. 특정 행동을 어떤 신경 회로가 어떤 방식으로 조절하는지를 연구한 사례들은 신경과학 분야의 선도적 연구사례로서 다른 모델 연구자들에게도 귀감이 되고 있습니다.

'벌레의 마음' 프로젝트가 완료된 이후 지난 30여 년간 형광 유전자 등 시각화 도구가 놀랍도록 발달하고 기존의 전자현미경이나 새로운 형광현미경 등 관찰 기구 역시 끊임없이 발전하여 오늘날 우리는 신경계를 더 자세히 들여다볼 수 있게 되었습니다. 2013년 한국인 과학자 정광훈 박사가 실험용 쥐의 뇌를 투명화해 뇌 속을 깊은 곳까지 들여다볼 수 있는 기법을 개발해 신경과학계에서 주목받기도 했습니다. 이러한 기술적 진보 위에서 미국과 유럽 정부는 각각 브레인 이니셔티브BRAIN Initiative와 인간 뇌 프로젝트HBP: Human Brain Project를 발주하며 인간 전체 뇌 지도를 그리려는 담대한 여정을 이미 시작했습니다.

뇌는 어떻게 연주되는가

바이올린에서 어떻게 그토록 아름다운 선율이 나올 수 있는지를 이해하기 위해선 바이올린을 잘 들여다보고 뜯어보는 것만으로는 부족합니다. 같은 바이올린이라 할지라도 어떤 연주자가 어떤 연주법으로 연주하는 지에 따라 악기가 되기도 하고 소음기계가 되기도 합니다. 뇌를 이러한 바이올린에 비유하자면 '벌레의 마음' 프로젝트는 바이올린의 구조를 섬세하게 해부하는 것과 비슷하다고 할 수 있겠습니다. 이처럼 뇌를 자세히 들여다보고 시각화하는 '해부학적 접근'을 통해 직접적으로 알 수 있는 것은 신경계의 '구조'뿐이라고 할 수 있습니다.

신경계의 구조를 밝혀 궁극적으로 이해하고자 하는 것은 신경계의 '기능'이라고 할 수 있습니다. 신경과학자들은 어떻게 신경계가 외부 자극을 받아 감각 정보를 생성하고, 몸 안팎의 수많은 정보를 어떻게 처리하며, 마음이 어떻게 몸을 움직이는지 탐구해 왔습니다. 바이올린을 배운다고 할 때 그 목표가 단순히 바이올린이 어떻게 소리를 내는지를 배우는 데 그치는 것이 아니라 그것을 활용하여 다양한 음악을 연주하는 데에 있는 것처럼 말입니다.

실제로 오래 전부터 신경생리학자라 불리는 연구자들은 뇌가 어떻게 연주되는지를 말 그대로 '주목'해 왔습니다. 신경계의 하드웨어에서 나오는 다양한 신경 반응을 탐구하기 위해 이들 역시 신경 활동을 '보려고' 노력했기 때문입니다. 대개 신경생리학자로 불리는 일군의 연구자들이 마찬가지로 열심히 보려고 노력한 신경해부학자들과 차이가 있다면 신경 그 자체의 '꼴'보다는 신경의 '활동'을 시각화하고자 했다는 사실입니다.

신경 활동은 신경세포의 '전기적 활동'입니다. 컴퓨터와 마찬가지로 우리 신경계는 신경세포들이 서로 전기적 신호를 주고받으며 정보를 처리하고 있습니다. 이런 전기적 활동을 관측하는 것은 신경계의 모습을 직접 관찰하는 해부학적 작업보다는 훨씬 복잡한 작업이라 할 수 있습니다. 신경해부학자들은 잘 안보이는 것을 자세히 들여다본다면, 신경생리학자들에게는 보이지 않던 것을 보이게 하는 과제가 주어졌기 때문입니다.

쉽지 않은 난제에 신경생리학자들은 다양한 방식으로 접근하여 소기의 성과를 올렸습니다. 신경이 활동하면서 내놓는 전기신호나 신경이 활동하면서 소모하는 에너지 등을 통해 간접적이나마 신경 활동을 눈에 보일 수 있게 변환하는 데 성공했습니다. 신경에 전극을 꽂아 세포의 전기장 변화 패턴을 그래프로 변환하는 전기생리학을 개발하였고, 뇌파 측정을 통해 전체 신경계의 전기적 패턴을 시각화하기도 합니다.

요즘 널리 쓰이는 자기공명영상MRI: Magnetic Resonance Imaging은 활성을 띠는 신경세포에는 혈류량이 증가한다는 점을 이용해 혈류량을 측정함으로써 활성 부위가 어디인지 식별하는 시각화 기법을 써서 뇌 기능 연구에 크게 기여하고 있습니다.

빛과 칼슘의 만남

이러한 전통적인 신경생리학 기법은 몇 가지 결정적인 문제점을 안고 있습니다. 직접 신경세포와 신경계의 전기적 활동을 측정하여 시각화할 수 있는 장점을 가진 전기생리학은 신경에 전극을 꽂아야만 한다는 '침습성invasiveness'이 문제가 됩니다. 반면 뇌파나 fMRI는 몸에 상처를 내지 않는 비침습적인 기술이지만 '해상도'가 떨어진다는 결정적인 단점이 있습니다. 1,000억여 개의 신경세포들이 조밀하게 밀집한 인간 두뇌에서 일어나는 일을 뭉뚱그려서 파악할 수밖에 없는 기술이기 때문입니다.

칼슘 영상 기법Calcium Imaging은 침습성과 해상도라는 두 가지 문제점을 동시에 극복할 수 있는 기술로 각광받고 있습니다. 이름처럼 '칼슘을 보는' 칼슘 영상 기법은 최근 기술 개발 단계를 넘어 신경과학자들 사이에서 신경계의 연주를 이해하는 핵심 도구로 널리 쓰이고 있습니다. 왜 갑자기, 또 하필 칼슘일까요. 그리고 어떻게 칼슘을 볼 수 있을까요.

칼슘은 우리 몸에서 뼈를 튼튼하게 만들어 주는 기본 원소로 잘 알려

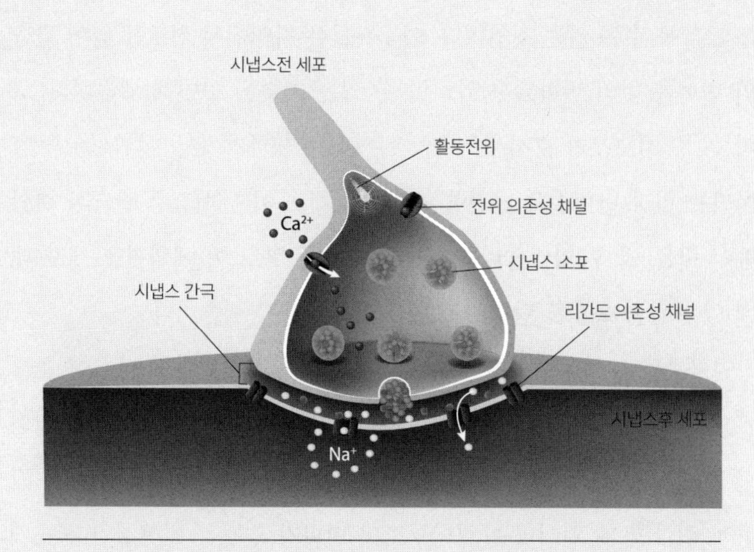

그림 2 시냅스의 신호 전달에 있어 칼슘 이온의 역할. 전기적 신호인 활동전위가 축삭돌기 말단에 도착하면 전기적 변화에 민감한 칼슘 이온의 통로가 열려 칼슘 이온이 세포 안으로 들어오게 된다. 이 칼슘 이온 농도에 따라 신경전달물질이 시냅스 간극으로 방출된다. 칼슘 영상 기법은 칼슘 이온 농도의 변화를 추적하는 방법이다.

져 있습니다. 그런데 칼슘의 중요한 쓰임새는 그뿐만이 아닙니다. 칼슘은 신경망에서 정보를 처리하는 매개 물질로도 중요한 역할을 맡고 있습니다. 신경세포가 활성화할 때 칼슘이 신경세포로 쏟아져 들어가 신경세포 간의 신호 전달, 학습과 기억 같은 다양한 신경 활동 과정에서 신호 전달자로서 기능합니다. 신경 신호가 전달될 때엔 신경세포 안의 칼슘 농도가 순식간에 수십 배로 폭증하기도 합니다. 만약 신경의 칼슘을 '볼 수' 있다면, 직접적으로 신경 활동을 들여다볼 수 있는 중요한 매개 수단이 될 것입니다.

하지만 신경 속의 칼슘은 스스로 빛을 내지 않습니다. 칼슘을 직접 눈으로 볼 수는 없는 것입니다. 연구자들은 자연에서 힌트를 얻어 칼슘의 변화를 빛의 변화로 시각화할 수 있는 기술을 고안해 냈습니다. 50여 년 전 시모무라 오사무Shimomura Osamu는 해파리에서 '에쿼린aequorin'이라는 형광 단백질을 발견했는데, 놀랍게도 이 단백질은 칼슘과 결합해야 빛을 낼 수 있었습니다. 생물학자들은 바로 이 에쿼린을 세포 내에 있는 칼슘 농도를 탐지하는 데 활용하기 시작했습니다.

연구자들은 에쿼린 외에도 칼슘 변동량을 빛의 변화로 바꾸어 눈으로 확인하는 다양한 형광 단백질(칼슘 지시체)을 개발해 왔습니다. 이런 단백질은 흔히 '칼슘 결합 부분'과 '빛 발생 부분'으로 구성되는데, 칼슘과 결합할 때 일어나는 화학구조의 변화가 형광을 발생시킨다는 게 작동의 기본 원리라고 할 수 있습니다.

특히 1990년대 들어 유전공학을 통해 새로운 형광 단백질들이 만들어지고 개량됐습니다. 이런 개발 과정은 오사무와 노벨화학상을 공동 수상한 로저 첸Roger Yonchien Tsien의 연구실이 주도했는데, 이렇게 만들어진 것 중 하나가 널리 쓰이는 '카멜레온' 단백질입니다. 카멜레온은 서로 다른 색깔을 내는 두 가지 형광 단백질이 결합돼 있는데, 칼슘 결합 여부에 따라 색깔이 달라집니다. 마치 주변 환경에 따라 색을 바꾸는 카멜레온처럼 말입니다.

카멜레온 같은 형광 단백질을 신경계에 도입하게 되면 신경이 활동하면서 산출하는 칼슘의 변화를 '빛'을 통해 시각화할 수 있게 됩니다. 이 방식은 우선 전기적 신호를 직접 검출하지 않아도 되기에 전극을 꽂지 않아도 되므로 비침습적이라 할 수 있습니다. 동시에 특정 신경세포에만 칼슘 지시체를 발현시키면 그 신경의 전기적 활동만을 특이적으

(a) 에쿼린 단백질

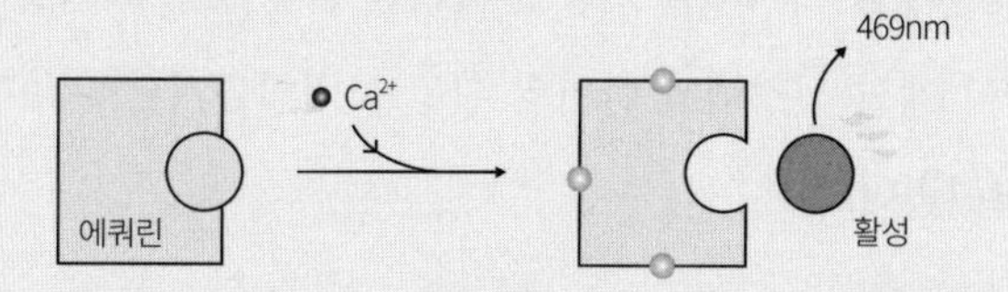

(b) 카멜레온 단백질

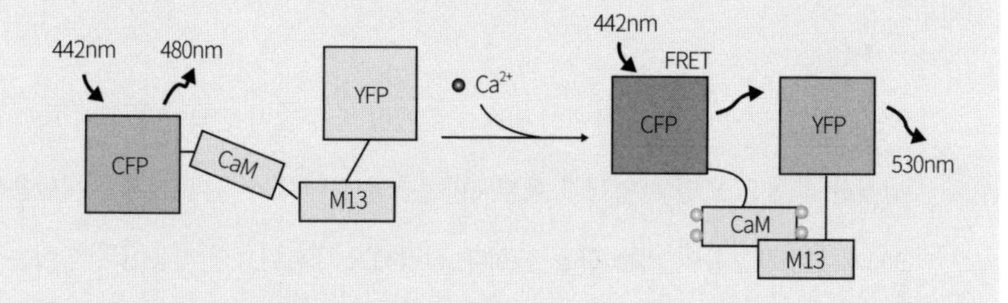

(c) 단일 형광 칼슘 지시 단백질

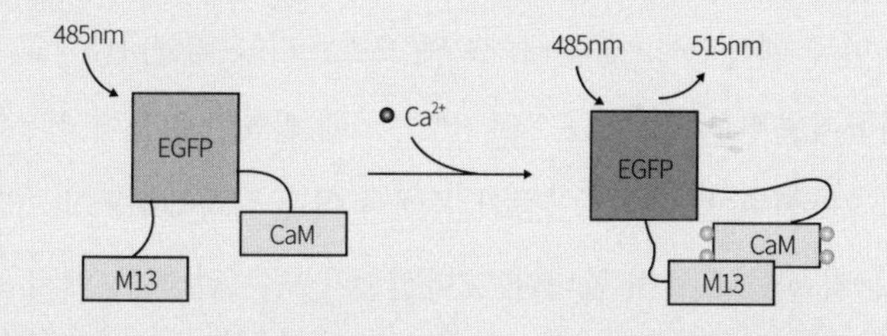

그림 3 다양한 칼슘 지시체들의 작동 원리. (a) 해파리에서 발견된 에쿼린 단백질은 칼슘 이온과 결합해 3차원 구조의 변화가 생겨 발광체인 코엘린테라진(Coelenterazine)을 방출해 형광을 낸다. (b) 카멜레온 단백질은 두 개의 형광 물질과 칼슘 이온이 특이적으로 결합하는 칼모듈린(CaM: calmodulin)으로 구성된다. 칼슘 이온이 칼모듈린에 결합해 두 형광 물질이 인접해지면 형광공명에너지전이(FRET: fluorescence resonance energy transferfh)로 인해 다른 파장을 방출하고, 그 결과 형광색이 변하게 된다. (c) 단일 형광 칼슘 지시 단백질은 칼모듈린에 칼슘 이온이 결합해 형광 단백질의 방출 파장의 변화를 유도해 형광을 낸다.

로 관찰할 수 있기 때문에 뇌파 측정이나 MRI에 비해 해상도가 월등히 높습니다. 칼슘 지시체를 이용한 이러한 칼슘 영상 기법을 통해 신경과학자들이 개별 신경세포 단위의 활동을 비침습적으로 측정할 수 있는 길이 열렸습니다.

벌레의 마음을 실시간으로 보다

> '유유히 기어가는 투명한 몸에서 밤하늘 별처럼 작은 빛이 반짝인다. 길이 1mm 남짓한 실험용 모델 생명체인 예쁜꼬마선충의 몸에서 커졌다 꺼지는 빛들은 302개 신경세포들이 내는 활동 신호다. 신경세포 네트워크의 작동이 반짝이는 빛으로 눈앞에 펼쳐진다.'

최근 미국 매사추세츠공과대학교와 오스트리아 비엔나대학교 연구팀이 과학저널 〈네이처메소드Nature Methods〉에 발표한 논문에 첨부된 동영상은 꼬마선충이 기어가는 동안 몸에서 어떤 신경세포들이 어떻게 작동하는지 한눈에 보여 줍니다. 꼬마선충의 모든 신경세포에서 칼슘 지시체를 발현시키고 칼슘 영상 기법으로 관찰한 이 연구 결과는 개별 또는 일부 영역의 신경세포를 관찰하는 이전 연구들과 달리, 움직이는 작은 생물의 몸에 있는 전체 신경세포의 연결된 활동을 시각화한다는 점에서 그 중요성을 인정받았습니다.

사실 빛과 칼슘을 이용한 칼슘 영상 기법은 치명적인 한계점을 갖고 있습니다. 신경세포에서 내는 빛을 가로막는 장애물이 있으면 안 된다

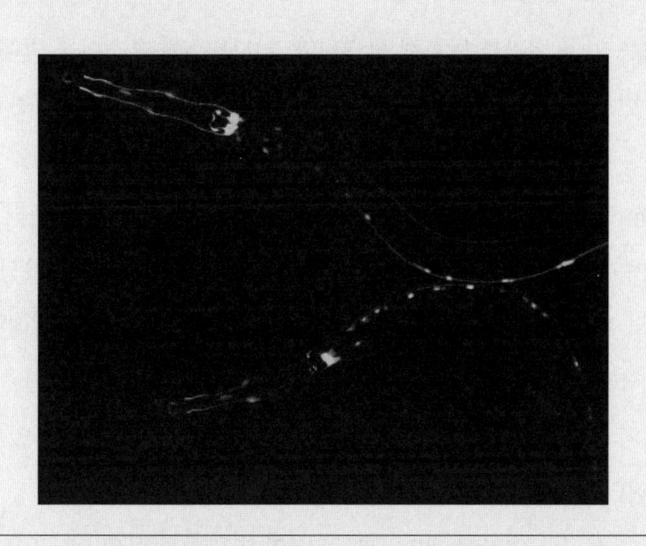

그림 4 녹색 형광 단백질을 이용해 신경세포를 관찰한 사진. 출처/필자 촬영.

는 점입니다. 플라스틱 배양 접시에서 키우는 투명한 신경세포의 활동은 관찰할 수 있어도, 인간의 뇌 깊숙한 곳에 자리 잡은 신경세포의 활동은 빛으로 탐지하기가 어렵습니다. 형광이 머리 밖으로 빠져나오기 힘들기 때문입니다. 따라서 최근 연구자들은 어두운 신경조직 속의 빛도 잘 검출해낼 수 있는 기술('2광자 현미경 기법' 등)을 개발하고자 열을 올리고 있습니다.

한편에서는 일군의 연구자들이 빛이 잘 투과하는 예쁜꼬마선충의 신경계를 연구해 왔습니다. 투명한 꼬마선충의 몸 안에 위치한 300여 개의 신경세포들이 내놓는 칼슘 빛 신호는 관찰하기가 매우 용이합니다. 꼬마선충 연구자들은 칼슘 지시체를 원하는 신경세포에 발현시킨 후 자극을 주거나 행동이 진행되는 동안 신경세포의 활동 변화를 관측하여 많은 연구 결과를 발표해 왔습니다. 2013년 5월 움직이는 벌레에서 전체 신경세포의 활동을 실시간으로 관측한 연구 결과는 이러한 최근 성과 중 정점을 찍은 것이라 할 수 있습니다.

칼슘 영상 기법으로 우리가 꼬마선충의 마음이 어떻게 연주되는지, 그 연주에 따라 몸이 어떻게 춤추는지를 이해하게 된다면, 꼬마선충과 본질적으로 동일한 형식의 신경계를 갖고 있는 인간의 정신에 대한 이해를 확장하는 데에도 큰 도움이 될 것으로 기대됩니다. 빛과 칼슘이라는 의외의 조합으로 우리는 우리의 마음을 더 잘 들여다볼 수 있게 된 것입니다. 아주 작은 벌레가 지닌 302개 신경세포 전체의 작동을 관찰하는 데 성공한 인간이 과연 극도로 복잡한 다른 동물의 뇌, 그리고 우리의 불투명한 마음을 새로운 눈으로 들여다보는 날이 올까요? 신경계가 신경계 스스로를 이해하려는 자기 이해의 노력에 어떤 앞날이 펼쳐져 있을까 몹시 궁금합니다.

2

시간을 느끼는 신경

노화와 신경 재생의 관계

"누구나 세상을 살다 보면은
마음먹은 대로 되지 않을 때가 있어.
그럴 땐 나처럼 노랠 불러봐.
꿍따리 샤바라 빠빠빠빠!"

1996년 구준엽과 강원래의 댄스 듀오 클론이 신곡 '쿵따리 샤바라'를 들고 혜성처럼 등장했습니다. 그 시절 클론은 정말 대단했습니다. 어딜 가나 '쿵따리 샤바라'가 울려 퍼지고, 밤이면 '초련'의 야광봉 댄스를 따라 하느라 여기저기가 번쩍거렸습니다.

클론의 인기가 하늘을 찌를 듯하던 2000년, 충격적인 사건이 터졌습니다. 불의의 교통사고로 강원래씨가 척수 손상을 입어 하반신이 마비된 것입니다. 한국에서 가장 인기 있던 댄스 가수가 하루아침에 더 이상 춤을 출 수 없는 상황이 되었습니다. 믿기지 않는 현실이었고 온 국민이 함께 마음 아파했습니다.

강원래씨가 춤을 출 수 없게 된 이유는 '흉추 3번' 아래의 척추가 기능을 완전히 잃게 되었기 때문입니다. 척추 안에는 척추뼈로 보호되는 '척수'라는 조직이 있는데, 척수 안에 무수히 많은 신경 다발이 모여 있습니다. 교통사고가 '하반신 마비'라는 치명적이고 광범위한 결과로 이어진 것은 뇌와 우리 몸 구석구석을 연결하는 이 신경 다발이 사고로 손상됐기 때문입니다.

얼굴 위에 돋아난 유령 손가락

우리는 손끝으로 무언가를 만져 촉감을 느낄 수 있고 손가락으로 물건을 집어 들 수 있습니다. 그런데 실제로 감각을 '느끼고' 손가락에 '명령을 내리는' 일은 중추신경계인 뇌에서 일어나는 일입니다. 신경 다발은 이렇게 물리적으로 떨어진 두 기관과 사건을 연결해 주는 역할을 합니다. 신경세포의 신호가 전기적 신호임을 고려하면, 신경 다발은 우리 몸에 구석구석 깔린 일종의 '전선'인 셈이지요.

손가락 끝에 위치한 감각세포의 말단에서 촉감 센서들이 받은 자극은 전기적 신호로 변환돼 신경 다발을 타고 대뇌로 전달됩니다. 이때

온몸 구석구석에 퍼져 있는 신경 다발은 척수로 모두 모여 척추의 엄호를 받으며 감각 신호를 대뇌로 올려보냅니다. 손가락을 움직이는 일은 그 반대로 진행됩니다. 뇌에서 내려진 명령이 척수의 신경 다발을 타고 내려와 손가락까지 전달돼 손의 근육을 움직이게 합니다.

물리적으로 존재하는 '손가락'과 우리 뇌 속에서 심리적으로 존재하는 '손가락'은 신경 다발을 통해 물리적 거리를 뛰어넘어 접속되고 통합적으로 운영됩니다. 손가락이 손가락이게끔 하는 것은 어쩌면 손가락 그 자체가 아니라, 손가락과 손가락 영혼 사이의 '연결'인 것이지요. 만약 이 연결이 끊기거나 잘못된다면 어떻게 될까요. 손가락은 제대로 기능을 못하거나 아니면 엉뚱한 부분을 손가락으로 인지하는 것은 아닐까요.

실제로 그런 사례가 적지 않습니다. 사지가 절단된 사람의 무려 60~80%가 사라진 팔이나 다리의 감각을 느낀다고 합니다. 이른바 환각지phantom limb라고 하는 '유령 팔다리' 현상입니다. 환각지에 시달리는 이들은 왼손이 없어졌는데도 왼손이 아픈 통증을 느낍니다. 그뿐만 아니라 대화 중에 자기에게 없는 왼손으로 손동작하고 있다고 착각하기도 합니다. 《라마찬드란 박사의 두뇌 실험실》의 저자인 라마찬드란은 잘린 팔의 '유령 감각'이 얼굴로 이동해 분포한다는 사실을 보고하기도 했습니다. 볼을 톡톡 두드려 주면 마치 없어진 손가락을 톡톡 건드리는 것처럼 느낀다는 것이죠.

손을 잃었는데도 얼굴에서 손을 '환각'하게 되는 것은 손의 '몸'은 잘려나갔지만 머릿속에 있던 손의 '마음'은 그대로 살아 있기 때문입니다. 이 둘을 연결해주던 신경 다발이 잘리게 되면 뇌에 있는 손의 '마음'이 얼굴과 같은 엉뚱한 '몸'과 연결될 수 있고, 마치 얼굴 위로 손이 돋아난 것과 같은 감각의 재구성이 일어날 수도 있습니다. 신경 다발의 손상은 단순히 신체 일부를 마비시킬 뿐 아니라 우리 몸에 유령을 만들어 낼 수도 있는 것입니다.

몸과 마음을 이어주는 전선, 축삭

그렇다면 몸과 마음을 이어주는 신경 다발의 정체는 무엇일까요? 뉴런neuron이라고 불리는 신경세포는 크게 세 부분으로 나눌 수 있습니다. 세포핵이 위치하고 신경세포에 필요한 각종 물질과 에너지를 만들어 내는 신경세포체, 주변 환경이나 상위 신경세포로부터 신호를 받아들이는 수상돌기dendrite, 그리고 전기신호를 다음 신경세포나 근육으로 전달하는 축삭axon이 그것입니다. 여기서 신경 다발을 이루는 전선에 해당하는 것이 바로 축삭입니다.

축삭의 길이는 신경세포마다 제각기 다르며 척추 끝에서 시작해 엄지발가락까지 이어지는 좌골신경의 축삭은 사람 키에 따라 1m 넘게 자라기도 합니다. 하지만 이렇게 엄청난 길이의 축삭도 그 굵기는 다른 신경세포와 큰 차이가 나지 않습니다. 대부분 1000분의 1mm 안팎의 아주 가느다란 지름을 갖고 있습니다. 아주 섬세한 전선들이 우리 몸 구석구석에 배선된 것이죠.

이 연약한 축삭이 끊어지면 어떻게 될까요? 앞에서 설명했던 대로 몸과 마음의 연결이 끊어지는 결과가 발생할 것입니다. 그렇게 끊어진 연결은 영원히 회복할 수 없을까요? 손가락 접합 수술을 생각하면 꼭

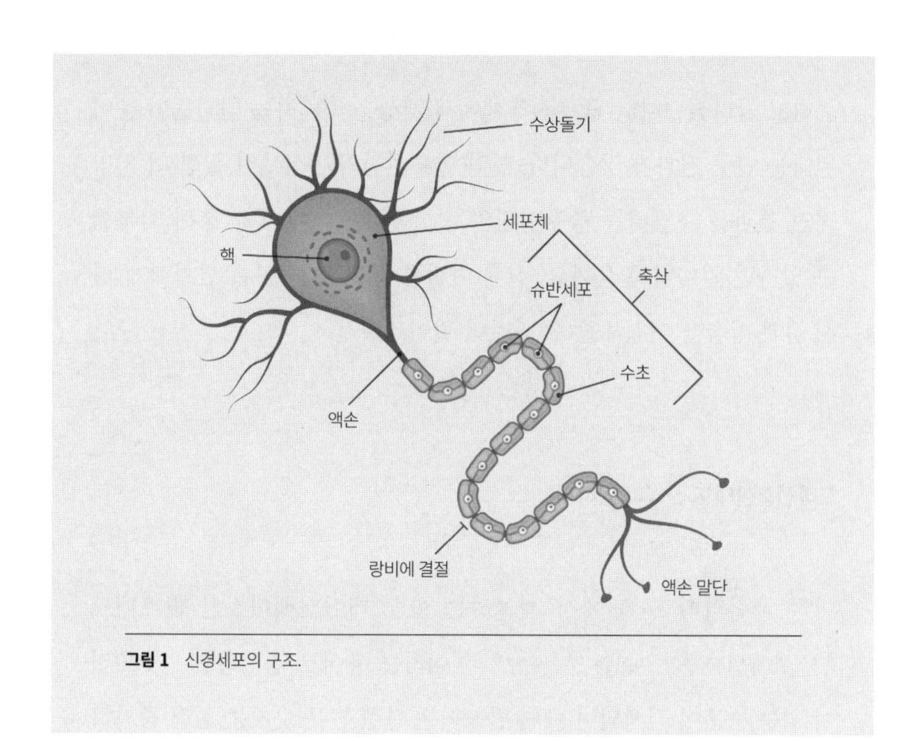

그림 1 신경세포의 구조.

그런 것 같지는 않습니다. 손가락이 완전히 절단된 경우라 할지라도 신속하게 접합 수술을 하면 손가락의 구조뿐 아니라 기능까지 살릴 수 있습니다. 실제로 수술 과정에서 의사는 피부나 혈관뿐 아니라 신경도 역시 물리적으로 봉합합니다.

그러나 이 과정에서 실제로 축삭이 접합되는 것은 아닙니다. 그 이유는 축삭을 실로 꿰맬 수 없는 노릇이기 때문입니다. 실제로 일어나는 일은 잘려나간 말단의 축삭은 제거되고 새로운 축삭이 손가락 끝을 향해 자라난다고 합니다. '접합'보다는 '재생'에 가까운 것이죠.

이런 축삭의 '재생'은 주로 몸 구석구석에 퍼져 있는 말초신경에서는 종종 일어나는 일이지만 뇌와 척수의 중추신경계에선 잘 일어나지 않는다고 알려졌습니다. 중추신경계에서 재생을 억제하는 인자들이 분비된다는 연구 결과가 많습니다. 만약 말초신경의 손상보다 훨씬 더 치명적인 결과를 초래하는 중추신경의 손상을 '축삭 재생'을 통해 회복할 수 있다면 얼마나 좋을까요. 신체 마비를 앓고 있는 많은 환자에게 다시 몸과 마음을 연결해줄 수 있다면 말이죠.

꼬마선충한테도 신경이 있다니?

미국 국립의학도서관에서 제공하는 학술 데이터베이스인 퍼브메드PubMed에서 '축삭 재생axon regeneration'이라는 용어로 검색하면 11,000건이 넘는 논문이 검색되며 매년 발표되는 관련 논문 숫자는 점점 증가하고 있습니다. 연간 전 세계적으로 수만에서 수십만의 신경 손상 환자가 발생하는 상황이라 상당히 치열하게 연구되고 있는 분야라고 할 수 있지요. 그러나 여러 신경 재생 현상이나 임상 사례가 많이 보고되었음에도 불구하고 여전히 신경 재생의 분자적인 메커니즘과 유전적 메커니즘에 대해선 알려진 바가 많지 않다고 할 수 있습니다.

2000년대 중반 들어 예쁜꼬마선충 연구자들이 이 치열한 신경 재생 분야에 도전장을 내밀었습니다. 제가 예쁜꼬마선충의 행동과 신경을 연구한다고 하면 많이 받는 질문이 "꼬마선충한테도 신경이 있어?"라는 질문입니다. 아마 비전공자들한테는 신경이 포유류나 적어도 척추동물 정도 되는 고등한(?) 동물에서나 발견되는 것이라고 생각되는 듯합니다.

사실 예쁜꼬마선충에는 신경계가 있는 정도가 아니라, 이 작은 벌레를 이루는 천여 개 남짓한 세포 중 3분의 1가량이 신경세포에 해당합니다. 사람의 신경세포에 비하면 훨씬 작고 가늘지만, 신경의 발생이나 생리에 관련된 중요한 유전 체계는 사람과 매우 유사합니다. 실제로 축삭이 어떻게 자신의 목적지를 찾아가는지에 대한 메커니즘을 밝히는 데 예쁜꼬마선충 연구가 큰 기여를 하기도 했습니다.

예쁜꼬마선충 연구가 축삭 재생 분야에 도입된 뒤 거둔 성과는 상당해 보입니다. 〈네이처Nature〉, 〈사이언스Science〉를 비롯한 유력 학술지에 많은 논문이 발표됐을 뿐만 아니라, 지금까지 다른 생명체 연구에서는 밝혀지지 않았던 중요한 사실들이 보고되기도 했습니다. 이 작은 벌레가 축삭 재생의 연구 모델로 주목받게 된 이유는 다양합니다.

우선 단순한 신경계를 갖고 있어서 초파리나 쥐에 비해 다루기가 상대적으로 간편합니다. 실제로 자웅동체의 경우 302개의 신경세포를 갖고 있으며 꼬마선충 연구자들은 개별 신경세포를 능수능란하게 다루곤 하지요. 또 이러한 신경계가 개체별로 큰 차이를 보이지 않는다는 점도 연구를 수월하게 합니다. 반도체 회로처럼 일종의 고정된 신경 회로와 그 소자처럼 다룰 수 있기 때문입니다.

사람에 비하면 너무 단순하지만 예쁜꼬마선충 연구가 사람에게 도움이 될 것이라는 기대가 매우 큽니다. 세포 사멸, 신경 발생 등 의학적으로 매우 중요한 문제들에 대해 예쁜꼬마선충 연구가 지금까지 기여한 바는 어마어마하다고 할 수 있습니다. 이는 기본적으로 예쁜꼬마선충과 인간의 생명 현상을 조절하는 핵심 유전자들이 잘 보존되어 있기 때문입니다. 축삭 재생에 대한 연구도 마찬가지로 기대해 볼 수 있습니다. 예쁜꼬마선충에서 축삭 재생의 비밀을 발견하게 된다면, 인간에게도 적용해 볼 수 있을 가능성이 적지 않으니까요.

투명한 벌레 덕에 '노벨상'을 잡은 과학자

사실 무엇보다도 큰 강점은 예쁜꼬마선충이 투명하다는 사실입니다. 마이크로미터나 나노미터 단위로 이루어지는 생명 현상은 대부분 현미경으로 관찰하게 되는데, 이때 빛이 투과할 수 있는 '투명성'은 엄청난 장점으로 작용합니다. 살아 있는 생명체 안에서 생명 현상을 관찰할 수 있다는 점이지요. 쥐나 사람의 신경을 배양접시에서 키워 실험하게 되면 관찰은 용이할 수 있으나, 실제 생명체 내에서도 마찬가지 일이 일어난다고 입증하기 어려운 한계가 있습니다.

마틴 챌피Martin Chalfie 박사가 2008년에 노벨화학상을 수상할 수 있었던 이유 역시 예쁜꼬마선충이 투명하기 때문이었습니다. 얼마 전 캐나다 토론토에서 열린 학회에 참여했는데, 연사로 참가한 그와 함께 식사를 하며 노벨상 수상에 대한 이야기를 자세히 들을 기회가 있었습니다. 예쁜꼬마선충에서 신경의 생리와 발생을 연구하고 있던 그는 어느 날 해파리에서 추출된 녹색 형광 단백질GFP: Green Fluorescent Protein에 대한 세미나를 듣게 되었습니다. 그 세미나 자리에서 유일하게 '투명한' 동물을 연구하고 있던 마틴 챌피 박사만이 '이거 환상적인데! 이걸로 살아 있는 동물 안에서 세포를 관찰할 수 있겠어!'라고 감탄했습니다. 여러 우여곡절 끝에 그는 결국 녹색 형광 단백질을 자신이 연구하던 예쁜꼬마선충의 신경세포에 발현할 수 있었습니다.

신경세포에서 녹색 형광 단백질을 발현하자 실제로 살아 있는 벌레 안에서 신경세포를 관찰할 수 있었습니다. 신경세포가 모양을 갖추고 자신의 자리를 찾아가는, 특히 수상돌기나 축삭이 뻗어 나가는 모습을 관찰할 수 있었던 것이죠. 마틴 챌피 박사는 녹색 형광 단백질을 분자 생물학의 유용한 도구로 도입한 공로를 인정받아 노벨화학상까지 수상하게 되었습니다. 그가 불투명한 초파리나 쥐를 연구했다면 아마 아직 노벨상을 받지 못했을지도 모릅니다.

레이저 수술대 위에 올라선 꼬마선충

예쁜꼬마선충이 투명하며 녹색 형광 단백질을 발현시켜 신경세포를 관찰할 수 있다는 장점은 축삭 재생 연구 분야에서 엄청난 경쟁력을 제공합니다. 살아 있는 동물 안에서 축삭이 손상되고 재생되는 과정을 생생하게 관찰할 수 있기 때문이죠. 하지만 여기엔 조건이 있습니다. 우선 축삭이 손상되어야 하며, 꼬마선충의 축삭이 재생 가능해야 한다는 것입니다.

어떻게 축삭을 손상시킬 수 있을까요? 더 엄밀히 말하자면 연구자는 축삭'만'을 손상시켜야 합니다. 그래야 축삭 재생에 관한 생체 반응만을 명확히 탐구할 수 있기 때문이죠. 만약 축삭을 자르기 위해 벌레를 잘라 버린다면 벌레는 금방 죽어 버릴 겁니다. 여기서 다시 한번 벌레가 투명하며 신경세포를 녹색 형광 단백질로 관찰할 수 있다는 장점이 큰 힘을 발휘합니다.

2004년 12월 〈네이처〉에 미국 스탠퍼드대학교와 텍사스오스틴대학교의 공동 연구팀이 기념비적인 짤막한 논문을 하나 내놓습니다. 아주 낮은 에너지(40nJ)를 가지는 아주 짧은(200fs) 레이저 섬광을 이용해 예쁜꼬마선충의 축삭만을 자르는 레이저 수술에 성공한 것입니다. 지름이 100~200nm밖에 되지 않는 '단 하나의 축삭만'을 다른 생체에 손상을 주지 않고 '똑딱' 끊어낸 것입니다.

이들은 녹색 형광 단백질을 발현해 축삭을 정확히 관찰하여 조준할 수 있었고, 투명하기 때문에 레이저를 이용해 쉽게 축삭 일부를 파괴할 수 있었습니다. 연구팀은 단순히 레이저 시술에 성공했을 뿐 아니라 시술 후에 축삭이 다시 재생되는 것을 확인하였습니다. 축삭 재생을 연구할 만한 완벽한 조건이 마련된 셈입니다.

이 연구를 통해 예쁜꼬마선충에서 축삭 재생 연구의 핵심 기반이 마련되었습니다. 연구의 장이 본격적으로 열리자 몇 년 뒤부터는 비중 있는 논문들이 쏟아져 나오기 시작했습니다. 이미 잘 알려진 축삭 재생 관련 인자들이 예쁜꼬마선충에서도 작용한다는 사실이 알려지기도 했고, 이전엔 알지 못하던 새로운 사실이 밝혀지기도 했습니다.

생기를 잃은 늙은 신경

2004년 레이저 시술에 성공한 연구팀 일부가 2007년 〈미국국립과학원회보PNAS: Proceedings of the National Academy of Sciences〉에 후속 연구 결과를

발표합니다. 이 연구 결과 중에 단연 제 눈을 사로잡은 부분은 '노화와 신경 재생'의 관련성이었습니다. 신기하게도 어린 유충 시기에 절단하면 잘 재생되던 신경 축삭이 성체가 되면 재생 능력이 떨어진다는 사실이 확인된 것입니다. 이미 1995년에 햄스터가 나이를 먹을수록 뇌에서 추출한 신경의 재생 능력이 떨어진다는 사실이 보고되었는데, 예쁜꼬마선충에서도 같은 현상이 관찰된 것입니다.

사실 늙으면서 생기를 잃는 건 신경만이 아닙니다. 인간의 경우를 생각해보면 노화를 겪으면서 피부도 탄력을 잃고 눈도 점점 침침해집니다. 그렇다면 나이든 신경이 축삭을 잘 재생하지 못하는 것은 당연하고도 어쩔 수 없는 일일까요?

나이가 들면서 신경이 재생 능력을 잃는 현상은 두 가지 관점으로 바라볼 수 있습니다. 하나는 수동적 관점입니다. 신경도 나이를 먹으면서 노쇠하고, 재생을 위한 세포 기구들에 손상이 누적되며, 노폐물이 쌓이면서 수동적으로 불가피하게 재생 능력을 잃는다는 것이죠. 능동적 관점은 반대로 어떤 인자나 체계가 늙은 신경의 재생 능력을 능동적으로 억압하고 있다는 것입니다. 만약 그런 억압적 요소가 있다면, 그 요소를 제거해주었을 때 늙은 신경은 자신의 잠재력을 발휘해 축삭을 재생할 수 있을 것입니다.

그렇다면 이 '나쁜(?) 유전자'는 누구일까요? 한 가지 추측해볼 수 있는 건 아무래도 이 유전자가 '나이 듦'과 관련이 있을 거란 사실입니다. 그렇다면 '나이 듦'과 관련된 유전자가 있다는 것일까요?

시간이 흐르면 켜지고 꺼지는 유전자 스위치들

유전체 등가성 혹은 동등성genomic equivalence이라고 부르는 개념이 있습니다. 우리 몸의 모든 세포는 똑같은 유전자를 갖고 있다는 뜻이죠(면역세포 등 예외적으로 차이가 있는 세포들도 있습니다). 이 개념에 담긴 중요한 함의는 우리 몸의 각 기관들이 서로 다른 구조와 기능을 갖는 것은 유전자 그 자체의 차이가 아니라 '발현'의 차이에서 온다는 것입니다. 이는 눈이나 손가락이나 같은 유전자를 갖고 있지만 서로 사용하는 유전자들이 다르다는 뜻입니다. 눈에 '있는' 유전자가 눈 유전자가 아니라 눈에서 '사용하는' 유전자가 눈 유전자인 것이죠.

마찬가지의 개념을 시간 혹은 나이에도 적용해볼 수 있지 않을까요. 저는 한 살 때나, 지금이나, 혹은 몇십 년 뒤 할아버지가 되었을 때도 거의 동일한 유전자들을 갖고 있을 것입니다. 하지만 아이와 노인의 생체 활동이 다른 것은 혹시 나이마다 발현되고 사용하는 유전자가 달라서는 아닐까요? 혹시 나이든 개체에서만 발현되는 성인 유전자 혹은 노인 유전자가 신경 재생 능력을 억압하고 있는 것은 아닐까요?

실제로 일군의 '나이 유전자'가 알려져 있습니다. 이시성 유전자heterochronic gene가 그들입니다. 이들은 개체의 발생 단계, 즉 나이에 따라 발현 양상이 상이한 유전자입니다. 뿌듯하게도(?) 예쁜꼬마선충 연구는 이시성 유전 체계를 규명하는 데도 아주 혁혁한 공을 세운 것으로 평가받고 있습니다.

'나이 듦'에 대한 유전자가 존재한다면, 이 유전자가 나이에 따른 축삭 재생 능력에도 관여하고 있는 것일까요? 더 직접적으로 말해 어른

이 되었을 때 켜지는 유전자 스위치가 어릴 적 축삭 재생 능력을 억제하고 있을까요? 그렇다면 그 스위치를 꺼버리면 나이가 들어서도 축삭 재생 능력을 발휘할 수 있지 않을까요?

2013년 4월 미국 신시내티 어린이 병원 연구팀은 이시성 유전자가 실제로 나이에 따른 축삭 재생 능력의 변화를 조절하고 있다는 연구 결과를 〈사이언스〉에 발표했습니다. '*let-7*'이라는 작은 유전자 스위치가 바로 그 주인공입니다. 연구 결과를 조금 자세히 들여다보도록 하죠.

이들은 AVM이라는 신경세포를 연구 모델로 설정했습니다. 재미있게도 AVM 신경세포는 앞에서 얘기한 마틴 챌피 박사가 녹색 형광 단백질을 최초로 발현한 신경세포 중 하나기도 합니다. 이 신경세포는 길게 쭉 뻗은 축삭을 갖고 있고, 주변에 다른 신경세포나 축삭이 많지 않아 연구하기가 용이합니다. AVM은 이미 레이저 시술로 축삭을 절단하면 재생이 잘 이루어진다는 것이 잘 알려져 있었습니다.

우선 축삭 절단 이후 재생되는 길이를 측정해보니, 나이가 들수록 점점 AVM의 재생 능력이 감퇴한다는 것이 확인되었습니다. 다음 단계로 이들은 나이가 들면 증가하는 이시성 유전자들 중 축삭 재생에 관여하는 유전자를 찾아 나섰습니다. 각고의 노력 끝에 앞서 말한 *let-7*이라는 작은 유전자가 나이가 들면서 켜지고, 그 결과 축삭 재생 능력이 감퇴한다는 것을 밝혀냈습니다. 지금부터 편의상 *let-7* 유전자를 성체가 될 무렵에 켜진다는 의미로 '어른 스위치'라고 부르겠습니다.

시간을 달리는 유전자, 신경을 고치다

나이가 들면서 켜지는 '어른 스위치'를 신경세포에서만 인위적으로 꺼버리면 어떻게 될까요? 놀랍게도 신경 재생 능력이 나이가 들어서도 별로 떨어지지 않는다는 사실이 관찰되었습니다. 이 스위치가 망가진 돌연변이체는 성체에서도 AVM 신경세포가 새로 축삭을 쭉 뻗어낸다는 것이 확인되었습니다.

연구 결과, '어른 스위치'는 그 하위의 다양한 유전 인자들의 활성을 조절하고 있었습니다. 예를 들어 유충 시기에 발현되는 것으로 알려진 *lin-41*이라는 유전자를 억제하고 있었습니다. 편의상 *lin-41*을 '아이 스위치'라 부르겠습니다. 인위적으로 이 '아이 스위치'를 성체의 신경에서 켜버리면 성체에서 유충처럼 축삭이 잘 재생된다는 사실이 관찰됐습니다. 인간의 기술로 유전자의 시간을 바꿔 주자 나이든 신경도 생기를 되찾은 거지요. 비유하자면 시간을 달리는 유전자가 신경을 고칠 수 있다고나 할까요.

정리하자면 어린 시절에는 '아이 스위치'가 켜져 축삭이 잘 재생되고, 나이가 들면서 '어른 스위치'가 켜져 축삭 재생 능력이 떨어진다는 흥미로운 사실이 밝혀진 것입니다. 늙어서 신경이 생기를 잃는 것은 '어쩔 수 없는' 수동적 과정이 아니라 '스위치'를 켜고 끄는 능동적 과정이란 것이죠. 게다가 현대의 첨단 과학은 그 스위치를 최소한 예쁜꼬마선충에서는 마음대로 껐다 켰다 할 수 있다는 겁니다.

인간에게도 이런 기술을 적용할 수 있을까요? 실제로 이 논문을 발표한 연구팀도 논문 말미에서 유전자 치료에 대한 전망을 내놓고 있습니다. 예쁜꼬마선충의 '어른 스위치'인 *let-7* 유전자는 인간에게도 잘 보존돼 있습니다. '아이 스위치'인 *lin-41* 역시 잘 보존돼 있을 뿐더러 나이가 들수록 발현이 감소한다는 사실도 보고돼 있지요.

현상적으로도 포유류의 어린 중추신경은 축삭 재생 능력을 갖추고 있으며, 이를 나이든 뇌에 이식해도 여전히 그 능력을 발휘할 수 있다는 사실이 이미 보고된 바 있습니다. 유전자 치료를 통한 척수손상 회복이 전혀 근거 없는 이야기는 아닌 듯합니다.

하지만 여전히 갈 길은 멀어 보입니다. '어른 스위치'인 *let-7* 유전자는 신경 재생 외에도 다른 발생 과정을 조절한다고 알려져 있습니다. 스위치를 잘못 건드렸다가 예상치 못한 결과를 초래할 가능성이 상당합니다.

무엇보다 '어른 스위치'는 암과 매우 밀접한 관련이 있다고 잘 알려져 있습니다. '어른 스위치'는 정상적일 때 암을 억제하는 역할을 하며, 그 활성이 떨어지거나 망가지면 암이 생길 수 있다는 연구 결과가 매우 많습니다. 자칫 신경 재생 능력을 키우려 '어른 스위치'를 껐다가 신경세포가 암세포가 되어 버릴 위험성이 있는 것입니다.

신경도 나이 들면 보수가 된다?

사실 이러한 문제는 이 현상의 기저에 깔린 어떤 본질적인 문제와 맞닿아 있습니다. 도대체 나이가 들수록 신경 재생 능력은 '왜' 감소하는 것일까요. '암'이라는 질병이 없는 예쁜꼬마선충에서도 굳이 '어른 스위치'가 켜져 재생을 억제할 필요는 없어 보이는데 말이죠.

여기서부터는 좁은 식견으로 '썰'을 풀어보렵니다. 제 생각엔 어릴 적엔 여기저기서 신경이 자라날 필요가 있지만, 나이가 들어서 성숙한 성체가 되면 새로 무언가를 만들어 내기보다는 안정적으로 유지하는 메커니즘이 필요할 듯합니다. 어릴 적엔 '진보적'으로 축삭을 쭉쭉 뻗어 내다가, 나이가 들면 이미 펼쳐 놓은 신경들을 '보수적'으로 잘 관리하는 것이 생명체에게 유리한 전략일 수 있어 보입니다.

나노미터나 마이크로미터 단위에서 신경들이 접속된다는 점을 떠올리면 실제로 축삭이 미세하게라도 더 뻗어 나갈 경우 기존의 연결이 헝클어질 가능성이 농후합니다. 신경이 드문드문 분포한 말초신경계보다 신경이 매우 밀집돼 있는 중추신경계의 재생 능력이 낮은 것도 비슷한 이유가 아닐까요. 좁은 공간에 수십억 개의 신경세포들이 몰려 있는데 자칫 축삭 재생이 엉뚱한 데서 일어나면, 엄한 곳에 '발'을 담글 수도 있기 때문이죠. 그 결과 혹시라도 몸과 마음이 잘못 연결되었다간 얼굴에 유령 손가락이 돋아날 수도 있고요.

중추신경계는 말초신경계에 비해, 어른 뇌는 아이 뇌에 비해, 신경을 더 많이 '가진 자'라고 할 수 있습니다. 가진 것이 많을수록 나이가 들면서 보수화하는 것은 정치적 성향만은 아닌 듯합니다. 아무튼 궁금합니다. '시간을 달리는 유전자'를 이용하려는 과학의 도전이 정말 노화를 피할 수 있을지, 아니면 결국 '누구나 세상을 살다 보면 마음먹은 대로 되지 않을 때가 있어. 그럴 땐 나처럼 노랠 불러봐. 꿍따리 샤바라 빠빠빠빠!'라는 이치에 이를지 두고 봐야겠습니다.

3

마음의 설계도는 어떻게 유지되는가?

신경교세포와 상피세포, 시냅스의 파수꾼들

과학이라는 학문은 질문을 따라서 성장해왔다고 해도 과언이 아닙니다. 예를 들어 '우리는 어떻게 생각을 하는가'라는 오래된 질문에 대해 현대 생물학은 신경세포들 사이에서 일어나는 정보 전달이 그 물리적 실체라는 답을 내놓았습니다. 또한 우리가 학습과 기억을 하는 과정은 시냅스가 유연하게 변화하여 이루어 진다는 것도 알게 되었습니다. 정신 작용의 물리적 근간을 연구한 현대 신경과학의 성과에 기대어 본다면, 시냅스들이 모여서 만드는 커넥톰Connectome(신경 회로 지도)은 결국 우리 마음의 지도라고 말할 수 있을 것입니다. 현재 미국 국립보건원이 중점을 두고 진행하는 프로젝트로서 동물의 커넥톰을 밝히는 '브레인 이니셔티브'는 현재 우리가 가장 궁금해하고 있는 질문 중 하나입니다.

예쁜꼬마선충은 지금까지 지구상에서 유일하게 커넥톰이 전부 밝혀진 동물입니다. 신경 지도를 다 알고 있는 모델 동물을 통해 우리는 또 어떤 질문을 생각해볼 수 있을까요? 여기에서 살펴볼 연구는 상당히 독특하면서도 창의적인 질문을 통해서 전혀 예상하지 못했던 새로운 지식의 지평을 열었습니다.

마음의 설계도를 어떻게 유지하는가?

시냅스가 유연하게 변화할 수 있는 가소성plasticity을 지닌다는 점을 생각하면, 우리 뇌는 참으로 무한한 실체로 느껴지기도 합니다. 그러나 신경 회로는 가소성 외에도 다음과 같은 특징을 지니고 있습니다. 먼저 사람 뇌에 있는 약 1,000억 개의 신경세포는 무작위적으로 연결되지 않습니다. 오히려 각각의 신경세포가 자신의 파트너가 될 특정 신경세포들과 시냅스를 연결하도록 돕는 다양한 조절 기작이 존재합니다. 자세히 밝혀져 있지는 않지만 이런 시냅스 형성 과정이 비정상적으로 이뤄지기 때문에 뇌전증(간질)이 일어난다고 생각되고 있습니다.

시냅스 형성이 특이성specificity을 지닌다는 점 외에 또 다른 특징은 이런 과정 자체가 발생 초기에 대부분 이뤄진다는 것입니다. 특히 발생 초기에 형성된 시냅스는 전체 뇌의 크기가 성장하는 과정을 겪으면서도 그 연결 자체를 유지합니다.

시냅스의 가소성과 특이성에 대해서는 그동안 많은 연구가 이뤄졌습니다. 그러나 '이미 형성된 시냅스를 어떻게 유지하는 것인가'라는 질문에 대해서는 아직 많은 연구가 이뤄져 있지 않습니다. 그 이유는 당연할지도 모르겠습니다. 시시각각 바뀌는 외부 환경을 학습함에 따라 시냅스가 변하는 것을 목격한다면 얼마나 흥미로울까요. 또 발생 단계에서 신경세포가 자신이 만나야 할 운명의 상대를 만나는 과정은 얼마나 신기할까요.

이에 비해 이미 확립된 시냅스의 연결이 앞으로 어떻게 지속될지 관찰하는 일은 별로 재미없어 보이기도 하고, 그저 수동적인 일처럼 보이기도 합니다. 그러나 한번 더 생각해보면 이 과정도 무언가 뇌에서 일어나는 중요한 이벤트입니다. 사람 뇌는 발생을 거치며 약 4배 정도 크기가 증가하고, 초파리의 경우에는 무려 200배 정도나 증가한다고 합니다. 마음의 지도가 그려져 있는 캔버스가 이렇게 커지는 과정에서도 그 속의 설계도를 온전히 보존하는 일은 신경세포에게 일종의 큰 도전일 수 있습니다.

이번 연구의 연구자들은 '발생 초기에 형성된 신경 회로가 어떻게 보존되는가'라는 질문을 어떻게 과학적으로 접근할 수 있는지 보여 줍니다. 이들이 가장 먼저 한 일은 신경세포 영역 중 시냅스 부분만 표지하여 형광을 띠는 선충을 살펴본 것이었습니다. 선충의 여러 신경세포 중에서 연구팀은 AIY라는 신경세포의 시냅스를 주목했습니다. 선충이 어린 아이에서 어른으로 자라는 동안 신경세포 자체의 크기는 약 두 배 정도 증가합니다. 하지만 AIY가 다른 신경세포와 만나는 시냅스 영역의 크기는 신경세포 자체의 성장과는 달리 어렸을 때의 크기를 그대로 유지하고 있게 됩니다.

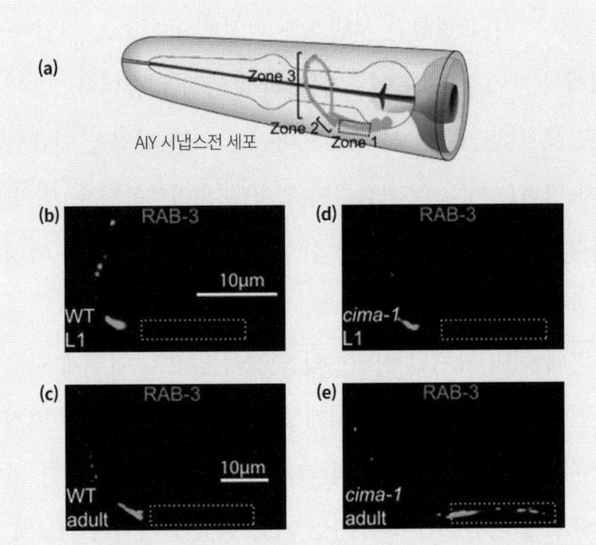

그림 1 (a) AIY 신경세포 모식도. (b) 야생형(WT) 유충. (c) 야생형 성체. (d) *cima-1* 돌연변이 유충. (e) *cima-1* 돌연변이 성체. 야생형과 달리 *cima-1* 돌연변이 성체에서는 신경세포가 더 넓게 분포되어 있다. 출처/ Shao, Zhiyong, et al. 2013.

여기서 시냅스의 연결이 유지되는 상황이 만약 특정 유전자에 의해 정밀하게 조절되는 것이라면, 그 유전자가 망가졌을 때에는 당연히 그 유지 기작도 망가지게 될 것입니다. 이런 가정에서 연구팀은 발생 초기에는 시냅스를 정상으로 잘 만들되 다 컸을 때 시냅스 부분이 비정상적인 경우를 찾아내려고 하였습니다. 이 돌연변이에 '신경 회로 유지'라는 뜻으로 '시마cima: circuit maintanence'라는 이름을 붙인 연구팀은 마침내 그런 돌연변이를 찾아냅니다. *cima-1* 돌연변이는 어렸을 때 정상 선충과 별 차이가 없으나, 성체가 되었을 때 정상 선충과 달리 시냅스 부분이 더 넓게 분포합니다.

키 작은 선충과 키 큰 선충에서 시냅스 유지

앞에서 말씀드린 것처럼 이미 형성된 시냅스를 유지하는 일은 특히 몸이 커지는 과정에서 큰 도전이 됩니다. 그렇다면 *cima-1* 돌연변이가 시냅스를 유지하는 데 어려움을 겪는 것도 몸이 커지는 과정에서 겪는 걸까요?

실험실에서 사용하는 야생형 선충은 유전적으로 동일하기 때문에 몸 크기가 대부분 비슷한 정도로 자랍니다. 따라서 연구자들은 기존에 알려진 돌연변이들을 이용해 몸 크기가 실제로 *cima-1*의 작용에 중요한지 알아보았습니다. 예쁜꼬마선충은 외골격 동물로 몸 외부의 골격이 다양한 단백질을 통해 합성됩니다. 특정한 골격 단백질의 합성에 문제가 생기면, 어떤 경우에는 정상보다 작게 자라고, 반대로 어떤 경우에는 크게 자랍니다. 대표적으로 'dpy(dumpy)'라는 돌연변이는 정상보다 짧은 선충입니다. 많은 선충 연구자가 귀엽다는 이유로 가장 좋아하는 돌연변이기도 합니다. 반대로 'lon(long)'이란 돌연변이는 정상보다 몸길이가 긴 선충입니다.

'dpy 돌연변이' 선충의 경우에는 *cima-1* 돌연변이를 지니더라도 야생형 선충과 별 차이를 보이지 않습니다. 반대로 'lon 돌연변이' 선충에서는 *cima-1* 유전자가 망가진 효과가 야생형보다 훨씬 더 크게 나타납니다. 몸길이가 작으면 *cima-1*이 망가져도 시냅스 유지에는 별 문제가 없지만, 몸길이가 클수록 시냅스 유지는 더 어려움을 알 수 있습니다. 키가 크다고 다 좋은 것은 아니네요.

잠시 얘기를 앞으로 돌려 연구자들이 *cima-1*의 유전자를 찾은 과정을 말씀드리려고 합니다. 최근 대부분의 생물학 연구는 주로 관심의 대상이 되는 유전자를 연구합니다. 사실 '관심 유전자'가 연구의 출발점이 되는 경우는 예쁜꼬마선충뿐만 아니라 다른 모델 생명체 연구에서도 높은 비율을 차지하고 있습니다. 왜냐하면 유전체의 서열을 전부 알고 있고, 이 중에서 연구할 유전자를 고르는 방법이 쉽기 때문입니다.

cima-1 유전자를 찾은 방법은 유전체 서열을 모르던 시절부터 사용되었던, 말 그대로 고전적인 유전학 기법입니다. 일단 무작위로 돌연변이가 만들어지도록 화학 약품을 처리합니다. 그중에서 연구하고 싶은 돌연변이들, 예를 들면 몸길이가 짧아진다거나 움직임이 이상해진 선충들을 찾습니다. 그리고 2만여 개의 유전자 중에서 돌연변이의 원인이 되었던 '용의자 X'를 찾는 과정을 수행합니다. 용의자를 찾는 일은 대개 시간과 노력이 많이 드는 과정입니다. 얼핏 보면 고리타분해 보이는 방법 같기도 하지만, 고전적 유전학을 통해서 유전학자들은 종종 사람의 힘으로는 예상할 수 없었던 새로운 사실을 발견하곤 합니다.

연구팀은 *cima-1* 돌연변이의 용의자를 찾아낸 결과, CIMA-1이 SLC17이라는 계열에 속하는 막단백질membrane protein이라는 것을 알아냈습니다. SLC는 일종의 세포내 수송시스템으로 세포막을 사이에 두고 여러 물질을 이동하게 하는 역할을 할 거라 예상됩니다. 아직 많은 연구가 이루어진 단백질이 아니지만 흥미롭게도 이 단백질은 신경 퇴행성 질환과 관련이 있는 유전자라고 합니다.

연구자들은 *cima-1*의 역할을 자세히 알아보기 위해 이 유전자가 예쁜꼬마선충의 체내 어디에서 발현되는지 살펴보았습니다. 놀랍게도 *cima-1*은 신경 회로의 유지 작용에 해당하는 유전자인데도 신경세포

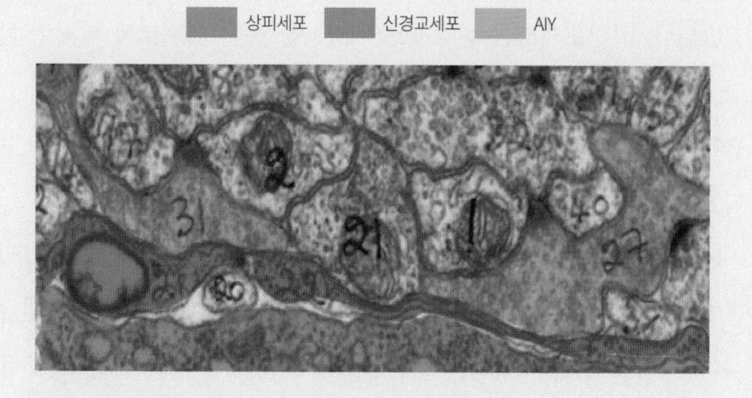

그림 2 상피세포, 신경교세포, AIY 신경세포의 위치. 출처/Shao, Zhiyong, et al. 2013.

에서는 발현되지 않고 있었습니다. 오히려 *cima-1*은 선충에서 피부에 해당하는 상피세포epidermis에서 발현합니다.

시냅스 유지 '공동경비구역': 신경교세포와 상피세포의 상호작용

용의자를 찾았지만 그가 정말 작용을 가했는지는 아직 오리무중입니다. 상피세포에서 발현하는 *cima-1*이 어떻게 시냅스 유지에 작용할 수 있을까요? 그 의문을 푸는 열쇠는 예쁜꼬마선충의 해부도였습니다. 해부도를 살펴보니 *cima-1*이 무엇을 통해 신경 회로와 접선했는지 그 증거를 찾을 수 있었습니다.

〈그림 2〉에서 볼 수 있듯 상피세포와 AIY 신경 사이에는 얇은 층이

있습니다. 잘 보시면 신경교세포라는 세포가 그 사이 공간을 차지하고 있습니다. 신경교세포는 신경세포의 기능을 돕는 세포로서 실제로 인간 뇌에서 차지하는 비율이 신경세포보다 약 10배 이상 크다고 알려졌습니다. 신경세포에 필요한 물질을 공급하고 그 활동을 돕는 기능을 한다고 알려지고 있지만 아직 많은 연구가 이뤄지지 않았습니다.

해부도를 보면 결국 *cima-1*이 발현하는 상피세포, 그리고 *cima-1* 돌연변이 개체에서 망가진 AIY 시냅스의 사이에는 신경교세포가 있습니다. 그러므로 연구자들은 이 신경교세포가 *cima-1*의 신경 회로 유지 작용에 징검다리가 될 것으로 생각했습니다. 신경교세포를 형광 단백질로 표지하여 야생형과 *cima-1* 돌연변이에서 그 발현 양상을 관찰했더니 역시나 *cima-1* 돌연변이에서는 신경교세포가 비정상적으로 커져 있음을 알 수 있었습니다. 또한 흥미롭게도 이런 현상은 어렸을 때는 관찰되지 않고 다 큰 성충에서만 관찰되었습니다.

*cima-1*이 망가진 상황에서 신경교세포는 비정상으로 커집니다. 따라서 정상적인 *cima-1*의 역할은 신경교세포의 크기를 적절하게 제한하는 것입니다. 만약 신경교세포가 *cima-1*과 시냅스 사이의 징검다리 역할을 한다면, *cima-1* 돌연변이에서 신경교세포의 크기가 조절되지 않아 시냅스 유지 기작에 문제가 생기는 거라고 가정할 수 있습니다. 실제로 연구자들이 *cima-1* 돌연변이에서 비정상으로 커진 신경교세포를 레이저로 제거해보니 시냅스 유지도 잘 이뤄짐을 알 수 있었습니다. 즉, 시냅스 유지는 직접적으로는 신경교세포가 담당하는데 이를 조절하는 것이 상피세포 *cima-1*이 하는 일입니다. 이번 연구의 중요한 성과 중 한 가지를 꼽자면 시냅스를 유지하는 기작이 그 외부의 신경교

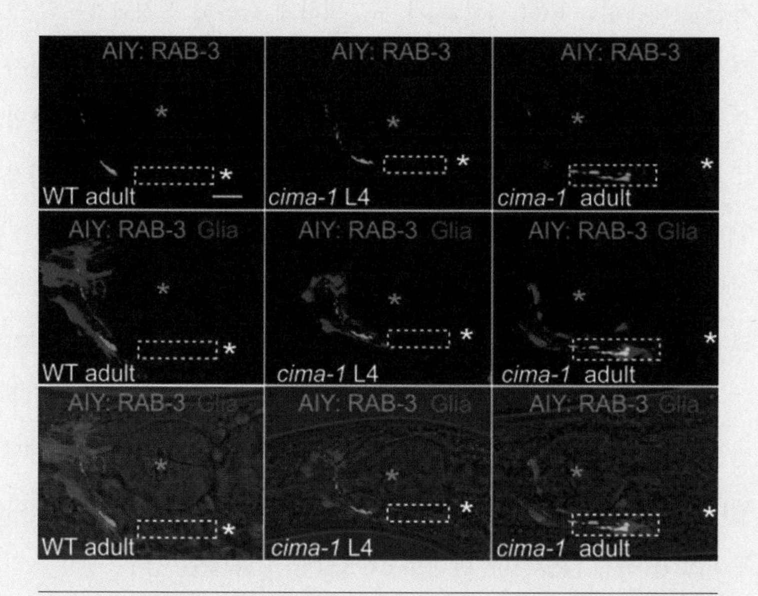

그림 3 (위) AIY 신경세포. (중간) AIY 신경세포와 신경교세포의 발현. (아래) 세포 해부도에 나타낸 AIY 신경세포와 신경교세포의 발현. 야생형(WT)과 *cima-1* 돌연변이체의 성체를 비교하면 신경교세포에 따라 AIY 신경세포의 발현에 차이가 나타나는 것을 볼 수 있다. 출처/Shao, Zhiyong, et al. 2013.

세포와 상피세포를 통해 이뤄진다는 것을 보여 준 것입니다.

만드는 이 따로, 유지 보수하는 이 따로

추가 실험을 통해 연구자들은 *cima-1*이 EGL-15(5A)라는 단백질을 억제하는 일을 한다는 걸 알게 되었습니다. EGL-15(5A)는 예쁜꼬마선충에서 신경교세포의 크기를 성장시키는 일을 하는데, *cima-1*이 망가진 상태에서는 EGL-15(5A)가 무분별하게 작동해 신경교세포의 크기가 커졌던 것이죠. EGL-15(5A)는 FGFR라는 섬유아세포 성장인자 수용체의 일종입니다. 섬유아세포 성장인자는 세포의 성장, 이동, 분열 등 다양한 영역에서 신호를 전달하는 역할을 합니다. 섬유아세포 성장인자는 다양한 기능을 지니지만, 특히 신경세포 부착인자NCAM: Neural cell adhesion molecule와 함께 신경세포 발생과 시냅스 형성에 중요하다고 알려져 있습니다. 예를 들면 섬유아세포 성장인자와 신경세포 부착인자는 시냅스를 만드는 건축가 단백질이라고 비유할 수 있을 것 같습니다. 발생 초기에는 건축가 단백질의 일종인 네트린을 통해 시냅스가 형성됩니다. 그러나 어른이 되어 시냅스를 유지하는 과정에선 네트린은 아무 역할을 하지 않습니다. 반대로 EGL-15(5A)와 같은 경우, 발생 초기의 시냅스 형성에는 중요하지 않습니다. 네트린이 만들어 놓은 시냅스가 제대로 유지가 되고 있는지 살펴보며 유지하고 있는 일을 *cima-1*과 EGL-15(5A)가 하는 것입니다.

우리 정신은 일방통행이 아니다

예쁜꼬마선충이라는 비교적 단순한 모델 생명체를 연구하고 있으니 때론 저 자신이 생명 현상 자체를 단순하게 환원해 바라볼 때가 많은 것 같습니다. 신경 회로를 통한 행동 조절 역시 단순화된 방식으로 바라보며, '외부환경 → 감각신경 → 연합신경 → 운동신경 → 근육'이라는 도식으로 생각하게 됩니다.

사실 이런 도식이 완전히 틀린 것은 아닙니다. 하지만 이 연구는 단순히 근육에 붙어서 몸을 움직이게 하는 구조였던 상피세포가 기존에 생각했던 것처럼 수동적인 역할만 하지는 않음을 이야기하고 있습니다. 몸이 커지는 동안 시냅스 위치를 어떻게 조정해야 하는지, 신경세포가 혼자하기에는 막막한 일을 신경교세포와 상피세포라는 파수꾼이 돕는 것입니다.

여태까지 신경교세포나 상피세포의 작용에 대해 예쁜꼬마선충 연구자들도 크게 주목하지 않았던 것도 사실입니다. 신경세포는 우리 정신이 담긴 본질적인 알맹이이고 상피세포는 이 알맹이를 감싸는 껍데기로 본다면, 껍데기보다 그 안의 알맹이가 항상 흥미롭기 마련이니까요. 하지만 진중권 씨가《미학 오디세이》서문에서 말했듯이 "말할 가치가 있는 것들은 형식 속에 침전되는 법이다."라는 이야기가 때론 생명에도 적용되는 것은 아닐까 하는 생각이 듭니다. 이번 연구에 따르면 살아 있는 동안 시냅스를 정교하게 유지하는 과정이 그저 몸을 감싸고 있는 줄만 알았던 피부에서도 이루어지고 있기 때문입니다. 예쁜꼬마선충의 신경 회로도 단순히 상명하복과 일방통행으로 이루어져 있지 않다는 점에서 오늘날 우리는 어떤 시대에 살고 있는지 다시 한번 생각하게 됩니다.

4

빛으로 인간의 마음을 조작할 수 있을까?

빛으로 신경세포를 움직이는 광유전학

로봇기계들이 끝없이 진화하던 어느 날, 인간과 기계가 전쟁을 벌입니다. 인간은 그 전쟁에서 참패하고 기계의 지배를 받게 됩니다. 기계는 인간을 자신들의 '건전지'로 만듭니다. 인간은 기계 안에서 태어나, 기계 안에서 살아가며, 기계 안에서 죽습니다.

하지만 정작 인간은 그 사실을 전혀 모릅니다. 기계가 인간 뇌에 전극을 꽂아 가상현실인 '매트릭스' 안에 살고 있는 것처럼 감각을 조작하기 때문입니다. 인간은 실제로는 배양 기계 안에 떠 있으면서 자신이 맨해튼 거리를 거닐고 있다고 착각합니다. 한 번도 먹어 본 적 없는 스테이크의 맛을 느낍니다. 영화 〈매트릭스〉의 이야기입니다.

〈매트릭스〉는 영화로만 볼 영화가 아닙니다. 워쇼스키 감독은 현실 세계의 청중에게 "여긴 어디, 나는 누구?"라고 묻고 있습니다. 저는 '지금 여기'가 '매트릭스' 안이 아니라고 입증할 방법이 단 한 가지도 떠오르지 않습니다. 그 불가능함은 감각 행위의 본질 때문입니다.

인간의 뇌에는 약 1,000억 개의 신경세포가 있습니다. 각 신경세포는 1,000개가 넘는 다른 신경세포들과 관계를 맺어 100조 개가 넘는 신경 접속을 만들어 냅니다. 우리의 감각 경험은 바로 이 어마어마한 신경 회로 안에서 발생하는 '전기적 사건'에 불과합니다. 전원을 꽂은 컴퓨터에서 수많은 전기회로가 영화를 상영하듯, 우리 뇌 속의 신경 회로에 끊임없이 전기가 흐르면서 감각 세계를 '창조'해 내는 것이죠. 여러분이 지금 이 글을 읽는 것도 역시 기계가 뇌를 조작해 이뤄지는 가상현실 속의 사건일 수 있습니다.

의심하는 신경 회로

〈매트릭스〉가 던지는 핵심 메시지는 바로 '의심하라'입니다. 사실 이 메시지는 400년 전의 한 위대한 철학자의 메시지를 그대로 계승한 것입니다. 의심의 제왕이라고 불러도 무방한 데카르트는 착시 현상에서 감각 작용의 객관성을 의심하기 시작하더니, 이 모든 게 꿈이 아닐까 하는 의심을 거쳐, 자신이 '악령'에 사로잡혀 환각에 시달릴 수 있다는 극단적인 의심까지 이르게 됩니다.

믿을 게 하나 없는 세상 앞에 그는 위대한 탄식을 내뱉습니다. "코기토 에르고 숨Cogito ergo sum". 우리말로, "나는 생각한다, 고로 나는 존재한다." 더 정확히 해설하자면 "의심한다, 고로 의심하는 나는 존재한다."라고도 할 수 있습니다. 데카르트는 모든 걸 의심할 수 있어도 끝내 그 의심을 하는 '나'라는 존재까지 의심할 수는 없었습니다.

데카르트의 의심하는 주체, 즉 '이성적 자아'는 중세를 마감하고 근대라는 새로운 세계를 활짝 열게 됩니다. 데카르트는 마지막 중세인이자 최초의 근대인이라는 평가를 받습니다. 그가 최초의 근대인일 뿐만 아니라 '마지막 중세인'이라고 불리는 이유는, '코기토 에르고 숨' 논변에 이어서 다음으로 '신의 존재 증명'을 펼치기 때문입니다. '생각하는 나'를 가능케 한 존재가 분명 존재해야 하며, 그 존재는 '신'일 수밖에 없다는 중세적 믿음을 고전이 된 그의 명저《방법서설》에서 표출하고 있습니다.

다시 〈매트릭스〉로 돌아가 봅시다. 인간은 기계 안에서 태어나 기계 안에서 생각하며 기계 안에서 죽지만, 그럼에도 불구하고 여전히 기계를 인간의 신이라 할 수 없습니다. 〈매트릭스〉에서 기계는 데카르트의 '악령'과 정확히 일치할 따름입니다. 악령은 그저 '감각'만을 속일 수 있습니다. 기계는 스테이크의 시각적 환상과 환상적인 맛을 주입할 수 있을 뿐, 인간이 스테이크를 '썰게' 하지는 못합니다. 판단과 결정은 최종적으로 인간의 몫이며, 기계는 매트릭스의 삶을 의심하는 인간의 '의지'를 꺾을 수 없습니다.

하지만 실제로는 〈매트릭스〉가 '자유의지'의 영역으로 남겨두는 판단과 결정 역시 뇌 속에서 일어나는 전기적 사건에 불과합니다. 군침 도는 스테이크를 눈앞에 두고 있을 때, 손과 팔에 칼질을 하라는 명령을 내리는 것도 역시 '뇌'입니다. 나는 채식주의자인데, 기계가 케이블을 통해 고기를 썰어 먹으라는 신경 네트워크를 실행한다면 고기를 먹을 수밖에 없습니다.

사실 데카르트가 했던 '의심'조차도 뇌의 신경 회로에서 일어나는 전기적 사건입니다. 만약에 누군가 데카르트의 '의심 신경 회로'를 켜버린다면 그의 의지와 상관없이 그를 의심하게 할 수 있습니다. "코기토 에르고 숨"을 '인위적'으로 유도해낼 수 있는 것이지요. 데카르트의 정의에 따르면 '나의 의심을 가능케 하는 자'는 바로 '신'입니다. 어떤 사람이 데카르트의 의심을 일으키는 힘을 갖게 된다면 그가 바로 데카르트의 신이 아닐까요.

인간 영혼에 꽂힌 전극

뇌 속의 신경 회로를 조작하는 힘, 즉 영혼을 통제하는 그런 '신의 힘'을 인간이 가질 수 있을까요? 결론부터 말하자면, 그 힘을 우리는 오래전 얻었을 뿐 아니라 끝없이 진화시키고 있습니다. 가장 쉽게 떠올릴 수 있는 방법은 뇌에 직접 전극을 꽂아 전류를 흘려보내는 방식입니다. 18세기 중반 이탈리아 과학자인 루이기 갈바니Luigi Galvani는 신경과 근육이 전기적 자극에 반응한다는 것을 보고했습니다. 이후 19세기 초부터 신경생리학자들은 뇌에 직접 전극을 꽂고 전류를 흘려 뇌의 기능을 연구하는 작업을 시작했습니다.

베르나르 베르베르의 소설《뇌》는 '전기적 뇌 자극'이라는 소재를 아주 흥미로운 방식으로 차용하고 있습니다. 주인공은 컴퓨터와의 체스 대결에서 승리하기 위해 자신의 뇌에 전극을 심습니다. 쾌락을 느끼게 하는 뇌의 '쾌락 중추'를 지능 훈련 뒤에 자극하는 방식으로 지적 능력을 발달시켜 나갑니다. 혹시 모를 끔찍한 사태에 대비해 그는 자신의 뇌를 조작하는 일을 다른 사람에게 맡깁니다.

사실 이 소설은 쥐를 대상으로 한 실제 실험에 기반하고 있습니다. 1954년 캐나다 맥길대학교의 제임스 올즈James Olds 연구팀은 역사적인 연구를 진행합니다. 쥐의 쾌락 중추에 전극을 심은 뒤, 쥐에게 스스로 레버를 누르면 전류가 흘러 쾌락이 주어지는 조건을 마련해 주었습니다. 그러자 놀랍게도 쥐는 밥도 물도 먹지 않고 죽을 때까지 레버만 눌러댔습니다. 살아 있는 동안 쥐는 아무 고생 없이 자기 자신에게 극도의 쾌락을 줄 수 있는 전능한 존재가 된 것입니다.

그러나 전극을 꽂아 직접 전류를 흘려보내는 이런 방식으로는 뇌의 신경 회로를 정교하게 조작하기가 쉽지 않습니다. 인간의 뇌 속에는 엄청나게 높은 밀도로 신경세포가 밀집돼 있습니다. 뇌는 불투명하기 때문에 전극이 정확히 어디에 위치하고 있는지 파악하기도 어렵습니다. 전극을 자칫 잘못 꽂았다간 엉뚱한 신경 회로가 자극되어 예상치 못한 반응이 일어날 수 있습니다. 좁은 지역에 수많은 신경 회로들이 중첩돼 있어 원하는 신경 회로만을 자극하는 일은 기술적으로 매우 어렵기도 합니다.

비유하자면 전기적 뇌 자극은 근처의 모든 전기회로를 켜버리는 '포괄적 리모컨'이라고 할 수 있습니다. 전자제품들의 전원을 켤 수 있는 능력은 갖추고 있으나 내가 원하는 전자제품을 선택적으로 켜긴 힘든 기술이라는 의미에서 말입니다. 집에 들어와서 텔레비전을 보려고 리모컨을 눌렀더니 갑자기 집안의 모든 전자기기가 한꺼번에 켜져서 작동하는 상황이 벌어지기 십상인 것이죠.

신의 리모컨, 채널로돕신

텔레비전 리모컨이 텔레비전만 선택적으로 켤 수 있는 이유는 무엇일까요? 그건 바로 그 리모컨에만 반응하는 '수신기'가 텔레비전에 내장돼 있기 때문입니다. 전기적 뇌 자극이 선택적으로 신경 회로를 조절할 수 없는 이유는 조작하고자 하는 신경 회로만 전기 자극을 받게 할 수 없기 때문입니다. 그렇다면 만약 우리 뇌 속에 '리모컨-수신기' 시스템을 작동시킬 수 있다면 감각과 행동을 정교하게 조절할 수 있는 힘을 얻을 수 있지 않을까요?

2002년 〈사이언스〉에 그 힘을 가능케 할 역사적인 논문이 발표됐습니다. 흥미롭게도 이 논문은 신경과학 연구팀이 아니라 미생물을 연구하던 게오르크 나겔Georg Nagel과 페터 헤게만Peter Hegemann의 공동 연구팀이 발표했습니다. 이들은 '클라미도모나스*Chlamydomonas*'라는 작고 둥근 단세포 녹조류에 주목했습니다. 이 녹조류에 빛을 쬐어 주면 빛에 따라 행동 반응을 보이는 주광성phototaxis을 나타냅니다.

연구팀은 빛에 대한 녹조류의 '감각'과 '행동' 사이를 매개하는 무언가가 있을 것이라고 추측했습니다. 한 가지 단서는 빛을 쬐어 주면 클라미도모나스 안에 전류가 흐른다는 것이었습니다. 여러 가지 실험을

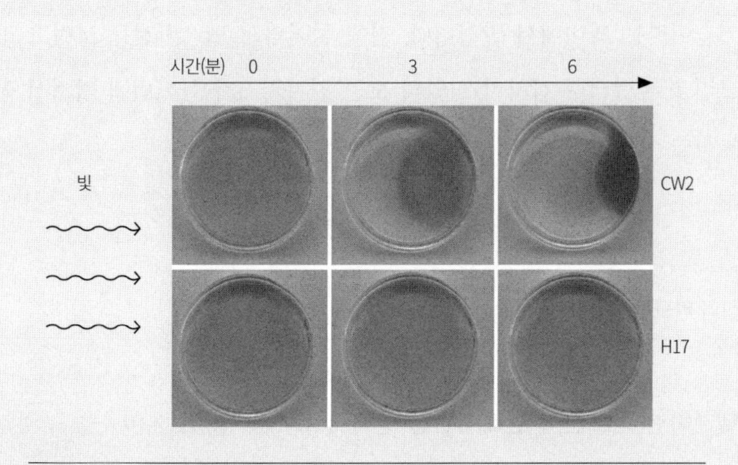

그림 1 빛에 따라 행동 반응을 보이는 클라미도모나스. 채널로돕신이 망가진 돌연변이인 H17에서는 그런 반응이 사라진다.

통해 연구팀은 '채널로돕신Channelrhodopsin'이라는 분자가 빛을 감지해 전류를 만들어 낸다는 것을 확인했습니다.

녹조류의 '채널로돕신'이 인간 신경 회로를 조작하는 리모컨과 무슨 관련이 있을까요? 리모컨을 이용해 켜고자 하는 대상은 바로 신경세포입니다. 일종의 전선으로 기능하는 신경세포는 평소 그 내부에 음전하를 띈 음이온을 많이 가지고 있어 음의 전위를 띕니다. 자극이 주어지거나 다른 신경세포로부터 신호를 전달받으면 세포 바깥의 양이온들이 세포 안으로 쏟아져 들어오면서 신경세포가 켜지게 됩니다.

만약 녹조류의 채널로돕신을 신경세포에다 심는다면 어떨까요? 빛을 쬐어주는 것만으로도 전류를 흐르게 하여 결국 신경세포를 켜거나 끌 수 있지 않을까요. 그렇다면 우리는 빛을 '리모컨'으로, 채널로돕신

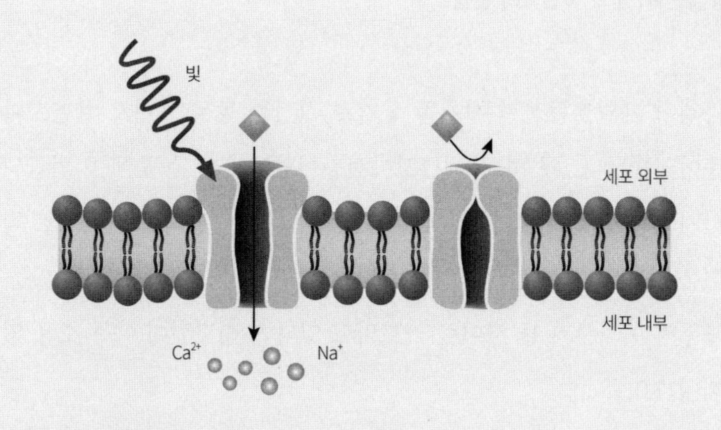

그림 2 빛을 쬐어주면 레티날이라는 물질의 구조가 변하면서 채널로돕신의 통로가 열리게 된다. 열린 통로로 칼슘과 나트륨 같은 양이온이 쏟아져 들어온다.

을 '수신기'로 사용해서 신경 회로를 조절할 수 있지 않을까요. 과학자는 이런 상상력을 '실험'하는 사람이자 '실현'하는 사람입니다.

2005년 미국 스탠퍼드대학교 칼 다이서로스Karl Deisseroth 연구팀이 최초로 포유류 신경세포에서 빛과 채널로돕신을 리모컨과 수신기로 사용한 연구 결과를 〈네이처뉴로사이언스Nature Neuroscience〉에 발표했습니다. 같은 해엔 채널로돕신을 발견한 연구자 중 한 명이었던 게오르크 나겔이 포함된 연구팀이 〈커런트바이올로지Current Biology〉에 신경세포가 아닌 동물 '개체'의 행동을 최초로 조작한 논문을 발표했습니다. 그 이후 초파리와 쥐를 비롯한 수많은 생명체에서 채널로돕신을 이용해 행동을 조작한 연구 결과들이 계속 발표되고 있습니다. '빛'이 신의 리모컨으로 개발되었다는 사실이 참으로 의미심장해 보입니다.

광유전학, 빛과 유전학의 만남

나겔이 채널로돕신 수신기를 심기로 결정한 동물은 바로 예쁜꼬마선충이었습니다. 왜 하필 예쁜꼬마선충이었을까요. 논문에는 언급되어 있지 않지만 제 생각엔 앞에서 말한 '투명함'이 강력한 장점으로 작용했을 듯합니다. 수신기가 빛을 감지해야만 신경 회로를 켤 수 있는데, 불투명한 피부가 둘 사이를 가로막고 있다면 리모컨이 아무 소용 없을 테니까요.

예쁜꼬마선충에서는 빛 리모컨과 채널로돕신 수신기 사이를 가로막는 것이 아무 것도 없습니다. 그런데 꼬마선충의 몸속에 리모컨 수신기를 어떻게 심을 수 있을까요? 채널로돕신은 원래 녹조류의 세포막에 꽂혀 있는 '통로 단백질'의 일종입니다. 이런 녹조류 단백질을 신경세포에 직접 이식해 심는 것은 좋은 방법이 아닙니다. 녹조류에서 채널로돕신 단백질만 모으는 것이 만만치 않은 작업일 뿐만 아니라, 그렇게 얻어낸 단백질이더라도 원하는 신경세포 막에만 심을 길이 막막하기 때문입니다. 그렇다면 다른 좋은 방법이 있을까요?

생물학자들은 유전학에서 그 해답을 찾았습니다. 클라미도모나스의 세포막에 채널로돕신 단백질이 존재하는 것은 클라미도모나스가 자신의 DNA 안에 채널로돕신 유전자를 가지고 있기 때문입니다. 유전자는 생명체가 만들어 내는 수많은 산물의 '조리법'이라고 할 수 있습니다.

지금 미국 캔자스 시골에 한 아주머니가 느닷없이 감자전이 먹고 싶다고 가정해 봅시다. 한국에서 감자전을 부친 다음 잘 포장해서 국제택배를 이용해 보내주는 것보다는, '감자전 조리법'을 이메일로 보내주는 것이 훨씬 효율적이고 서로 행복한 방식일 겁니다. 여기서 감자전은 채널로돕신 '단백질'에 해당하는 '산물'이며, 감자전 조리법은 채널로돕신 '유전자'에 해당하는 '정보'라고 할 수 있습니다. 적절한 주방이 갖춰진 곳이라면 조리법만 알려주면 얼마든 감자전을 부칠 수 있습니다.

'산물' 대신 '정보'를 제공하는 데에는 몇 가지 효용이 있습니다. 우선 캔자스 아주머니가 앞으로는 언제든 원할 때 감자전을 부쳐 먹을 수 있다는 것입니다. 또 조리법에 몇 가지 수정을 가하면 미국식 '소세지 감자전'과 같은 변형된 산물들을 쉽게 만들어 낼 수 있습니다. 그리고 조리법은 아들딸들과 동네 사람들에게 쉽게 전수돼 계속 전달될 수도 있습니다. 모두 한국에서 감자전을 직접 만들어 보내줬다면 불가능한 일들일 겁니다.

우리 세포는 갖은 단백질들을 요리해내는 적절한 주방이자 요리사입니다. 유전자라는 조리법만 주어지면 그에 걸맞은 단백질 산물들을 능히 만들어 냅니다. 조리법에 몇 가지 편집을 가해 변형된 산물을 쉽게 만들어 낼 수도 있고, 대대손손 단백질 생산 능력을 물려주기도 합니다.

리모컨 수신기인 채널로돕신 단백질도 예외는 아닙니다. 꼬마선충에 녹조류의 채널로돕신 유전자를 주입하면, 꼬마선충은 리모컨 수신기를 내장하게 됩니다. 이렇게 유전자가 이식된 벌레는 이제 빛 리모컨으로 신경 회로를 조작할 수 있게 됩니다.

광유전학optogenetics은 이처럼 빛opto-과 유전학genetics을 결합한 기술입니다. 유전학적 기법을 이용해 원하는 대상에 빛 감지 센서를 달고 빛을 이용해 조작하는 광유전학 기술이 개발되면서 기존의 전기적 뇌 자극에 비해 훨씬 정교한 신경 회로 조작이 가능해졌습니다. 원하는 시점에 원하는 신경세포와 신경 회로를 조작할 수 있는 엄청난 힘을 갖게 된 것입니다.

꼬마선충을 춤추게 하라

이제 정말 모든 준비가 다 되었습니다. 리모컨 수신기를 발굴했고, 수신기를 꼬마선충에 심을 광유전학적 기술까지 마련됐습니다. 그 힘을 이용해 게오르그 나겔과 알렉산더 고트샬크Alexander Gottschalk 공동 연구팀은 꼬마선충의 '악령'이 되기로 합니다. 데카르트의 감각을 속이는 악령 말이죠.

가는 철사로 꼬마선충의 머리를 두드리면 촉각 신경들이 켜져 뒤로 도망가는 행동 반응이 관찰됩니다. 촉각 신경에 달려 있는 감각 센서들이 두드리는 자극을 감지해 도망가는 신경 회로를 켜기 때문이죠. 연구팀은 이들 촉각 신경세포들에 채널로돕신을 발현시켰습니다. 그런 다음 빛을 쬐어 주었더니 놀랍게도 벌레들이 뒤로 물러나는 반응을 보였습니다. 센서에 아무런 물리 자극이 가해지지 않았는데도 벌레는 마치 누가 자기 머리를 두드렸다는 듯이 행동했습니다. 아마 벌레는 누군가 자기 머리를 두드렸다고 틀림없이 믿고 있을 겁니다. 실제로 머리를 두드렸을 때와 빛 리모컨으로 환각을 일으켰을 때 벌레의 뇌에서 일어난 사건은 거의 동일하기 때문입니다.

연구팀은 동일한 실험을 '행동 장애'를 가진 벌레에서도 수행했습니다. 꼬마선충 돌연변이들 중에는 머리를 두드려도 뒤로 도망가지 않는 벌레들이 있습니다. 이들 중 일부는 촉각을 느끼는 센서가 고장나 머리를 두드려도 전혀 감지하지 못하는 벌레들입니다. 만약 이 돌연변이 벌레에서 촉각 신경을 빛을 이용해 인위적으로 켠다면 어떻게 될까요? 흥미롭게도 센서가 망가진 돌연변이 벌레들이 촉각 신경을 빛으로 켜주자 회피반응을 나타냈습니다. 센서가 망가져 있더라도 전체 회로가 정상적으로 남아 있고, 센서가 물리적 자극을 받았을 때 일으키는 전기적 사건을 광유전학적으로 빛을 이용해 인위적으로 일으켰더니 그 회로가 작동하게 된 것입니다.

이 실험은 상당한 함의를 보여 주고 있습니다. 바로 광유전학이 인간의 신경 정신 질환 치료에 이용될 수 있는 가능성을 보여 주기 때문입니다. 이 연구에서 연구팀은 '질병'에 걸린 벌레의 신경을 직접 조작해 질병 현상을 극복해 보였습니다. 이 결과는 동일한 방식으로 인간의 각종 질환과 장애들을 치료 혹은 극복할 수 있으리라는 전망을 지지하고 있습니다. 광유전학적 기법을 통해 간질 환자들의 신경 발작을 빛으로 억제하거나, 우울증에 걸린 환자의 기분을 빛으로 회복시킬 수 있을 날이 올지도 모릅니다.

제가 속한 연구팀에서도 비슷한 결과를 〈네이처뉴로사이언스〉에 낸 적이 있습니다. 저희 연구실에는 꼬마선충이 굶으면 춤추는 '닉테이션'이라는 진기한 행동을 연구하는데, 신경세포의 감각 기구가 망가진 돌연변이는 더 이상 춤추지 않는 장애가 생긴다는 사실을 확인했습니다. 저희 연구팀은 이 벌레에서 빛으로 춤추는 행동의 신경 회로를 인위적으로 켬으로써 다시 춤추는 행동을 하게 만들었습니다. 말 그대로 주저앉아 있던 벌레를 '빛'으로 일으켜 춤추게 만든 것이죠.(부록 배고프면 춤추는 꼬마선충의 비밀 참조)

브레인 이니셔티브, 판도라의 상자를 만지다

빛을 이용해 감각과 행동을 조절하고 신경 정신 질환을 치료하는 데에는 중요한 전제가 있습니다. 우리가 빛을 이용해 조작하고자 하는 신경 회로들을 잘 알고 있어야 한다는 것이죠. 어느 신경 회로를 켜야 어떤 일이 일어나는지 알지 못하면 광유전학 기술은 아무 소용이 없습니다. 우울증을 빛으로 치료하기 위해선 우선 우울증과 관련된 신경 회로를 잘 알고 있어야 이들을 조절할 수 있습니다.

꼬마선충에서 광유전학 기술을 이용한 연구가 활발히 이루어질 수 있었던 것은 꼬마선충이 지구 상에서 신경 회로가 가장 잘 밝혀진 동물이기 때문입니다. 300개 남짓한 신경세포로 이루어진 꼬마선충의 전체 신경 네트워크는 무려 30여 년 전에 그 신경 지도가 거의 완전하게 밝혀졌습니다. 한 개체에서 신경세포들이 이루는 신경 네트워크 전체를 '커넥톰'이라 부르는데, 꼬마선충은 현재 유일하게 커넥톰이 밝혀진 동물입니다.

이에 비해 1,000억 개의 신경세포를 갖고 있는 인간 뇌의 신경 회로를 밝히는 일은 차원이 다른 문제입니다. 과연 인간이 할 수 있는 일인가에 대해 심각한 의문이 제기될 정도입니다. 아마도 21세기에 과학자

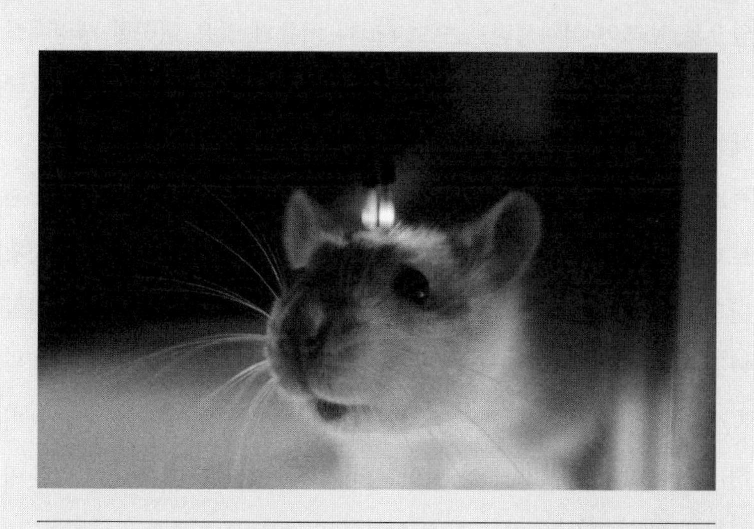

그림 3 광유전학을 이용한 쥐 조작 실험.

들 앞에 놓여 있는 가장 거대한 난제가 바로 우리 두뇌를 해독하는 일이 아닐까 싶습니다.

과학자들은 이미 행동을 시작했습니다. 2011년 런던에서 있었던 첫 모임을 필두로 세계 일군의 과학자들이 모여 인간 뇌의 전체 신경 회로를 밝히는 포부를 품은 '브레인 이니셔티브'를 구상했습니다. 2013년 4월 2일 미국 대통령 오바마는 사업 개시를 선언했습니다. 꼬마선충 연구자로서 뿌듯하게도 꼬마선충 신경 회로 연구의 대표 주자인 코리 바그만Cori Bargmanh이 '브레인 이니셔티브'의 공동 의장으로 임명되었습니다. 꼬마선충 게놈 프로젝트의 경험과 결과가 인간 게놈 프로젝트에 많은 도움을 주었듯이, 꼬마선충 커넥톰 연구의 경험도 향후 브레인 이니셔티브에 많은 기여를 할 것이라는 기대가 반영된 것으로 보입니다.

앞으로 브레인 이니셔티브는 초파리나 어류와 같은 단순한 생명체들의 신경 네트워크부터 차근차근 정복해 나갈 것으로 전망됩니다. 종국에는 쥐와 영장류를 거쳐 인간의 커넥톰에 도전할 겁니다.

브레인 이니셔티브에 대해 회의적인 시각도 많습니다. 인간 게놈 프로젝트는 목표를 달성할 확실한 분석 기술은 있으나 돈과 시간이 엄청나게 필요했던 사례였다면, 브레인 이니셔티브는 사실 목표를 달성할 완전한 기술조차 의문시되는 상황이기 때문입니다. 앞에서 말한 정광훈 박사의 '투명 뇌' 기술처럼 커넥톰 연구에 필요한 새로운 기술들이 하나둘 개발되고 있지만 아직 인간 뇌에 도전하기에는 기술적 장벽이 상당히 높습니다.

하지만 만약 그 언젠가 그 모든 장벽들을 넘어서는 날, 그리하여 영혼의 블랙박스와도 같던 우리 뇌의 신경 회로가 완전히 밝혀지는 그날이 온다면, 우리는 빛 리모컨을 이용해 〈매트릭스〉의 세계를 구현하고 데카르트의 신이 될 수 있는 힘을 갖게 될지도 모릅니다. 과연 인간이 그런 힘을 얻을 수 있을까요. 또 얻는다면 그 힘을 감당할 수 있을까요. 분명한 것은 우리가 이미 그 판도라의 상자를 만지작거리고 있다는 사실입니다.

5

잠자는 꼬마선충, '꿈'이라도 꾸는 걸까?

잠의 생물학

팝아티스트로 유명한 앤디 워홀의 영화 〈잠〉은 당시 연인이던 장 지오르노가 자는 모습을 무려 5시간 20분 동안 찍은 영상입니다. 10분 분량으로 편집되어 올라온 영상을 보는 것만으로 주인공처럼 잠에 빠져들 것 같았습니다. 과연 이 영화를 처음부터 끝까지 볼 수 있는 사람이 몇 명이나 있을지 궁금해지기도 합니다.

앤디 워홀 본인은 자기가 사랑하는 사람의 자는 모습을 몇 시간 동안 지켜볼 수 있지 않았을까 생각이 듭니다. 정해진 각본 없이 인간의 본질적인 부분을 그대로 보여 주고자 한 이 영화는 사회 유명 인사들과 자본주의의 이미지를 활용한 그의 실크스크린 작품들과 비교해 보면 상당히 달라 보입니다. 하지만 다른 이들이 생각하지 않았던 일들을 했다는 점에서 그의 회화와 영화에는 유사한 점이 있습니다. 비단 앤디 워홀뿐 아니라 실험적인 아이디어가 창의적인 결과로 이어지는 순간을 생각해 보면, 예술과 과학 사이에는 많은 공통점이 있다는 것을 알 수 있습니다.

이번에 살펴볼 연구들은 카메라 렌즈를 통해 연인의 자는 모습을 촬영했던 앤디 워홀처럼 현미경 렌즈 너머로 예쁜꼬마선충의 자는 모습을 관찰했던 사람들의 이야기입니다.

잠의 생물학적 정의

2008년 〈네이처〉에 'Lethargus is a Caenorhabdaitis elegans sleep-like state'라는 제목의 논문이 발표되었습니다. 이 연구는 논문의 제1저자이면서 교신 저자인 데이빗 레이즌David Raizen 박사가 진행하였습니다. 흔하게 쓰지 않는 'lethargus'란 단어는 우리말로 혼수상태나 무기력한 상태를 뜻합니다. 예쁜꼬마선충은 알에서 깨어나 어른이 되기까지 허물을 벗는 과정(탈피Ecdysis)을 네 번 거치는데, 허물을 벗는 시기가 다가오면 선충은 움직이지 않습니다. 제목에 쓰인 'lethargus'는 구체적으로 탈피 과정에 앞서서 나타나는 선충이 가만히 있는 상태를 말합니다. 선충의 휴면 상태가 생물학적으로 수면과 유사한 상태sleep-like behavior라는 것이 이 논문의 주제입니다.

허물을 벗는 동안 가만히 있는 것이 어떻게 잠자는 것과 비슷하다고 주장할 수 있는 것일까요. 사실 이 논문이 나오기 전까지 선충에게

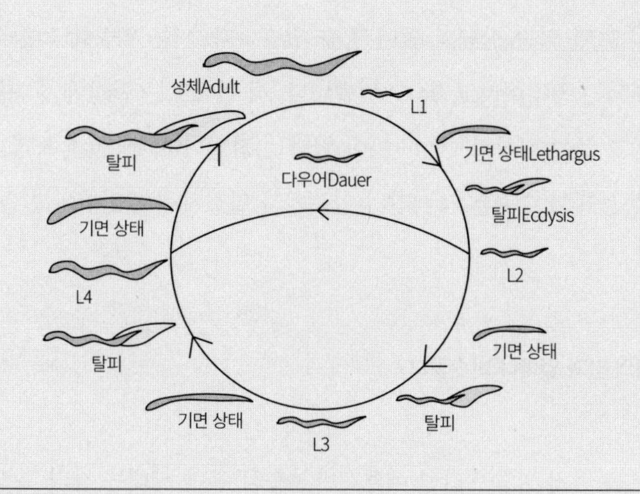

그림 1 예쁜꼬마선충의 생애 주기. 예쁜꼬마선충은 성체가 될 때까지 네 번의 허물벗기를 한다. 허물벗기에 앞서 선충은 움직이지 않는데, 이 상태가 잠과 유사한 형태를 보인다.

서 수면이 보존되어 있다고 생각하는 사람은 거의 없었습니다. 수면이란 보통 24시간을 주기로 생활하는 생명체가 갖고 있는 일주기성 행동circadian rhythm의 대표적인 행동입니다. 선충은 땅속에서 살고 있으니 24시간의 주기나 이에 따른 수면 행위를 굳이 할 필요가 없다고 생각했던 것이죠. 게다가 선충의 수명은 불과 3주 정도밖에 안 되기 때문에 재빨리 어른이 되어 자손을 번식해도 모자랄 판입니다. 그래서인지 탈피 과정 단계에서 일어나는 휴면 상태는 약 3시간 정도밖에 안 됩니다.

선충의 휴면 상태가 잠과 유사한 상태라고 주장하려면, 먼저 잠의 정의를 살펴봐야 합니다. 생물학적으로 잠은 다음과 같은 특성을 가집니다. 첫 번째로 감각신경의 반응이 평소보다 무뎌집니다. 두 번째로는 자는 동안은 활동성이 줄어들어 있지만, 강한 자극이 오면 비교적 빠르게 다시 깨어 있는 상태로 돌아갈 수 있습니다. 이는 약물에 의한 마취와 구별되는 특징이라고 할 수 있습니다. 세 번째로는 일정한 상태를 유지하려고 하는 항상성homeostasis이 있다는 점입니다. 네 번째 특징으로 많은 동물에서 수면은 24시간의 일주기와 밀접하게 관련되어 있습니다.

우리의 잠과 얼마나 비슷할까?

결론을 먼저 말씀드리면 예쁜꼬마선충의 휴면 상태는 잠의 특징 중 24시간 일주기를 제외한 모든 특성(무뎌진 감각신경, 빠르게 깨어날 수 있는 점, 항상성 유지)을 갖고 있습니다. 선충의 잠이 어떤 성질을 갖고 있는지 알아내기 위해 먼저 연구자들은 휴면 상태에 있는 선충을 깨워 보았습니다. 그들은 잘 자고 있는 선충의 집을 흔든다거나 선충이 싫어할 냄새나는 물질을 뿌렸습니다.

선충에서 물리적 자극이나 악취와 같이 위험한 자극은 대부분 ASH 신경세포를 통해 인지됩니다. 특히 옥탄올에 대한 회피 반응이 감각신경세포인 ASH를 통해 일어나는 현상은 잘 알려져 있습니다. 옥탄올은 알코올의 일종으로 일반적으로는 접하기 쉽지 않은 물질입니다. 저도 옥탄올을 이용한 회피 반응 실험을 수행한 적이 있는데 선충보다 먼저 도망가고 싶을 정도로 좋지 않은 자극이었습니다.

잠을 자고 있지 않은 상태인 L4와 성충 단계에서 옥탄올 자극을 주면 선충은 3초 안에 회피 반응을 보입니다. 이에 반해 탈피 중인 L3와 탈피 중인 L4 단계에서는 반응 속도가 10초 넘게 걸릴 정도로 느려집

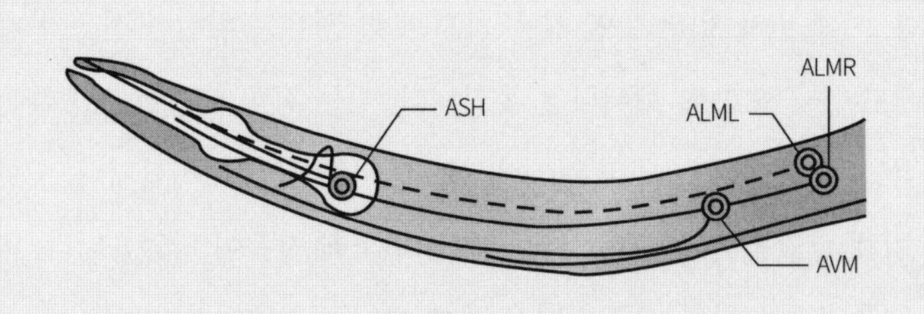

그림 2 감각신경세포인 ASH의 측면 모식도.

니다. 이는 선충의 휴면 상태 동안에는 감각이 무뎌져 있다는 것을 뜻합니다(잠의 첫 번째 특징). 인간에 비유하자면, 눈을 뜨고 자더라도 바깥 환경을 볼 수 없는, 혹은 누군가가 업어 가도 모르는 상황과 비슷하다고 할 수 있습니다. 하지만 2분 뒤에 다시 옥탄올에 대한 반응을 살펴보면, 휴면 상태가 아닌 선충들의 반응과 휴면 상태였던 선충들의 반응에 차이가 없어지는 것을 알 수 있습니다. 자극을 통해 빠르게 휴면 상태에서 벗어나도록 만드는 것이 가능하다는 뜻입니다(잠의 두 번째 특징).

앞서 말씀드렸다시피 잠의 또 다른 중요한 특징은 항상성입니다. 쉽게 말해 잠이 부족할수록 더 길고 깊은 잠을 자려고 하는 성향이 있다는 것입니다. 선충의 휴면 상태가 수면 행위와 유사하다면, 수면을 지속적으로 방해했을 때 수면 자체에 어떤 변화가 있어야 할 것입니다. 연구자들은 이를 위해 단순히 한 번 깨우는 것이 아닌, 지속적으로 수면을 방해해 보았습니다. 30분 내내 잠자는 선충의 꼬리를 건드려서 쉴 수 없도록 한 것이지요.

편안하게 자고 있었던 선충들은 옥탄올 냄새에 반응하여 쉽게 깨어납니다. 이에 반해 30분 동안 잠을 자지 못한 경우는 위험한 신호가 나타남에도 불구하고 잘 깨어나질 못합니다. 이는 잠이 부족한 선충들은 일반적인 경우에 비해 더 깊은 잠에 빠져든다는 것을 의미합니다. 또한 잠이 방해 받았을 경우, 수면 시간 역시 더 오래 지속이 되었습니다. 피곤한 선충일수록 훨씬 깊은 단잠을 자게 된다는 것입니다.

선충의 잠을 깨워 알아낼 수 있는 것들

예쁜꼬마선충도 잠을 잡니다. 정확히 말하자면 잠과 유사한 행동을 합니다. 이 사실은 신기해 보이기도 하지만 사실 또 다른 질문이 남아 있습니다. 선충이 잠을 자는 걸 연구하는 것이 우리 인간에게 어떤 이점을 가져다 줄까요?

2013년 〈사이언스〉에 소개된 연구 결과에 따르면 잠은 뇌에 쌓인 노폐물을 씻어 내는 과정입니다. 잠은 뇌를 통해 일어나는 현상이면서 동시에 뇌를 위해 일어나는 현상으로 수면은 아주 오래전에 진화되었을 것으로 생각되고 있습니다. 최초로 잠을 잤던 조상 이후에 그 후손들은 점차 조금씩 다른 방식으로 잠을 자게 되었습니다. 그러나 동시에 잠을 조절하는 핵심적인 생물학적 방법들은 공유하고 있는 것입니다. 생명이 새로움을 만들어 내는 변주곡은 유전자와 분자 신호 체계라는 주제 선율을 이용해 재창조됩니다. 예쁜꼬마선충의 원시적인 수면 행동을 만들어 내는 분자들은 결국 우리 인간에게도 수면의 근본적인 원리로 작동할 수 있습니다.

2008년 처음으로 선충의 수면이 보고된 이후에 많은 후속 연구가 진행되어 왔습니다. 예쁜꼬마선충이 유전학에 용이하다는 점을 이용해서 수면에 중요한 여러 유전자들을 찾아낸 것입니다. *lin-42*, *period*, *egf*, *pkg* 등은 선충의 수면에 중요한 유전자들로서 다른 동물이나 인간의 수면에서도 중요하다고 밝혀져 있습니다.

선충에겐 미안하지만 수면을 방해함으로써 우리가 얻을 수 있는 여러 가지 지식들이 많다는 것을 알 수 있습니다. 특히 *period*라는 유전자는 초파리를 통해 행동유전학의 문을 연 시모어 벤저Seymour Benzer가 찾았던 생체시계 유전자입니다. *period*와 같은 생체시계 유전자의 순환을 통해 우리는 하루 24시간 동안의 주기를 가지게 됩니다.

신기한 사실은 선충은 24시간의 일주기성을 가지고 있지 않는데도 *period* 유전자가 수면에서 중요하게 작용한다는 점입니다. 아마도 *period* 유전자는 생명체가 대지 위로 올라와 하루라는 시간에 적응하여 살기 이전부터 수면과 주기성을 조절했으리라 생각됩니다. *period*는 수면 상태를 언제 유도할지 그 타이머로 작동합니다. 허물을 벗기 전 타이밍에서 잠을 자는 선충, 밤에 자는 인간이나 낮에 자는 야행성동물 각각에서 *period*의 조절 패턴이 어떻게 다른 방식으로 진화했을지 알아보는 것도 흥미로울 것 같습니다.

잠든 뇌, 비동기화 되는 신경 회로

수면을 조절하는 유전자를 찾는 연구 외에도 선충 연구에는 또 다른 장점이 있습니다. 바로 신경 회로의 시냅스가 전부 밝혀져 있다는 점입니다. 이를 이용하여 캘리포니아공과대학교의 폴 스턴버그Paul Sternberg 교수팀은 〈예쁜꼬마선충의 수면과 각성 상태를 조절하는 감각 운동 신경 회로의 다층 조절 기작Multilevel modulation of a sensory motor circuit during C. elegans sleep and arousal〉이란 논문을 발표하였습니다. 선충이 잠든 후 다시 깨어날 때, 신경 회로에서는 다양한 층위에서 조절 메커니즘이 작동한다는 내용입니다.

전통적인 수면 연구는 주로 뇌전도EEG: Electroencephalogram 측정을 통해 이루어졌습니다. 이를 통해 수면에는 다양한 단계에서 그 패턴이 변화하고, 특히 잘 알려진 렘REM: Rapid Eye Movement 수면과 같은 단계가 존재한다는 것이 밝혀졌습니다. 하지만 뇌전도는 뇌의 전체에서 나오는 평균적인 신호를 알 수 있을 뿐, 어느 신경세포와 회로가 작동하는지를 자세히 알 수 없는 한계가 있습니다. 앞에서 소개한 칼슘 영상 기법은 개별적인 신경세포에서 다양한 변화를 측정할 수 있는 방법입니다. 폴 스턴버그 연구팀은 선충의 수면에서 칼슘 이온화 패턴의 변화를 측정하고자 하였습니다. 만약 수면 뇌파와 같은 현상을 신경세포 수준에서 관찰할 수 있다면 수많은 뇌세포 중 수면에 작동하는 신경 회로를 찾고 그 패턴을 측정할 수 있을 것입니다.

연구진이 주목한 신경세포는 일명 뒷걸음질 신경인 AVA와 AVD 신경입니다. AVA와 AVD 신경에서 나온 신호는 운동신경과 근육을 거쳐 선충을 뒤로 기어가게 만듭니다. 레이저로 뒷걸음질 신경을 제거하는 경우, 선충은 더 이상 뒤로 가는 행동을 하지 못합니다. 평소 움직임에서 뒤로 가는 행동과 뒷걸음질 신경의 활성화가 동시에 일어나는 것 또

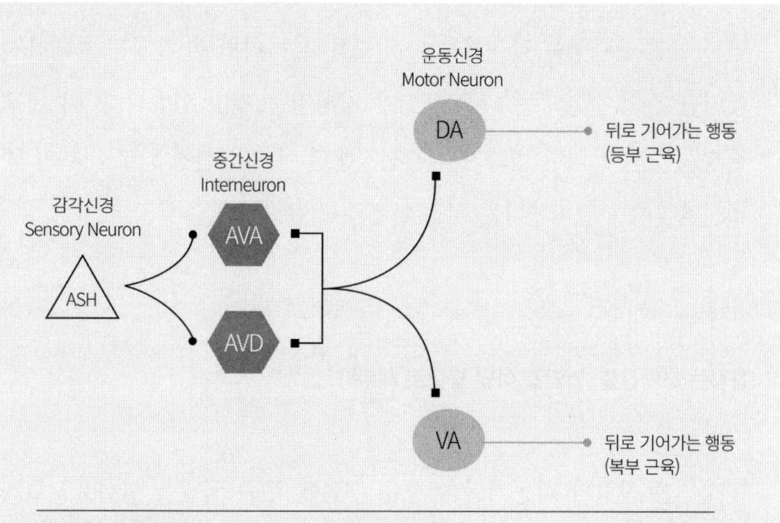

그림 3 뒷걸음질 행동 시 일어나는 신경 회로 도식.

한 잘 알려져 있었습니다. 앞에서 살펴본 옥탄올에 의한 회피 반응 역시 뒷걸음질 신경의 활성화를 통해 일어나는 것입니다.

수면 상태가 아닐 때, 뒷걸음질 신경세포들의 활성은 동시에 올라갔다가 동시에 내려갑니다. 이를 통해 회피 반응이 재빠르게 일어나도록 유도하게 됩니다. 하지만 휴면 상태에는 AVA와 AVD의 활성이 따로 따로 일어나게 됩니다. 그렇다면 뒷걸음질 신경세포의 비동기화 현상은 수면 상태에만 나타나는 현상일까요? 연구자들은 자고 있는 선충을 잠시 깨운 뒤 신경 활성을 측정해 보았습니다. 예상대로 수면 상태에서 일시적으로 깨어난 선충들에서는 뒷걸음질 신경세포의 활성이 다시 동기화되는 것을 알 수 있었습니다.

이런 패턴이 혹시 포유류에서 발견되는 수면 단계의 패턴이나 렘수면과 어떤 연관성이 있을지는 아직 모릅니다. 다만 이 결과는 여태까지 알려진 잠의 성질과는 다른 새로운 시사점을 갖고 있습니다. 이 연구 결과는 수면에 의한 변화가 감각신경뿐만 아니라 신경 회로 내부의 중추신경에서도 일어난다는 것을 말해주고 있습니다.

잠자는 꼬마선충, 입맞춤 아닌 빛으로 깨우다

뒷걸음질 신경의 비동기화 현상은 수면에 무슨 역할을 할까요? 쉽게 생각해볼 수 있는 가설은 비동기화는 수면을 지속시키기 위해서 필요하다는 주장입니다. 이 가설이 사실이라면, 자고 있는 선충들에게서 동기화를 유도하여 수면에서 즉각 깨어나게 할 수 있을 것입니다. 이를 조사하기 위해 연구자들은 광유전학 방법을 통해 각각의 신경세포를 인위적으로 활성화하였습니다. 그 후 어떤 상황에서 수면 상태에서 벗어나는지를 관찰하였습니다. 앞에서 설명했듯 광유전학은 빛으로 신경을 활성화하는 '채널로돕신'을 이용해 신경을 원하는 타이밍에 켜고 끌 수 있는 방법입니다.

실험 결과, 위험 감지 신경인 ASH만을 활성화하는 경우엔 수면 상태를 깨울 수 없습니다. 이는 앞서 수면의 정의에서 말씀드렸던 것처럼, 수면 상태에서는 감각신경이 둔해져 있습니다. 수면 상태에선 감각신경이 위험을 감지하는 단계뿐만 아니라, 감지한 신호를 전달하는 데도 둔해져 있음을 알 수 있습니다. 뒷걸음질 신경 중 하나인 AVA만 활성화했을 때도 수면 상태에서 깨어나지 않았습니다. 이와 달리 뒷걸음질 신경 모두를 활성화하여 동기화를 유도했을 때 즉각 수면에서 깨어났습니다. 수면 상태에서만 일어나는 뒷걸음질 신경세포들의 비동기화는 수면 상태를 유지하는 데 중요하다는 것입니다. 이 연구는 수면 시 비동기화가 개별적인 신경세포 수준에서 일어난다는 사실을 최초로 밝혀냈다는 점에 그 중요성이 있습니다.

흥미롭게도 인간의 수면에서도 인간의 대뇌피질과 시상 영역 사이에서 비동기화가 나타난다고 합니다. 하지만 그 역할에 대해서는 아직 정확히 밝혀져 있지 않습니다. 선충과 인간의 뇌가 서로 많이 닮아 있다면, 이 연구가 제시하는 것처럼 비동기화는 수면 상태를 지속시키고, 동기화는 깨어나는 현상에 작용할 것입니다. 어쩌면 수면 상태에서 제대로 비동기화가 일어나지 않을 때, 의식은 깨어 있지 않으면서 몸이 움직이는 몽유병 증상이 나타나는 건 아닐까요. 반대로 의식이 깨어났는데도 신경 회로 내부의 동기화가 제대로 일어나지 않았을 때는 가위눌림 같은 현상이 나타날 수도 있습니다.

꼬마선충도 '꿈'이란 것을 꿀까?

잠을 자는 동안 신경들이 제각기 활성화하는 것을 보면, 이 현상은 예쁜꼬마선충에게 일종의 꿈이 아닐까 하는 상상을 하게 됩니다. 꿈은 프로이트 이후에 무의식과 욕망의 발현이라고 여겨지고 있지만, 아직까지 많은 부분을 모르고 있습니다. 인간의 다채로운 꿈만큼 복잡치 않더라도, 선충이 만약 꿈을 꾼다면 혹시 단순히 잠과는 구별되는 또 다른 기능이 있는 것은 아닐까요?

저는 이 연구를 보면서 AVA 신경과 AVD 신경 사이의 이온 통로를 막아서 평상시에도 인위적인 비동기화를 유도해볼 수도 있지 않을까 생각도 해봤습니다. 영화 〈수면의 과학〉에 나오는 주인공처럼 꿈과 현실을 구별하지 못하는 선충이 나타날지도 모르겠습니다. 하지만 실질적으로 실험 방법을 생각하고, 무엇을 볼지, 그리고 어떤 질문을 던질지는 또 다른 문제입니다. 연구를 하면 할수록 선충이 무슨 생각을 하는지 밝혀내는 일은 어렵습니다.

선충을 이용한 수면 연구는 이제 시작입니다. 수면시 AVA-AVD 신경세포의 비동기화는 어떻게 이뤄지고, 잠에서 깨어나면 어떻게 재빠르게 동기화가 일어나는지는 전혀 모릅니다. 다른 동물 수면에서도 동기화 과정이 어느 정도 보존되었는지도 알아봐야 하겠죠. 앞으로도 예쁜꼬마선충을 이용해 우리가 전혀 기대하지 않았던 새로운 발견을 하는 것이 여기에서 소개해 드린 과학자들의 꿈일 것입니다. 잠을 자는 행위 자체에 본질적으로 접근하기 위해 그 모습을 카메라에 담았던 앤디 워홀처럼, 과학자들은 생명 안에 담겨 있는 근본적인 규칙을 찾아내기 위해 오늘도 현미경을 들여다보고 있습니다.

앤디 워홀은 영화, 미술 외에도 벨벳 언더그라운드라는 밴드의 음반을 제작하였습니다. 그들의 노래는 영화 〈수면의 과학〉 OST에서 '당신이 나를 구해준다면If you rescue me'이라는 제목으로 리메이크 되어 다시 불리기도 하였습니다. 과학자들의 잠 못 이루는 밤들이 현대인들의 수면 장애를 이해하고 치료하는 데 점점 더 기여할 거라고 생각합니다.

6

큐피드의 화살은 어디서 날아올까?

옥시토신이 부리는 신비한 '사랑의 마법'

사람의 감정 중에서 사랑만큼 낭만적인 게 있을까요? 사랑이라는 말은 흔히 이성보다 감성에, 우연보다는 운명에 가까운 것처럼 여겨집니다. 잘 어울리는 연인을 볼 때, 우리는 흔히 '천생연분'이라는 말을 쓰기도 합니다. 그러나 알랭 드 보통이 말한 것처럼 사람한테 사랑할 운명이 있는 것이지, 그것이 꼭 특정한 누군가일 운명은 아닙니다. 사랑이란 개인한테 특별하지만 누구나 느낄 수 있는 지극히 보편적인 감정입니다.

아홉 개의 아미노산이 부리는 '사랑의 마법'

'사랑은 보편적인 것.' 이 명제를 좇아 사랑을 과학적으로 연구하려는 신경과학자들이 있습니다. 대표적인 연구자인 미국 럿거스대학교의 헬렌 피셔Helen Fisher 박사는 우리가 사랑이라고 느끼는 순간이 특정 신경전달물질의 작용에 의해 세 단계로 나뉜다고 말합니다. 1단계는 이성을 대할 때 저도 모르게 끌리거나 그 사람에 대한 욕망을 가질 때로, 이 시기에 도파민dopamine이 분비된다고 합니다. 2단계는 그 사람이 자꾸 생각나고 이런저런 달콤한 상상도 하는 낭만적인 상태로, 페닐에틸아민phenylethylamine이 작용합니다. 마지막 3단계는 상대 이성에 신뢰감을 가지며 그밖에 다른 이성에는 관심이 적어지는 단계인데, 이때는 옥시토신oxytocin이 분비된다고 합니다.

옥시토신은 생물학 교과서에서 흔히 태아를 출산하는 산모의 자궁 수축을 돕는 기능을 한다고 알려져 있습니다. 옥시토신이라는 말 자체가 '빠른 출생'이란 뜻의 그리스어에서 비롯했다고 하네요. 신경전달물질인 아세틸콜린의 기능 연구로 노벨상을 받은 헨리 데일Henry Dale이 1906년에 처음 옥시토신을 발견했습니다. 옥시토신은 자궁수축 외에도 여성과 남성의 포괄적인 번식과 번식 행위를 조절한다고 알려져 있습니다. 그래서 옥시토신을 '사랑의 호르몬'이라 부르기도 합니다. 여러 기능을 하는 데 비해 옥시토신은 고작 9개의 아미노산으로 이뤄진 굉장히 작은 단백질(호르몬)입니다. 비슷한 구조를 지닌 바소프레신vasopressin과 함께 뇌하수체에서 분비되는 대표적인 신경호르몬이라 할 수 있지요.

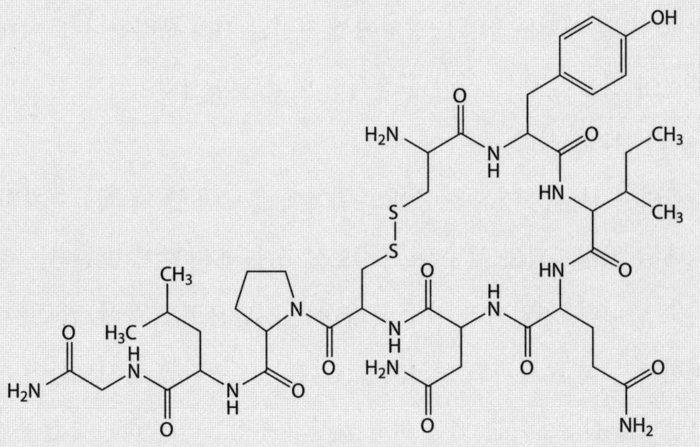

그림 1 옥시토신의 분자 구조. '사랑의 호르몬'으로 불리는 옥시토신은 9개의 아미노산으로 이뤄진 굉장히 작은 호르몬이다.

옥시토신이라는 호르몬 물질은 하나인데 그 기능과 결과는 어떻게 이토록 다양할 수 있을까요? 옥시토신 같은 호르몬의 작용은 대부분 그 호르몬을 인지하는 수용체를 통해서 이루어집니다. 이런 수용체는 대부분 세포막에 존재하는 막단백질입니다. 막단백질의 구조와 기능을 잠깐 살펴볼까요? 세포의 안과 밖을 나누는 세포막에 있는 막단백질 중에서 세포막 바깥쪽에 노출된 부분은 리간드(수용체에 달라붙는 물질. 호르몬보다 좀 더 넓은 표현)라는 물질을 인지하는 기능을 합니다. 리간드가 세포막 바깥쪽의 막단백질 부위에 달라붙으면 세포막 안쪽에 노출된 막단백질 부분은 리간드가 달라붙을 때 생기는 신호를 세포 안에다 전달해 생체 기능을 일으키는 구실을 합니다. 옥시토신이 다채로운 기능을 하는 것도 아마 옥시토신 수용체의 발현과 수용체 밑단에서 일어나는 신호 전달 메커니즘의 다양성에서 기인할 거라 생각됩니다. 이제 옥시토신이 만들어 내는 가장 환상적인 이벤트인 사랑이라는 감정에 대해 좀 더 살펴봅시다.

사랑하는 사람을 영상을 통해 피험자에게 보여 줄 때 피실험자의 뇌 영역에서 활성화되는 부분은 옥시토신 수용체가 많이 발현되는 부분이라고 합니다. 연인끼리 자주 포옹하는 것만으로도 옥시토신 분비가 증가한다는 연구 결과도 보고돼 있습니다. 그렇다면 옥시토신이 사랑의 3단계를 관장한다는 헬렌 피셔 박사의 주장을 입증하기에 충분할까요? 저는 아직 부족하다고 생각합니다. 실험과학을 수행하는 연구자로서 특정 현상에 관여하는 요인 중에 어떤 것이 원인이 되고 결과가 되는지 따지는 일은 참 어렵다고 생각할 때가 많습니다. 때론 두 가지 요인이 인과관계가 아니라 단순한 상관관계뿐인 경우도 있습니다. 옥시토신이 분비되어 사랑을 느끼는 것인지, 또는 사랑을 느끼기에 (다른 작용을 위해) 옥시토신이 분비되는 것인지 아직은 단정할 수 없을 것 같습니다.

짝 찾을 생각이 없는 '돌연변이 *ntc-1*' 초식남

특정한 단백질이나 이를 암호화한 유전자가 어떤 기능을 하는지 파악하려면 이 유전자를 없앤 뒤에 일어나는 생물학적 현상의 변화를 살펴봐야 합니다. 특정 유전자가 있을 때와 없을 때의 생물학적 변화를 살펴

그 유전자의 기능을 추적하는 것이지요. 또한 이렇게 특정 유전자 일부에만 집중해 살피려 한다면, 그밖에 다른 부분은 생물학적 변화에 영향을 끼치지 않도록 확실히 제어를 해두어야 합니다. 모델 생명체를 이용해 유전학을 연구하는 이유도 다름 아니라 실험용 모델 생명체들이 이런 유전학적 실험 조작을 하기에 간편하고 효율적이기 때문입니다.

그중에서 예쁜꼬마선충은 현재 많이 사용되는 유전학 모델 '동물' 중에서 해부학적으로 가장 단순합니다. 겉모습만 놓고 보면 개불을 100분의 1크기로 줄인 것처럼 생긴 선충은 사실 얼핏 보면 사람과 달라도 너무 다른 생명체입니다. 하지만 시드니 브레너가 말한 것처럼 우리가 생물학을 연구해서 얻을 수 있는 '단순한 진리'는 역시나 단순하고 환원적인 시스템에서만 가능한 측면이 있습니다. 겉보기에 예쁜꼬마선충은 눈도 없고, 팔다리도 없고, 심지어 뇌라고 불리는 신체 기관도 없지만, 사람 몸에 존재하는 여러 생물학적인 현상을 연구하기에는 전혀 부족하지 않았던 것이죠. 선충과 사람의 유전체는 40% 정도의 유사성을 지닌다고 알려져 있습니다. 이 수치는 단백질을 만드는 데 관여하지 않는 DNA 염기 서열 부위까지 포함한 것이고, 알려진 인간 유전자만 따지면 약 70%는 예쁜꼬마선충도 갖고 있다고 합니다. 인간 유전자의 3분의 2 이상은 예쁜꼬마선충을 이용해서도 연구할 수 있다는 것이죠. 이번 장에서 소개하는 연구도 그런 예가 될 수 있습니다.

미국 록펠러대학교의 코넬리아 바그만Cornelia Bargmann 연구팀은 2012년 과학저널 〈사이언스〉에 발표한 논문에서 사람의 옥시토신을 만드는 유전자의 기능과 비슷한 유사성이 선충에서 나타난다는 요지의 연구 결과를 보고했습니다. 이들은 사람의 옥시토신과 유사한 기능을 하는 선충의 유전자를 찾아내어 '선충nematode의 옥시토신'이라는 의미로 그 단백질을 네마토신nematocin이라는 이름을 짓고, 네마토신을 암호화하는 유전자를 *ntc-1*로 명명했습니다. 옥시토신이 신경세포의 활성을 일으킬 때 세포막의 수용체를 통로로 이용하듯이 선충에도 네마토신의 수용체가 따로 있겠지요. 연구팀은 네마토신의 수용체를 암호화하고 있는 유전자 두 개를 찾아내서 네마토신 수용체nematocin receptor라는 뜻으로 *ntr-1*과 *ntr-2*로 명명했습니다.

코넬리아 바그만 연구팀이 가장 먼저 한 실험은 *ntc-1*가 발현되는 장소를 확인하는 것이었습니다. 유전자가 발현되는 장소는 곧 그 유전자가 어떤 일을 하는 지와도 연관돼 있기 때문입니다. 유전자 발현 장소를 확인하기 위해서는 유전자의 염기 서열 앞쪽에 있는 프로모터promoter라는 부위를 이용합니다. 프로모터는 특정 유전자가 언제, 어디에서 발현될지 결정하는 DNA 부위입니다. 이제 프로모터에 형광 단백질을 붙입니다. 이렇게 하면 이 유전자가 발현할 때 형광을 띠어 연구자가 유전자 발현 지점을 관찰할 수 있겠지요. 선충의 몸이 투명하다는 점이 관찰을 더 쉽게 해줍니다. 특정 유전자에 형광 단백질을 붙여 형질 전환 선충을 만드는 일은 의외로 쉬워, 실험실에서 인턴 생활을 하는 학생들이 흔히 체험하는 일이기도 합니다.

네마토신을 만드는 *ntc-1* 유전자와 네마토신 수용체를 만드는 *ntr-1*과 *ntr-2* 유전자의 발현은 다음과 같았습니다. 기본적으로 자연 상태에서 예쁜꼬마선충은 자웅동체로 존재하는데, 이런 자웅동체에서는 *ntc-1* 유전자가 열을 감지하는 감각신경세포인 AFD와 자신이 어떤 자세를 취하고 있는지 인지하는 자기수용성 감각proprioceptive을 맡는 감각신경세포 DVA에서 확인되었습니다. 그리고 수용체 유전자인 *ntr-1*, *ntr-2*는 더 다양한 여러 신경세포들에서 발현하는 것으로 관찰되었습니다.

이런 발현 패턴의 결과를 보고 연구자들은 아마도 처음엔 약간 실망했을지도 모른다는 생각이 듭니다. 옥시토신의 기능은 번식 행동에 관여하는 것으로 알려져 있습니다. 그런데 네마토신이 발현하는 신경세포들에는 지금까지 알려진 바로는 번식과 관련하는 부분이 없기 때문입니다. 예컨대 옥시토신의 기능인 자궁수축 작용이 선충에서도 보존되어 있다면, 선충에도 이와 비슷하게 알 낳기와 관련한 신경세포에 네마토신이나 네마토신 수용체가 발현했어야 했을 겁니다. 그렇지만 다행히도 연구자들은 네마토신과 네마토신 수용체 유전자가 자웅동체 선충에만 특이적으로 존재하는 신경세포에선 발현하지 않지만 수컷 선충(XO 성염색체)에만 특이적으로 존재하는 신경세포에서는 발현한다는 것을 발견했습니다.

수컷에만 있는 특이적 신경세포가 담당하는 행동은 당연히 수컷 선충의 번식에 중요한 역할을 합니다. 가장 대표적으로 자웅동체를 만나 짝짓기 행동을 수행하는 것을 생각해 볼 수 있습니다. 이 행동에서 네마토신 신호가 정상 작동하지 않으면 여러 가지 문제가 나타납니다.

야생형 선충의 짝짓기가 80% 이상의 성공률을 보이는데, 네마토신과 네마토신 수용체 유전자가 망가진 선충에서는 그 성공 확률이 30% 정도로 떨어집니다. 좀 더 살펴보면, 야생형 선충은 지나가다 마주친 첫 번째나 두 번째 이성에 바로 끌리는데, 돌연변이인 선충은 몇 차례 이성을 놓친 뒤에 비로소 짝짓기에 성공한다고 볼 수 있습니다. 사람의 연애에 비유하면 야생형 선충은 금방 사랑에 빠지는 경우라 볼 수 있지 않을까요. 그에 반해 네마토신 신호가 작동하지 않는 돌연변이 선충은 마주친 이성이 자신의 배필인지 아닌지 고민하며 우물쭈물하다가 결국 인연을 지나치는 경우에 해당한다고 말할 수 있을 겁니다.

당연히 선충과 사람의 이런 단순한 비유는 지나칠 것입니다. 그렇지만 이 연구의 결과가 우리에게 의미 있는 것은 예쁜꼬마선충이 단지 옥시토신과 비슷한 유전자를 가졌다는 사실뿐 아니라 그 유전자가 만들어 내는 현상도 어떤 유사성을 보여 주기 때문입니다.

네마토신이 만드는 사랑의 신경 회로

그렇다면 선충에서 네마토신이 수컷의 짝짓기 행동에 관여하는 현상의 정체는 무엇일까요? 네마토신이 하는 일은 네마토신 수용체에 일종의 신호를 전달하는 작용이라 할 수 있습니다. 그래서 결국 그 수용체는 신경세포에 어떤 종류의 변화를 유발할 것입니다. 이런 과정을 확인하기 위해 연구자들은 사람의 신장에서 유래한 어느 세포주('HEK293T')에다 네마토신 수용체를 과발현하도록 했습니다. 연구자들이 이 세포에 네마토신 단백질을 처리해주었을 때, 이 세포에선 칼슘 이온과 cAMP(고리 모양의 아데노신 일인산으로 대표적인 세포내 신호 전달 물질)의 농도가 변화한다는 것을 관찰하였습니다. 칼슘 이온과 cAMP는 일반적으로 신경세포의 활성을 변화시키는 기작이 될 수 있는 것으로 잘 알려져 있습니다.

네마토신 유전자는 선충의 성 특이적 신경세포들(PDC, CP)과 특정한 감각신경세포(AFD, DVA)에서 발현됩니다. 이렇듯 네마토신 유전자가 여러 세포에서 발현하는 상황에서는, 네마토신을 발현하는 세포 전부가 짝짓기 행동의 조절에 관여한다고 결론내릴 수 없습니다. 예를 들면 선충의 성 특이적 신경세포만 짝짓기에 관여할 수 있고, 또는 특정 신경세포(AFD 혹은 DVA)만 짝짓기에 관여할 수도 있기 때문입니다.

이런 상황에 대한 생물학자들의 대처법은 지극히 상식적입니다. 살펴보려는 유전자의 기능을 일부 세포에서만 망가뜨리거나 혹은 일부에서만 다르게 고쳐보는 식이죠. 앞에서도 잠시 얘기했지만 마찬가지로 그렇게 한 뒤에 나타나는 생물학적 변화를 살펴서 유전자 기능이 정상일 때와 아닐 때의 차이를 바탕으로 유전자의 기능이 무엇인지 추적할 수 있습니다. 유전자 재조합 기술을 이용해 특정 세포에서만 네마토신이 회복되게 하는 실험을 수행하여, 연구자들은 DVA 신경이 남성 선충의 짝짓기 행동에 핵심적으로 작용한다는 사실을 발견하였습니다.

성 특이적인 신경세포가 아닌 감각신경세포인 DVA에서 분비되는 네마토신이 어떻게 수컷의 특이적인 짝짓기 행동을 조절할 수 있을까요? 연구자들의 설명은 리간드인 네마토신은 DVA에서 분비되지만, 네마토신에 반응하는 수용체가 수컷 특이적 신경세포에서 작동할 거란 예상이었습니다.

이 연구 결과가 시사하는 바는 무엇일까요? 첫 번째로는 '선충의 옥시토신'인 네마토신이 짝짓기의 성공을 위해 필요하다는 점입니다. 적어도 선충에서는 네마토신이 번식 행위의 부산물로서 분비되는 것이 아니라고 할 수 있겠죠. 두 번째로는 특정한 감각신경세포인 DVA에서 분비되는 네마토신만이 수컷 선충의 짝짓기 행동에 관여한다는 점입니다. 그렇다면 DVA 외의 다른 장소에서 발현하는 네마토신은 무슨 일을 하는 걸까요? 이 연구의 연구자들이 조사했던 것과는 다른 무언가에 관여할 거라고 충분히 예상할 수 있습니다.

실제로 이 논문과 함께 발표된 릴레인 스쿠프스Liliane Schoofs 연구팀의 논문에서 네마토신은 선충의 학습 행동에서도 중요함이 밝혀졌습니다. 그리고 네마토신이 학습에 관여할 때는 또 다른 신경세포인 AVK에서 분비되어 작용한다고 합니다. 이는 신경 회로에서 네마토신의 기능이 생각처럼 그리 단순하지 않음을 보여 줍니다. 당연히 사람의 옥시토신은 선충의 경우보다 훨씬 더 복잡한 경로로 작동할 거라고 생각할 수 있습니다. 옥시토신의 다양한 기능을 이해하려면 옥시토신과 수용체들이 신경 회로 내의 어떤 장소에서 언제 발현되는지에 대한 맥락을 고려해야 할 것입니다.

큐피드 화살은 누가 쐈을까?

이 장의 제목에 쓰인 '사랑에 빠진 선충'이란 표현은 비유입니다. 특정 행동을 수행하게 하는 신경 회로에 미세한 신경 조절 장치가 있다는 것이 좀 더 정확한 표현이겠지요. 이런 연구 방향은 현대 과학이 마음을 연구하는 태도와도 맞닿아 있습니다. 심지어 사랑이라는 복잡한 감정에 대해서도 그 감정의 물리적 기반을 조금씩 밝혀내어 제시하고 있으니 말이죠. 신경과학자는 사랑에 빠진 사람의 뇌에서 일어나는 변화를 밝히고, 진화생물학자는 우리가 왜 사랑하는지에 대한 이유를 연구합니다.

하지만 솔직히 얘기하면 저는 사랑이란 감정에는 물리적 기반만으로 설명할 수 없는 다른 무언가가 있다고 믿는 편입니다. 사랑에 빠진 뇌에서 어떤 영역이 활성화한다거나 어떤 호르몬이 작용하는지에 대한 지식이 사람들이 사랑 그 자체에 대해 품는 질문이나 걱정에 큰 영향을 발휘할 수 있게 될까요? 바람에 흔들리는 갈대가 어떻게 흔들리는지는 쉽게 관찰할 수 있어도 그 바람 자체는 눈에 보이지 않습니다. 많은 소설이나 영화가 사랑에 대해 제기하는 낭만적인 물음은 갈대가 아니라 바람이 어떻게 불어오고 잦아드는지에 대한 탐구에 닿아 있는 것 같습니다.

재미있는 것은 선충의 짝짓기 행동과 네마토신에 관한 이번 연구에서도 상황은 크게 나아진 것 같지 않다는 점입니다. DVA라는 감각신경세포가 짝짓기 행동을 담당하는 상위의 감각신경세포로서 네마토신을 배출한다는 사실을 밝혀낸 이번 연구는 이제 새로운 연구의 출발점이라고 볼 수 있겠습니다.

실제로 네마토신 조절 기작이 어떤 상황에서 중요하고 어떻게 작동하는지에 대한 질문에는 전혀 답이 주어지지 않았기 때문입니다. DVA 감각신경세포는 선충의 302개의 신경세포 중에서 비교적 잘 알려지지 않은 세포입니다. 유일하게 잘 알려진 기능이 위에서 말한 것처럼 자기수용성 감각입니다. 이는 일종의 물리적 감각에 해당하는데, 특이한 점은 외부에서 충격이 오는 단순 자극에는 이 DVA 신경이 관여하지 않으며, 오직 자신이 어느 정도 몸을 꺾고 있는지 인지하는 데 관여한다는 것입니다. 몸을 꺾는 감각이 실제로 수컷 선충의 짝짓기 본능을 조절하는 데 어떤 영향이 있는 것인지, 또는 지금까지 밝혀지지 않은 새로운 DVA의 기능이 짝짓기 본능의 상위 신호를 주는 것인지 아직 확실하지 않습니다. 선충을 사랑에 빠뜨린 큐피트 화살의 정체에 대한 연구는 앞으로 더욱 재미있어질 것 같습니다. 이 연구는 진화의 역사에서 생명체들이 단순히 DNA뿐 아니라, 감정을 조절하는 신경 기작들도 일부 공유하고 있음을 시사합니다. 오래전에 우리와 예쁜꼬마선충의 공통 조상에서는 단순한 기본 원리이었던 것들이 이렇게나 복잡하고 서로 다른 양상을 만들어 내는 것을 보면, 진화라는 생명체의 역사에 새삼 경이로움을 느끼게 됩니다. 우리가 알아내는 레시피들이 극히 일부일지라도 아주 작은 벌레를 이용해 생명체의 복잡한 원리를 조금씩 알아가는 과정은 너무나 재미있는 일이라고 생각합니다.

7

영국에서 온 고독한 솔로와 하와이에서 온 파티광

사회적 행동을 만드는 유전자

1998년 발표된 아주 흥미로운 논문 한 편을 보게 되었습니다. 예쁜꼬마선충의 사회적 행동이 *npr-1*이라는 신경펩티드수용체 유전자의 자연 변이를 통해 일어난다는 것이 그 내용입니다. 이 논문은 제목부터 세 가지 이유로 제게 큰 놀라움을 주었습니다. 첫 번째는 하등해 보이던 예쁜꼬마선충이 사회적 행동을 한다는 것이었습니다. 두 번째는 복잡해 보이는 사회적 행동이 선충의 경우에 하나의 유전자로 단순하게 조절된다는 것이었습니다. 세 번째는 실험실에서 수행된 연구 논문에서 진화생물학 교과서에서나 볼 수 있던 '자연 변이'라는 말을 찾을 수 있었기 때문입니다. 아마 예쁜꼬마선충이 사회적 행동을 한다고 말하면 의문을 표하는 분들이 많을 거라 생각합니다. 해부학적으로 팔다리도 없고, 크기가 1mm밖에 안 되는 선충이 보여 주는 사회적 행동이란 도대체 무엇일까요?

영국에서 온 고독한 솔로, 하와이에서 온 파티광

분류학에서는 같은 종에 속해도 다른 특성을 지닌 경우에는 아종, 품종 같은 하위의 분류 단계를 두기도 합니다. 아종subspecies은 주로 지리적 분포가 다른 동물 군집에 사용하는데, 예쁜꼬마선충에도 다양한 종류의 아종 군집이 존재합니다. 아종은 거의 유사한 유전자를 지니지만, 그 정보가 완전히 똑같지는 않습니다. 예를 들면 인간이라는 종은 모두 적혈구의 항원을 만들어 내는 유전자를 가지지만 그 종류가 A형, B형 등으로 동일하진 않습니다. 유전학 연구를 할 때는 이런 차이 혹은 변이가 문제를 일으킬 수 있습니다. 우리나라에서 연구한 내용과 미국에서 연구한 내용이 아종의 특이성에 의해 다른 결과를 만들어 내면 안 되니까요. 그래서 세계 유전학자들은 한 가지 기준 종reference species을 가지고 연구합니다. 예쁜꼬마선충의 경우 영국에서 채집된 N2가 기준 종입니다.

1998년 발표된 논문에서 마리오 드 보노Mario de Bono와 코넬리아 바그만은 N2이 실험실 배지 환경에서 각자 돌아다니며 먹이를 먹는 데 비해, 하와이에서 채집된 CB4856은 서로 뭉쳐 다닌다는 사실에 주목했습니다. 연구진은 전자에 속하는 행동을 고립 행동solitary behavior, 후자를

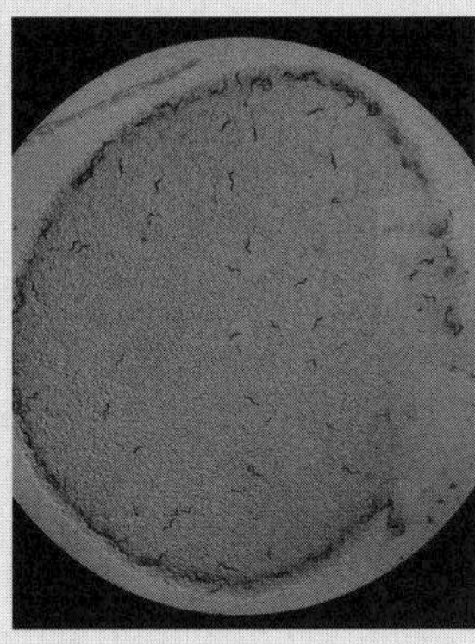

그림 1 홀로 행동하는 고립 행동을 보이는 N2 꼬마선충(좌)과 뭉쳐 다니는 사회적 행동을 하는 CB4856꼬마선충(우). 출처/필자 촬영.

사회적 행동social behavior이라 이름 짓고 연구를 시작하였습니다. 비유하자면 영국에서 온 N2는 시크하게 혼자 다니는 데 비해 하와이에서 온 CB4856은 의리 좋게 뭉쳐 다닌다는 것을 알 수 있습니다. 하지만 뭉쳐 다니는 선충의 행동을 사회적 행동이라고 표현하기에는 약간 조심스러운 부분이 있음을 밝히고 싶습니다. 선충의 사회적 행동은 일반적으로 말하는 인간의 사회적 행동과 분명히 다른, 좀 더 원시적인 형태의 행동입니다. 그러나 CB4856이 뭉쳐 다니는 것은 인간의 사회적 행동보다는 단순하지만 선충 수준에서 보면 상당히 복잡한 행동이라 할 수 있습니다. 복잡한 행동을 만들어 내기 위해선 여러 가지 신경계의 조절이 필요하고, 이를 밝히는 것이 과학자들의 관심사입니다.

연구자들이 첫 번째로 수행한 실험 방법은 전통적인 유전학 방식이었습니다. 고립 행동 선충인 N2에서 돌연변이를 일으켜 사회적 선충

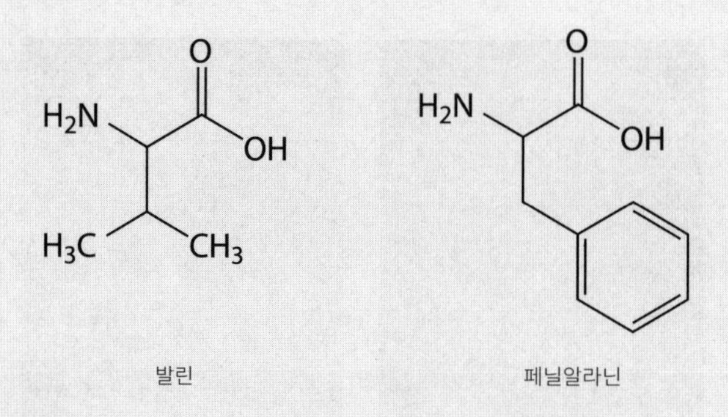

그림 2 아미노산의 한 종류인 발린과 페닐알라닌. NPR-1 단백질의 아미노산 서열 중 215번째에 발린과 페닐알라닌 중 어떤 것이 오느냐에 따라 선충의 행동이 달라진다.

으로 변하는 유전자를 찾는 방법입니다. 그 결과 N2에서 *npr-1*이라는 유전자가 망가졌을 때 행동 패턴이 사회적으로 변함을 알 수 있었습니다. *npr-1*은 일종의 신경펩티드수용체의 유전자입니다. 신경펩티드는 뇌의 다양한 활성을 조절하는 물질로, 알려진 종류만도 100가지가 넘을 정도로 다양합니다. 앞에서 소개했던 옥시토신이나 잘 알려진 엔돌핀이 신경펩티드에 속하는 물질입니다.

DNA에 있는 유전정보는 아미노산 서열을 만들고, 이 아미노산이 특정 순서로 배열되어 각종 단백질을 만들어 냅니다. 연구자들은 다른 군집에서 단백질 NPR-1의 서열을 분석해 보았습니다. 고립 행동을 하는 선충은 NPR-1을 이루는 아마노산 서열 215번째에 발린Valine(NPR-1 215V)이라는 아미노산을 지닙니다. 이와 달리 사회적 행동을 하는 선충은 같은 단백질의 215번째 서열에 페닐알라닌Phenylalanine(NPR-1 215F)이란 아미노산을 지니고 있었습니다.

연구자들의 실험 결과를 보면 고립 행동을 하는 선충의 발린은 그 단백질의 활성을 강화하는 효과를 냅니다. 사회적 행동을 하는 선충에서 페닐알라닌은 단백질의 활성을 아주 약하게 합니다. 이것이 바로 *npr-1* 유전자가 망가진 경우와 NPR-1 215F를 가진 군집에서 사회적 행동이 유사하게 나타났던 이유입니다. 예쁜꼬마선충에서는 유전자 한 부분의 차이가 고독한 성향을 나타낼지, 사회적 성향을 나타낼지 결정하는 요소였던 것입니다.

신경망의 허브, 중심지를 조절하는 *npr-1*

*npr-1*이 망가졌을 때 어떻게 예쁜꼬마선충이 사회적 행동을 하게 되는지에 대한 후속 연구는 꾸준히 진행되었습니다. 2002년에는 선충의 사회적 행동에 대한 두 편의 논문이 동시에 발표되었습니다. 그 내용은 사회적 행동을 수행하기 위해서는 각기 다른 종류의 감각신경이 필요하다는 것입니다. 하나는 선충의 먹이를 감지하는 신경이 중요하고, 다른 하나는 산소 농도를 감지하는 신경이 중요하다는 내용이었습니다. 실제로 선충이 서로 뭉치는 현상은 먹이를 중심으로 해서 일어납니다. 선충의 먹이인 박테리아는 실험실 배지의 바깥쪽에서 더 잘 자라고, 그 결과 배지의 바깥쪽 부분은 국소적으로 산소 농도가 낮게 됩니다. 박테리아가 많고 산소 농도가 낮은 곳을 인지해서 선충이 서로 뭉쳐있게 되는 것입니다. 2004년 후속 연구에서는 실제로 산소 농도의 차이가 사회적 행동의 변화를 만들어 낸다는 결과가 보고되었습니다.

그렇지만 여전히 많은 의문이 남습니다. 먹이 감지 신경과 산소 감지 신경은 둘 다 감각신경으로서 행동을 만들어 내려면 그 신호를 중추신경에 전달해야 합니다. 그러나 중추신경의 어떤 부분과 관련이 있는지는 아직 알 수 없는 상황이었습니다. 또한 각각 신경들의 신경망이 서로 연결되어 있지 않습니다. 서로 상관없어 보이는 이들 신경이 어떠한 방법으로 하나의 행동을 조절할 수 있을지에 대한 의문도 여전히 남아 있었습니다.

2009년 이에 대한 의문을 푸는 흥미로운 연구 결과가 보고됐습니다. 이 연구진은 여러 시도 끝에 RMG라는 신경세포가 *npr-1*의 작용에 가장 결정적인 역할을 한다는 것을 밝혔습니다. 이 RMG 신경세포가 지금까지 밝혀진 먹이 감지 신경과 산소 감지 신경에 전부 연결돼 이들의 작용을 종합하는 '허브' 역할을 한다는 것이었습니다. 또한 RMG는 기존에 밝혀진 신경들 외에도 선충의 페로몬을 감지하는 것으로 알려진 신경과 강하게 연결되어 있습니다. 이에 영감을 얻은 연구진은 페로몬 역시 선충의 사회적 행동을 조절하는 또 다른 환경적 요소라는 것을 밝혀낼 수 있었습니다.

이쯤 되면 10년 동안의 연구를 통해 예쁜꼬마선충의 사회적 행동이 조절되는 원리가 거의 밝혀졌다고 볼 수 있을 것 같습니다. 그 원리란 다양한 환경적 신호들(페로몬, 산소 농도, 먹이)이 RMG 신경망을 통해 통합된다는 것입니다. 네트워크를 설명하는 이론 중 하나로 허브앤스포크hub-and-spoke(대도시 터미널 집중 방식)라는 모델이 있습니다. 가운데 중심을 두고 여러 바퀴살을 지닌 수레바퀴의 모양과 비슷해서 이런 이름이 지어졌습니다. 허브앤스포크 모델은 현재 교통, 통신 등 여러 네트

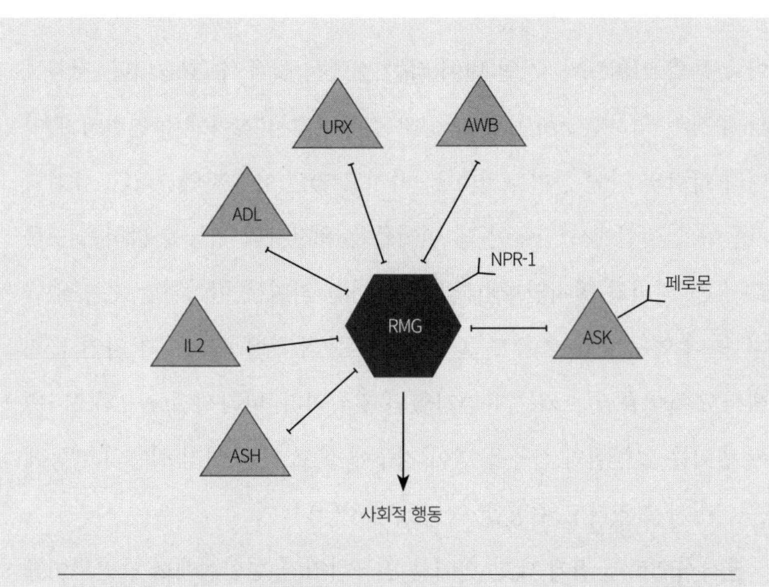

그림 3 예쁜꼬마선충의 사회적 행동을 조절하는 신경 회로 도식. RMG 신경세포는 여러 감각신경 세포의 신호를 통합해 선충의 사회적 행동을 조절한다.

워크 이론에서 많이 연구되고 산업적으로 이용되고 있습니다. 생명체의 신경 회로 역시 효율적인 네트워크를 이루고 있다는 사실이 놀랍습니다.

변이를 만드는 유전자를 찾아서

선충의 사회적 행동에 대한 연구는 신경 네트워크의 작용을 이해하는 데 기여했습니다. 그러나 이외에도 1998년에 나왔던 *npr-1* 연구는 또 다른 의의를 지니고 있었습니다. 그 의의는 앞서 말씀드렸던 것처럼,

이 논문의 키워드가 '자연 변이'라는 점에서 찾을 수 있습니다. 저자들의 주장에 의하면 *npr-1*은 단순히 실험실에서 찾아낸 돌연변이가 아니라 각각의 자연 종마다 변이를 가지고 있던 유전자였습니다. 유전학자들이 실험실에서 만들어 낸 변이들은 유전자의 기능을 밝히는 도구로서 큰 의미가 있지만, 생태적, 진화적인 의미를 이야기할 수는 없습니다. 이 연구는 운 좋게도 돌연변이를 통해 찾은 유전자가 자연 군집에서도 차이를 일으키는 유전자였던 것입니다. 따라서 *npr-1*의 215번째 변이는 실험실의 선충을 넘어 지구에 살고 있는 여러 선충의 행동에 큰 의미가 있었다고 주장할 수 있었던 것입니다.

본격적으로 군집에 대한 변이를 연구하려면 실험실에서 돌연변이를 연구하는 전통적인 유전학으로는 힘듭니다. 돌연변이를 연구하는 것이 좁은 의미의 전통적 유전학이라면, 군집 간의 다양한 차이를 연구하는 것을 집단유전학 분석이라고 합니다. 영국의 N2와 하와이의 CB4856은 *npr-1* 외에도 다양한 유전적 차이를 가지고 있습니다. 이 차이가 N2와 CB4856의 차이를 만들어 내는 것입니다. 이를 분석하기 위해 QTL Quantitative Trait Loci이라 불리는 집단유전학 기법이 필요합니다.

이 방법을 간단히 설명 드리면 먼저 N2와 CB4856을 교배해 다양한 자손을 만들어 냅니다. 이 자손들이 부모 중 누구의 유전자를 가지게 되는지는 무작위로 정해집니다. 예를 들면 1번 염색체는 N2와 동일하고, 2번 염색체는 CB4856과 동일한 자손이 만들어질 수 있습니다. 이 자손의 행동 패턴이 N2와 닮았으면, 그 행동을 조절하는 유전자는 1번에 있을 것이고, CB4856과 닮았으면 2번에 있을 것입니다. 이것은 군집 간 차이를 만들어 내는 유전자가 염색체의 어디 위치에 있는지 추적할 수 있는 방법입니다. QTL분석을 위해서는 자손들의 유전정보를 전부 알고 있어야 합니다. 1998년 당시에는 유전체 서열 분석 비용이 상당히 높았습니다. 따라서 연구자들이 실험실 유전학에 의존할 수밖에 없었던 것이죠.

최근에는 차세대 염기 서열 기술의 발전으로 비교적 낮은 가격으로 서열 분석이 가능해졌습니다. 이에 따라 2009년에 코넬리아 바그만 연구팀은 QTL기술을 이용하여 *npr-1* 외에도 N2와 CB4856의 차이를 만들어 내는 다른 유전자를 찾고자 하였습니다.

'솔로는 등산이 좋고 파티광은 클럽이 좋다'

QTL기법에서는 N2와 CB4856의 자손에서 많은 양의 행동 분석 데이터가 필요합니다. 선충의 사회적 행동을 분석하는 것은 많은 양의 실험을 하기 쉽지 않았습니다. 따라서 연구팀은 사회적 행동보다 좀 더 단순한 측면에서 N2와 CB4856의 차이를 찾으려고 했습니다. 바로 산소와 이산화탄소에 대한 감지 반응의 차이입니다. 앞서 말한 것처럼 CB4856의 사회적 행동을 위해서는 낮은 농도의 산소를 감지하는 것이 필요합니다. CB4856은 낮은 농도의 산소 및 높은 농도의 이산화탄소를 선호합니다. 이에 반해 N2는 높은 농도의 산소 및 낮은 농도의 이산화탄소를 선호합니다. 여가 시간을 보내는 방식도 CB4856은 클럽에 가는 걸 좋아한다면, N2는 등산을 좋아할지도 모르겠습니다.

만약 N2에 낮은 농도의 산소와 높은 농도의 이산화탄소를 불어 넣어 주면 어떤 반응을 보여 줄까요? 우리가 싫어하는 걸 쳐다보면 자연스레 고개가 돌아가는 것처럼, 선충도 싫어하는 방향으로 가지 않으려고 몸을 180도로 돌립니다. 몸을 돌리는 행동은 선충의 선호도를 분석할 수 있는 가장 쉽고 단순한 방법입니다. 연구진이 낮은 산소와 높은 이산화탄소의 상황(예를 들면 클럽 안에 들어간 상황)을 일시적으로 주었을 때, 고립 행동을 하는 N2가 몸을 돌리는 비율이 갑자기 올라갑니다. 반대로 CB4856은 그 자극이 끝나는 시점을 인지해 회전의 비율이 올라갑니다. 산소가 낮고 이산화탄소가 높은 상황으로 다시 되돌아가고 싶다는 몸짓이겠지요.

또 다른 변이 유전자, *glb-5*

이 연구진은 N2와 CB4856의 유전정보가 다양하게 섞인 78개 자손들에서 행동 분석과 염기 서열 분석을 실시하였습니다. 그 결과 N2와 CB4856의 행동 차이를 만들어 내는 핵심 유전자가 5번 염색체에 하나, X염색체에 하나 있다는 것을 알게 됩니다. X염색체에 있는 변이는 바로 기존에 밝혀졌던 *npr-1*이었습니다. 5번 염색체의 변이는 실험 결과 *glb-5*라는 글로빈 단백질을 만드는 유전자였습니다. 산소를 운반하는 헤모글로빈과 같은 글로빈 구조를 가진 친척 단백질입니다.

산소와 이산화탄소 농도에 대한 취향을 만드는 것이 산소가 달라붙는 구조를 지닌 글로빈이라는 것은 당연하기도, 또 어찌 보면 신기하기도 한 결과입니다. 예쁜꼬마선충은 혈관계가 없기 때문에 글로빈 단백질들이 산소 운반을 위해서 중요한 작용을 하지 않습니다. 선충 글로빈 단백질의 발현 양상들을 보면 대부분 신경세포에서 발현되는 것으로 알려져 있습니다. *glb-5*의 경우 앞서 말한 산소 농도를 감지하는 신경에서 발현하고, 이들 신경의 기능에 중요하게 작용합니다.

인간에게도 글로빈 단백질들이 신경계에 발현하는 것으로 알려져 있습니다. 신경글로빈neuroglobin이라 명명되어있지만, 실질적인 기능은 많이 알려져 있지 않습니다. 아마도 선충의 경우와 유사하게 대기 중 산소와 이산화탄소 농도를 인지하는 작용을 할 거라 예상할 수 있습니다.

npr-1, *glb-5*는 정말 자연변이일까

이 연구진은 *glb-5*가 자연에 있는 예쁜꼬마선충 집단 내에서 얼마나 많이 나타나는지 알아보고 싶었습니다. 이를 위해 다양한 장소에서 채집된 203개의 예쁜꼬마선충 군집을 분석하였는데, 놀랍게도 190개 군집이 하와이 선충(CB4856)과 똑같은 *npr-1*, *glb-5* 형태를 가지고 있었습니다. 영국 선충(N2)과 똑같은 변이를 가진 경우는 생각보다 너무 적다는 것을 알 수 있습니다.

이에 대한 해석은 자연 상태에서 살아남는 데 하와이 군집이 훨씬 유리하다는 결과로 볼 수 있을 것 같습니다. 그런데 이 연구진이 제안한 것은 비단 그것뿐이 아닙니다. 연구진은 영국 선충의 변이, 즉 고립 행동을 만드는 유전자는 자연에서 비롯한 게 아니라 실험실에서 진화한 것이라고 주장합니다. 그 이유는 영국 선충과 동일한 변이를 가진 아종들은 처음 채집된 1951년 이래로 대부분 실험실에서 오래 유지되어 왔기 때문입니다. 다시 말하면 최근에 채집된 예쁜꼬마선충에서는 고립 행동 유전자 변이를 지는 경우가 없다는 것입니다. N2와 몇몇 종에서는 50년 넘게 실험실에서 유지되어 오면서 사회적 행동의 유전정보를 잃어버렸다고 추측할 수 있습니다. 결과적으로는 1998년 *npr-1* 연구의 첫 논문에서 썼던, '*npr-1*의 자연 변이'는 틀린 말입니다. '실험실에서 유래한 *npr-1*의 변이'가 좀 더 정확한 표현일 것입니다.

사실 작물 재배나 목축을 통해 사람이 다른 생물의 유전체에 인위적 변화를 만들어 내는 것은 인류 역사에서 아주 흔한 일입니다. 심지어 목축업자가 아닌 생물학자들도 그런 일을 하고 있었던 겁니다. 이 연구자들도 그 사실을 잘 인식하고 있었습니다. 논문 말미에는 연구자들은 인간이 야생 동물을 길들여 그 천성을 순하게 만드는 것처럼 실험실에서 생명체를 배양하는 일에서도 비슷한 종류의 '적응'이 일어난다고 말하고 있습니다.

'길들여짐'에 대한 슬픈 유전학

그렇다면 자연 상태에서는 사회적 행동을 했던 예쁜꼬마선충들이 실험실에 있는 동안 어떠한 이유로 고립 행동을 하도록 변한 걸까요? 진화의 이유에 대한 정확한 가설을 세우긴 어렵지만 다음과 같은 이유를 상상해볼 수 있을 것 같습니다. 과학자들이 선충을 유지할 때, 선충이 살고 있는 배지에 밥을 주기적으로 주면서 키우지 않습니다. 배지는 쉽게 오염이 나고 선충들은 4일이면 기하급수적으로 번식하기 때문에 새로운 배지로 4~5마리만 이사를 시켜줍니다.

사회적 선충들은 낮은 농도의 산소를 좋아하기 때문에 실험실 배지의 안쪽으로 파고 들어가는 경우가 많습니다. 연구자들이 선충들을 새로운 곳으로 이사를 보내려고 할 때, 이미 배지 안쪽에 들어가 있는 사회적 선충은 선택되지 못할 가능성이 큽니다. 또한 서로 붙어 있는 경우보다는 따로 돌아다니는 선충을 고를 확률도 높습니다. 야생성을 가진 선충들과는 다르게 어느 순간 연구자들의 손에 쉽게 접근 할 수 있었던 최초의 고립 행동 선충이 선택되었고, 이후 지속적으로 유지되어 왔을 것이라고 저는 상상합니다. 마치 처음 사람이 주는 밥을 의심 없이 먹고, 손을 내밀었을 때 머리를 기꺼이 내주었던 개의 조상처럼 말이죠.

현재 실험실에 유지되는 고립 행동 선충이 만약 자연으로 방생된다면, 다른 사회적 선충들보다 자연에서 생존할 확률이 낮아질 것이라 예상할 수 있습니다. 다시 오랜 시간이 지나 적응할 때까지 많은 개체가 생존에 실패할 것입니다.

강아지와 고양이, 그리고 선충이 진화한 과정이 인간이 그들을 착취한 역사라고 말할 수는 없습니다. 그러나 강아지와 고양이의 머리를 만질 때마다 그들의 조상과 야생에서의 삶이 떠오릅니다. 인간과 함께하는 삶이 이미 생태적 서식처가 되어 버린 그들이 주인을 잃어버린 채 방치되는 모습들을 떠올립니다. 인간이 다른 생명체와 함께 지내기 위해서 우리는 우리도 모르게 야생의 무언가를 희생시켰을지 모릅니다. 진화 과정 자체에는 윤리를 따질 수 없지만 그 길들여짐이 슬퍼지기도 합니다.

2부

생명의 보편성
: DNA에서 세포까지

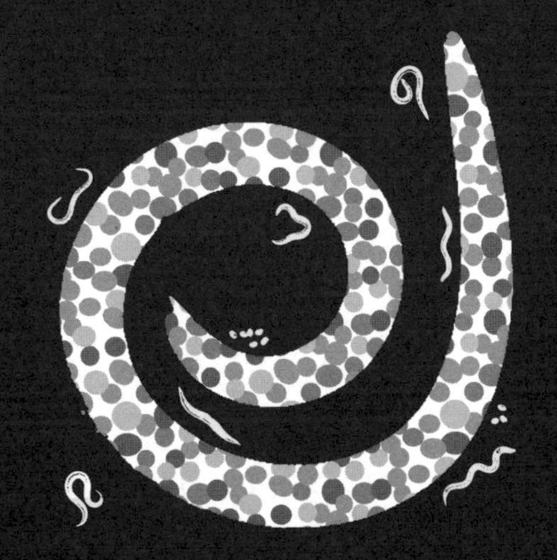

1

쌍둥이가 똑같지 않은 이유

유전자 발현과 발현 과정의 잡음

2013년 5월 14일 미국 일간 〈뉴욕타임즈〉에 미국 인기 배우 안젤리나 졸리의 칼럼이 실렸습니다. '나의 의학적 선택'이라는 제목의 칼럼에는 자신이 유방 절제 수술을 받기로 결심한 이유와 수술 과정을 비롯하여 비슷한 결정을 하게 될 여성들에게 용기를 북돋아 주고 싶다는 내용이 담겨 있었습니다.

이 칼럼이 발표된 이후 다양한 의학적, 윤리적 논쟁이 촉발되었습니다. 의학적 논쟁은 주로 유방 절제술이라는 의학 기술이 실제 유방암을 예방하는 데 얼마나 효과가 있는지에 초점이 맞춰져 있었습니다. 윤리적 논쟁은 유방암을 일으키는 주요 유전자로 알려진 *BRCA1*이나

*BRCA2*의 유전자 검진 비용이 비싸진 이유가 기업체인 미리어드 사가 그 두 유전자를 특허로 가지고 있기 때문이라는 사실에서 촉발되었습니다. 유전자에 대한 특허가 가능한가의 문제는 미국 연방대법원의 법정 공방으로 이어져 결국 특허 대상이 아니라는 판결이 났습니다.

졸리가 의학적 선택을 하게 된 이유는 자신이 *BRCA1* 유전자 돌연변이를 가지고 있었을 뿐만 아니라 자신의 어머니, 외할머니, 이모가 유방암으로 사망한 가족력을 가지고 있었기 때문입니다. 평균적으로 *BRCA1* 돌연변이를 가진 여성의 65%가 70세가 되기 전에 유방암에 걸린다고 합니다. 그런데 왜 *BRCA1* 돌연변이를 가진 여성이 모두 다 유방암에 걸리지 않는 것일까요?

이 질문은 차세대 염기 분석 기술을 이용하여 개인별 맞춤 의료의 시대를 열고자 하는 과학자들에게 중요한 문제입니다. 차세대 염기 분석 기술이 빠른 속도로 발전함에 따라 전체 유전정보를 해독하는 데 드는 비용과 시간이 획기적으로 줄어들고 있습니다. 작년에 상용화된 옥스퍼드 사의 '나노포어 염기 분석Nanopore Sequencing' 기술은 USB 메모리 크기의 작은 염기 분석 기계를 이용해 1,000달러로 유전체를 분석할 수 있는 시대를 열었습니다. 또한 인간 유전체 분석에 최적화된 일루미나 사의 염기 분석기인 HiseqX를 통해 1,000달러로 인간 유전체 분석이 가능해졌습니다.

이렇게 유전정보를 저비용으로 분석할 수 있다면 우리는 어떤 정보를 얻을 수 있을까요? 유전정보 분석은 우리가 어떤 유전자의 돌연변이를 가지고 있는지 알려줄 것입니다. 그러한 돌연변이의 위험성은 다양한 질병 연구를 통해 축적된 실험 결과가 바탕이 된 '확률적인 값'으로 제시될 것입니다. 졸리에게 *BRCA1* 돌연변이에 대한 정보가 제공된 것처럼 말이죠.

우리가 유전정보 분석을 통해 얻고자 하는 정보는 암을 비롯한 심각한 질병이 실제로 나에게 나타날지 여부일 텐데, 아직 우리가 얻을 수 있는 정보는 한정된 '경향성'에 불과합니다. 그렇다면 왜 유전자 돌연변이의 작동 여부가 개인에 따라 다른 것일까요? 가장 단순한 설명은 개인이 가진 유전적 다양성 때문에 돌연변이의 작동이 영향을 받을 수 있다는 식의 설명일 것입니다. 예를 들어 *TNRC9*라는 유전자의 특정 변이를 가진 사람한테서는 *BRCA1* 돌연변이로 인한 유방암 발병 확률이 좀 더 증가합니다. 그렇다면 유전적으로 '동일한' 개체 간에는 이런 차이가 발생하지 않을까요?

쌍둥이는 완전 동일할까?

2012년 존스홉킨스대학교의 빅터 벨컬스쿠Victor Velculescu 교수 연구팀은 일란성 쌍둥이 수만 쌍의 데이터를 분석하여 쌍둥이 중 한 명에게 나타난 유전 질병이, 다른 한 명에게도 똑같이 나타나는지 조사한 결과를 〈사이언스병진의학Science Translational Medicine〉에 발표했습니다. 이 연구팀이 조사한 24개의 질병 중 *BRCA1* 문제로 발생한 유방암을 포함해 23개의 유전 질환이 쌍둥이 중 한 명에서만 발병하는 불일치 현상을 보였습니다.

주변에 일란성 쌍둥이 친구가 있다면 이 결과가 그리 이상하지 않을 것입니다. 처음 일란성 쌍둥이를 만나면 그들의 차이점이 잘 보이지 않지만, 조금 더 알고 지내다 보면 그들 각각의 개성(외모부터 성격까지)을 쉽게 찾을 수 있습니다. 이런 개성은 쌍둥이 각각이 경험하는 환경의 차이에서 비롯된다고 설명되곤 합니다. 그렇다면 환경까지 완전히 통제된 조건이라면 개체 간에 차이가 전혀 나타나지 않을까요? 사람을 대상으로 환경을 통제하는 실험을 할 수는 없으니 이런 실험은 모델 생명체를 이용해 이뤄집니다.

록펠러대학교의 피터 스웨인Peter Swain 교수 연구팀은 대장균을 이용해 흥미로운 실험을 설계했습니다. 단세포 생물인 대장균은 세포 분열로 자신과 '유전정보가 완전히 동일한' 수많은 개체를 만들어 낼 수 있고, 그 개체들은 '완전히 동일하게 통제된 환경'에서 배양됩니다. 스웨인 교수 연구팀은 적색과 녹색 빛의 형광 염색 단백질이 동일하게 발현되도록(RNA 전사가 시작되는 DNA 부위인 프로모터도 동일하게 부착해) 두 단백질의 유전자를 대장균 유전체에 끼워 넣었습니다. 만약 유전자와 환경이 모두 동일해 차이가 전혀 없다면 모든 대장균은 동일한 빛, 즉 적색과 녹색 빛이 섞인 노란색 형광의 대장균으로 관찰될 것입니다.

그러나 결과는 예상과 달리 적색 형광과 녹색 형광이 갖가지 비율로 섞인 다양한 대장균이 나타났습니다. 왜 모든 조건이 동일한데 두 형광 유전자는 개체마다 다른 비율로 발현되었을까요? 이 연구팀은 이런 현상을 표현하기 위해 전기공학에서 사용되는 '잡음noise'이라는 용어를 도입합니다. 본래 전기공학에서 잡음은 기대하거나 의도한 것과 다른 결과물로 나타나는 전기신호를 의미합니다. 이를 참고해 동일한 유전정보와 환경 조건에서 (의도한) 동일한 결과가 나오지 않는 현상을 '잡음'이라고 부르게 된 것입니다.

본래 생물 내부 시스템은 화학 물질의 연쇄 작용으로 이루어지는데, 이런 화학반응에는 '무작위성'이 내재되어 있습니다. 특히 적은 양의 물질로 이루어지는 반응일수록 무작위성이 강화되는 경향을 보입니다. 적은 양으로도 세포 안에서 충분히 제 기능을 수행하는 분자들인 DNA, RNA, 단백질은 무작위성이 일어나는 주요 표적이 됩니다. 따라서 같은 유전자일지라도 무작위적인 화학반응의 영향을 받아 다양한 반응을 도출하게 됩니다.

이런 무작위성이 있더라도 쌍둥이는 분명 쌍둥이로 불릴 만한 많은 공통점을 가지고 있습니다. 따라서 생명체는 내재된 무작위성에 의해 예외가 발생하더라도 일관된 결과물을 만들어 낼 수 있는 견고한 시스템을 갖추고 있습니다. 견고한 시스템은 유전자의 네트워크로 구성되며 다양한 피드백 회로를 통해 조절됩니다. 그렇다면 네트워크가 망가져 제어하던 잡음이 증가한다면 무슨 일이 일어날까요?

'잡음'이 만드는 클론들 간의 차이

개체발생 과정은 생명체의 견고한 시스템을 대표적으로 보여 주는 사례입니다. 특히 예쁜꼬마선충은 견고하고 정확한 발생 과정을 쉽게 관찰할 수 있는 모델 생명체입니다. 프로그램된 세포 사멸 현상을 처음으로 발견한 공로로 주어진 2002년 노벨생리의학상은 사실상 예쁜꼬마선충이 받은 상이라고 할 수 있습니다. 3명의 공동 수상자 가운데 한 명인 존 설스턴John Sulston 교수는 예쁜꼬마선충 발생 과정을 눈으로 계속 관찰하면서 직접 손으로 그리는 방식으로 다세포 생물에서 최초로 완벽한 세포 계보 지도를 완성했습니다.

예쁜꼬마선충의 발생은 초기 배아의 연속적인 난할(수정란의 세포 분열)로 시작됩니다. 초기 배아의 발생에 꼭 필요한 유전자는 주로 어머니의 난자를 통해 직접 자식에게 전달됩니다. 두 번의 난할로 생성된 4개의 할구 세포 가운데 장차 내배엽을 형성하는 것은 EMS 할구입니다. 초기 발생 단계에서 EMS 할구가 만들어지려면 다양한 유전자로 이루어진 네트워크가 적절하게 작동해야 합니다. 이 네트워크를 작동시키는 유전자는 어머니의 난자를 통해 자식에게 전달되는 *skn-1*이라는 유전자입니다.

skn-1 유전자가 망가지면 대부분의 개체가 발생 단계에 들어가지 못합니다. 그런데 *BRCA1*의 경우와 유사하게 *skn-1* 유전자에 변이가 발생한 경우에도 그 변이 유전자를 지닌 개체의 일부는 정상 발생 단계에 들어갈 수 있습니다. 생물학에서 어떤 유전자가 일으킨 변화가 개체의 실제 표현형으로 나타나는 정도를 '침투penetrance'라고 부르는데, *skn-1*이나 *BRCA1* 같이 유전자의 표현형이 확률론적으로 일부 개체에서만 나타나는 경우를 '불완전 침투incomplete penetrance'라고 부릅니다.

그렇다면 왜 *skn-1* 유전자는 불완전 침투를 보이는 것일까요? 예쁜꼬마선충은 자웅동체로 개체들 간 차이가 거의 없는 사실상 동일한 유전자를 가진 개체입니다. 또한 예쁜꼬마선충의 배양 환경도 개체들 간에 큰 차이가 없습니다. 이런 조건에서 어떠한 변화가 발생의 진행을 좌우하는 정도의 큰 차이를 만들어 내는 걸까요? 매사추세츠공과대학

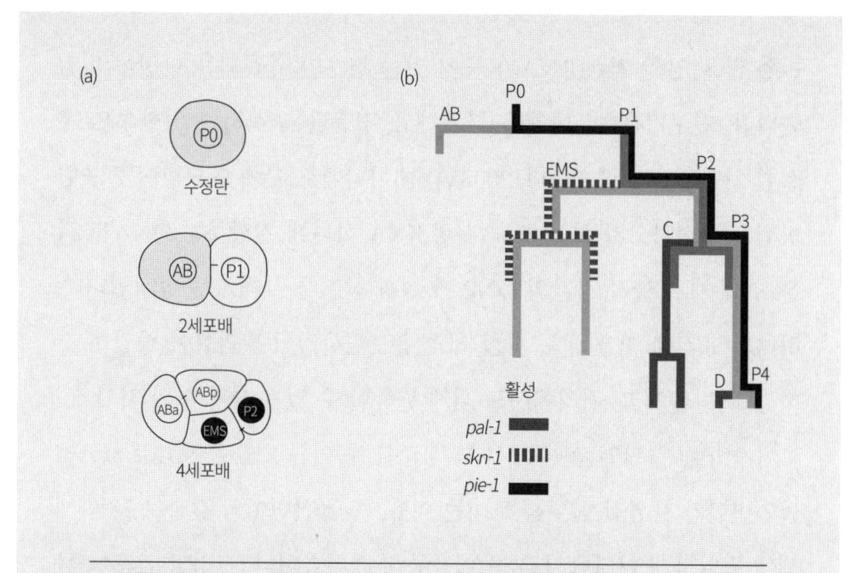

그림 1 (a) 수정란에서 4세포배까지의 난할 단계. (b) 난할 과정에서 난할을 유도하는 유전자 활성 도식. *skn-1* 유전자는 EMS 할구에서 중요한 요소다.

교의 알렉산더르 판우데나르덴Alexander van Oudenaarden 교수 연구팀은 동등한 조건의 유전자가 만들어 내는 '잡음'을 용의자로 지목했습니다.

많은 경우 잡음은 전령 RNAmessenger RNA 분자의 미세한 개수 변화로 나타나기 때문에, 잡음의 정도를 측정하려면 전령 RNA 분자의 개수를 정확하게 셀 수 있는 기술이 필요합니다. 전령 RNA 분자를 세는 과정은 빛을 내는 유도미사일이 표적을 찾아가는 과정에 비유할 수 있습니다. 표적이 되는 전령 RNA와 상보적인 결합이 가능한 DNA 조각에 형광 물질을 부착하면, DNA 조각이 결합한 전령 RNA의 위치를 알 수 있고, 그 정보를 바탕으로 개수를 파악할 수 있습니다.

그런데 현재 기술로는 DNA 조각 하나가 내는 빛을 감지하기가 어려워 많은 양의 전령 RNA가 뭉쳐 있는 경우만 관측되는 단점이 있었습니다. 연구팀은 이 한계를 극복하고, 잡음을 추적하기 위한 새로운 실험 기법을 개발했습니다. 2008년 〈네이처메소드〉에 연구팀이 발표한 방법은 추적하고자 하는 표적 전령 RNA 하나에 결합하는 DNA 조각을 수십 개로 늘려 각각의 DNA에 형광 물질을 부착하는 방식입니다. 하나의 표적에 빛을 내는 수십 개의 유도미사일이 달라붙어 상당히 강한 빛을 방출해 먼 거리에서도 쉽게 관측할 수 있는 상황이 된 것이죠.

이 연구팀은 단일 전령 RNA를 검출할 수 있는 기술을 토대로 *skn-1* 돌연변이가 불완전 침투를 보이는 이유, 즉 돌연변이의 결과가 모든 개체에 동일하게 나타나지 않는 이유를 추적했습니다. 그리고 그 결과를 2010년 〈네이처〉에 발표했습니다. *skn-1* 유전자는 *med-1/2* → *end-3* → *end-1* 유전자를 거쳐 분화 유도 유전자인 *elt-2*를 작동시켜 대표적인 내배엽인 대장을 형성합니다. 이 연구팀은 *skn-1* 유전자가 망가졌을 때 일부 개체에서 정상적인 발생이 일어나고, 분화 유도 유전자인 *elt-2* 또한 일부 개체에서 발현한다는 것을 발견했습니다. 그런데 이상하게도 *skn-1* 신호를 *elt-2*로 전달하는 중간 과정에 있는 *med-1/2*와 *end-3* 유전자의 발현은 거의 남아 있지 않았습니다. 이렇게 *elt-2* 발현을 조절하는 중간 유전자의 발현이 나타나지 않는 상황에서 어떻게 일부 세포가 *elt-2*를 발현할 수 있었을까요?

그 이유는 *skn-1* 유전자의 돌연변이로 인해 잡음을 제어하던 네트워크가 망가지면서 *end-1* 유전자의 잡음이 증가했기 때문입니다. 그 결과 *end-1* 유전자의 발현이 대장균의 형광 단백질 경우처럼 어떤 개체에서는 많이, 또 어떤 개체에서는 적게 나타났습니다. 실제로 다양하

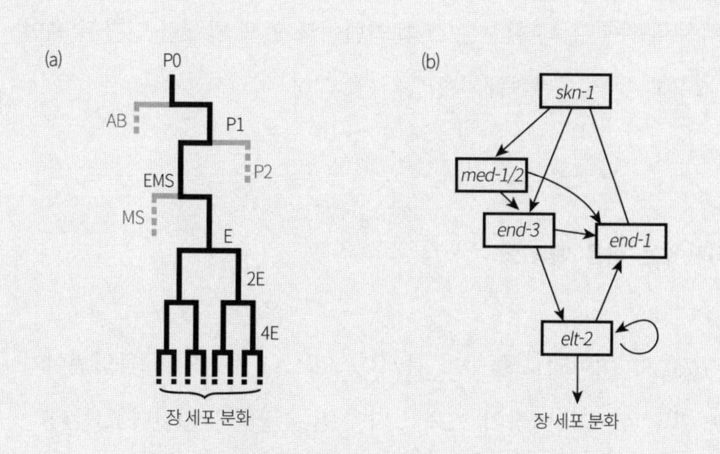

그림 2 (a) 장 세포를 형성하는 배아 세포 계보. (b) 정상적인 *skn-1* 유전자 네트워크. *skn-1* 유전자에 돌연변이가 일어나 유전자 네트워크가 망가지면 *end-1* 유전자의 잡음이 증가한다.

게 *end-1* 유전자를 발현하는 개체들 가운데, *end-1* 유전자를 특정 임계 이상으로 높게 발현하는 개체에서만 *elt-2*가 발현하는 것이 확인되었습니다. 이 결과를 종합해보면 *skn-1*이 망가졌을 때 불완전 침투가 일어나는 이유는 *skn-1*에 의해 활성화되는 유전자 네트워크의 주요 요소들이 망가져 *end-1*의 잡음이 제어되지 않고 증가했기 때문입니다.

skn-1 유전자가 망가지면 '*skn-1* 네트워크'에 있는 *med-1/2*, *end-3*의 발현은 완전히 사라지지만, *end-1*의 발현은 아직 알지 못하는 이유로 사라지지 않고 잡음이 심해지는 형태로 바뀝니다. 그 결과 어떤 개체에서는 충분한 수의 *end-1*이 발현되기 때문에 그 개체에서는 완전한 분화를 유도하는 데 필요한 *elt-2*가 온전히 발현하여 '*skn-1* 돌연변이' 형질이 나타나지 않게 됩니다. 따라서 *skn-1* 돌연변이에서

나타나는 불완전 침투 현상은 그 돌연변이로 인해 발생한 연관된 유전자의 잡음과 높은 상관관계가 있습니다.

통제되지 않은 '잡음' 예측은?

다시 *BRCA1* 이야기로 돌아가 봅시다. *BRCA1* 유전자에 돌연변이가 생기면 평균 65%의 여성이 70세가 되기 전 유방암에 걸린다고 합니다. 만약 돌연변이로 인해 잡음을 내는 유전자를 찾아낼 수 있다면 65%의 발병 확률에 포함되는 사람이 누구인지 예측할 수 있을까요? 단지 평균적인 전망이 아니라 당신은 *BRCA1* 돌연변이를 가지고 있고, 잡음이 심해진 어떤 유전자 A가 높게 발현하거나 낮게 발현하기 때문에 당신이 유방암에 걸릴 것이 확실하다고 이야기할 수 있을까요?

앞서 언급한 것처럼 차세대 염기 분석 기술이 빠른 속도로 발전하고 있고, 질병과 연관된 돌연변이 유전자들의 위치가 많이 규명되고 있지만, 개인이 가진 특이적인 유전적 변이들이 실제로 어떤 역할을 할지 모두 예측하는 것은 불가능에 가깝습니다. 그렇다고 포기해야 할까요? 많은 과학자가 단순한 모델 생명체에서 출발하여 어떻게 하면 유전정보에서 정확한 표현형을 읽어낼 수 있을지 고심하고 있습니다.

최근 과학자들은 단순히 하나의 유전자 기능을 들여다보는 것을 넘어 유전자와 유전자의 관계, 더 나아가 전체 시스템을 파악하기 위한 노력을 하고 있습니다. 대표적으로 단세포 생물인 효모에서 유전자들 사이의 관계를 규명한 연구들이 있습니다. 2010년 토론토대학교의 연구자들이 주축이 되어 〈사이언스〉에 발표한 논문에 따르면 단지 6,000개의 유전자를 가진 효모에서 17만 개의 유전자 쌍이 다양한 조건에서 서로 관계를 맺고 있다는 것이 밝혀졌습니다.

이처럼 다양한 환경에서 유전자는 다양한 관계를 형성하고 있습니다. 우리가 유전정보를 가지고 얼마만큼의 표현형을 예측할 수 있을지는 이들 관계를 정확히 파악하는 능력에 달려 있다고 볼 수 있습니다. 2011년 스페인의 벤 레너Ben Lehner 교수 연구팀은 실제로 유전자 간의 관계를 이해하는 일이 돌연변이에 대한 예측을 높일 수 있다는 연구 결과를 〈네이처〉에 발표했습니다.

이 연구팀은 예쁜꼬마선충의 *tbx-9* 유전자의 돌연변이에 초점을 맞췄습니다. 이 유전자는 50% 확률로 근육과 표피의 정상적인 발생을 방해하는 불완전 침투현상을 보입니다. 예쁜꼬마선충의 유전체에는 *tbx-9*의 유전자 중복gene duplication으로 발생한 *tbx-8*이라는 유전자가 존재합니다. 유전자 중복은 DNA 복제 과정에서 오류 등의 이유로 우연히 유전체의 특정 지역이 여러 개로 복제되는 현상을 말합니다. 이 현상은 진화의 원인 중 하나로 지목됩니다. 중복된 두 유전자는 염기서열의 85%가 동일합니다. 염기 서열이 비슷한 만큼 이 둘은 비슷한 기능을 수행합니다. 실제로 두 유전자가 동시에 망가지면 100% 확률로 근육과 표피 발생에 문제가 생깁니다.

레너 교수 연구팀은 *tbx-9*의 불완전 침투 현상을 이해하기 위해서는 *tbx-9*과 기능적으로 연결된 유전자의 잡음에 주목해야 한다고 생각했습니다. 그들은 우선 *tbx-9*과 관련성이 높은 *tbx-8*에 주목했습니다. 실제로 *tbx-9*에 돌연변이가 발생하면 비슷한 기능을 하는 *tbx-8*의 발현이 증가하여 완충작용을 수행합니다. 그런데 *tbx-8*의 발현은 분명 평균적으로는 증가했지만, 동시에 잡음도 같이 증가하는 패턴을 보였습니다. 이 경우도 앞서 살펴본 *skn-1* 돌연변이에 의한 *end-1* 유전자의 잡음 증가 현상과 유사하게 높은 *tbx-8* 발현을 가진 개체에서 *tbx-9* 돌연변이로 인해 발생한 문제를 극복하고 정상적인 발생을 하는 경향이 나타났습니다.

이렇듯 견고한 네트워크 속에 통제되어 있던 잡음은 네트워크가 위협 받으면 다시 자신의 존재를 드러냅니다. 그렇다면 *tbx-9* 돌연변이에서 *tbx-8*의 잡음을 측정해보면, *tbx-9* 돌연변이들 가운데 어떤 개체가 돌연변이 형질을 보일지 예측 가능할까요? 기대와는 달리 *tbx-8* 하나만으로는 돌연변이 개체를 완전히 예측할 수 없었습니다.

그래서 이 연구팀은 돌연변이를 예측하기 위해서는 *tbx-9*과 관련된 또 다른 요인이 필요하다고 생각했습니다. 이들은 샤페론chaperone 단백질에 주목했습니다. 생명체의 견고한 네트워크는 단순히 유전자들의 피드백 조절만으로 이루어지는 것이 아닙니다. 샤페론은 직접적으로 *tbx-9*의 기능을 조절하는 단백질은 아니지만, 네트워크를 견고하게 유지하는 데 필요한 조절 인자 중 하나입니다.

네트워크 내에서 작동하는 다양한 단백질들은 수많은 환경적인 이유로 변성됩니다. 샤페론은 변성된 단백질, 그중에서도 잘못 접힌 단백질을 적절하게 접히도록 도와주는 기능을 하는 단백질입니다. 단백질 변성은 돌연변이를 일으키는 주요한 원인 중 하나입니다. 따라서 샤페론의 양이 많으면 일부 돌연변이 단백질의 기능이 회복되어 돌연변이 개체의 비율이 줄어들 수 있습니다.

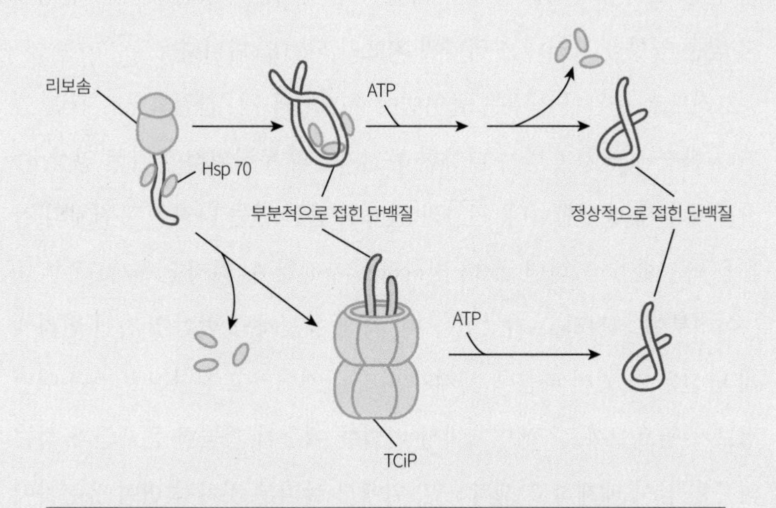

그림 3 단백질의 3차원 구조를 형성하는 데 도움을 주는 샤페론. 많은 단백질이 리보솜에서 형성되는 초기에 달라붙는 샤페론 단백질 중 하나인 Hsp70의 도움을 받아 정상적인 3차원 구조를 형성한다. 또한 많은 단백질이 샤페론 단백질 중 하나인 Hsp60으로 구성된 단백질 복합체인 TCiP의 도움을 받는다.

견고한 네트워크를 유지하는 중요한 조절자인 샤페론의 발현도 유전적으로 동일한 개체에서 다른 발현 형태, 즉 잡음을 보였습니다. 예상대로 *tbx-9* 돌연변이 중 샤페론 유전자의 발현이 높은 개체에서 정상적인 발생에 성공하는 비율이 높았습니다. 그렇다면 *tbx-8*과 샤페론 유전자를 이용해 *tbx-9* 돌연변이에서 어떤 개체가 정상적인 개체가 될지 정확하게 예측할 수 있을까요?

실제로 *tbx-9* 돌연변이 가운데 *tbx-8*과 샤페론의 발현이 증가한 개체는 거의 대부분(92%) 정상적인 발생에 성공했습니다. 2012년 레너 교수 연구팀이 〈사이언스〉에 발표한 논문에 따르면 샤페론의 양은 다양한 환경 조건에 영향을 받아 변화합니다. 샤페론의 양은 개체가 환경에서 받은 영향을 드러내는 하나의 지표가 되기도 합니다.

그러므로 불완전 침투는 돌연변이 유전자와 직·간접적으로 관련 있거나 환경에 영향을 받는 다양한 유전자들의 무작위적인 발현 양상, 즉 잡음에 의해 발생합니다. 인간의 질병도 관련 있는 다양한 유전자의 잡음을 측정할 수 있다면 좀 더 정확하게 추정할 수 있지 않을까요?

여러분이 의사라고 가정했을 때, 특정 유전자의 변이를 지닌 환자에게 당신은 그 변이 때문에 문제가 나타날 것이라고 진단해 주려면 어떤 정보가 필요할까요? 생명체에서 완벽한 예측이 가능한 문제인가 하는 의문은 잠시 배제하고 생각하면, 위에서 살펴본 것처럼 변이 유전자에 영향을 미칠 수 있는 다양한 유전자 그리고 샤페론의 양으로 대표되는 환경 정보가 필요할 것입니다.

과학 기술이 더 발전하면 모든 유전자의 연결 고리 그리고 특정 상황에 처했을 때 어떤 유전자가 얼마나 변하는지 전부 알 수 있을까요? 이 질문에 자신 있게 그렇다고 대답하는 날이 오기 전까지는 결국 유전자를 통한 질병의 예측은 확률의 문제로 남을 것입니다.

잡음인가 다양성인가?

동일한 유전체, 동일한 환경 조건에서도 나타나는 잡음은 사실 어떤 유전자에나 나타나는 본질적인 현상입니다. 이러한 잡음의 역할이 단지 무의미한 정보의 온전한 전달을 방해하는 신호에 불과한 것일까요?

레너 교수 연구팀의 2012년 〈사이언스〉 논문에 따르면, 발생 초기 몇 시간 동안 높은 온도에서 생활한 예쁜꼬마선충의 경우에는 평균 샤페론 발현이 증가합니다. 그런데 이 반응에도 어김없이 잡음이 끼어들어 어떤 개체는 적게, 또 어떤 개체는 많이 발현하게 됩니다. 샤페론이 많이 발현한 개체는 열에 잘 버틸 뿐만 아니라 돌연변이 확률도 낮추고 오래 살기까지 합니다.

그렇다면 모든 개체가 샤페론을 많이 발현하는 방향으로 진화하는 것이 좋은 것 아닐까요? 잡음이 무슨 쓸모가 있길래 자연선택 될 수 있었을까요? 진화는 개체가 오래 사는 방향으로 진행되는 것이 아니라 유전자가 더 잘 전달될 수 있는 방향으로 진행됩니다. 흥미롭게도 완벽할 것 같았던 샤페론을 많이 발현하는 개체에서 자손의 수가 현저하게 떨어지는 트레이드-오프trade-off 현상이 확인되었습니다.

잡음은 어떤 환경에도 유연하게 대응하겠다는 생명체의 현명한 전략이었던 것입니다. 환경이 자주 변하는 조건에서는 일관적인 군집보다는 다양한 능력을 가진 군집이 살아남을 가능성이 큽니다. 잡음이 만들어 낸 다양성이 개체에 긍정적인 영향을 미치는 예는 다른 종에도 많이 존재합니다.

초파리에서는 눈 발생에 중요한 역할을 하는 단백질의 잡음으로 인해 하나의 파장을 인지하는 광 수용체가 아닌 여러 파장을 인지할 수 있는 광 수용체가 발현합니다. 또한 줄기세포가 어떤 계보로 발생할지 결정하는 일에 잡음이 관여한다는 많은 보고가 있습니다. 심지어 고초균에서는 한 유전자의 돌연변이로 인해 발생한 잡음이 새로운 형질의 진화를 촉진하기도 합니다.

순수한 의미의 클론은 없습니다. 동일한 유전자와 환경을 가진 개체에도 유전자의 '잡음'이 나타납니다. 잡음이 부여한 다양성 덕분에 어떤 개체는 살아남기도 합니다. 이렇게 생물은 다양성의 여지를 언제나 남겨두고 있습니다. 잡음이라는 이름이 붙여졌지만, 어떤 개체에서 잡음은 자신만의 독특한 개성을 만들어 내는 수단이 되기도 합니다. 이를 단순히 잡음이라고만 부를 수 있을까요?

2

단백질을 고쳐 쓸까, 새로 만들까?

세포 항상성의 두 가지 방법

저는 아이폰5의 사용자입니다. 산 지 1년 4개월이 좀 더 지났는데 아직 꽤나 쌩쌩하고 좋은 성능을 보여 주고 있습니다. 그런데 얼마 전에 아이폰7이 출시되었고 이제 많은 사람의 손에 들려 거리를 활보하기 시작합니다. 아이폰5가 지원하지 않는 통신 기능을 사용할 수 있고 화면이 커지고 무게는 가벼워졌다는군요. 스마트폰의 기본 엔진 격인 CPU는 최대 두 배의 효율을 냅니다. 아이폰7을 가진다면 더 빠르게 정보의 바다를 헤엄치고 더 선명한 동영상을 감상할 수 있을 것입니다.

내 손 안에 들려 있는 휴대전화를 다시 들여다봅니다. 세월의 흔적이 전면 액정의 상처로 남아 있지만 여전히 쓸 만합니다. 멀티 터치도 되고 걸어 다니면서 인터넷도 할 수 있습니다. 더 이상 뛰어난 기능을 바라는 것은 쓸데없는 사치라는 깨달음이 스칩니다. 게다가 원한다면 약간의 비용으로 깨끗한 액정을 달아줄 수도 있을 것입니다.

여기서 중요한 문제가 발생합니다. 당분간은 마음에 안 드는 부분을 고쳐가면서 쓴다고 해보겠습니다. 저는 언제까지 이 폰을 고쳐 써야 할까요. 적당한 시점에는 새 폰을 손에 넣어야만 시대의 흐름을 놓치지 않고 좇을 수 있는 것이 아닐까요.

고쳐 쓰기 vs 폐기하기

생명체에도 비슷한 고민이 존재합니다. 단지 화질 좋은 동영상을 보고 빠르게 인터넷을 하는 정도가 아니라 생사의 문제가 연관되어 있다는 점에서 훨씬 중요한 고민입니다. 시간이 지날수록 신체의 구성 요소는 조금씩 닳을 수밖에 없습니다. 재생이 불가능한 특정 뇌세포는 시간이 지나면서 비가역적으로 소비되는 자원이라 할 수 있고, 자발적으로 펌프 운동을 하는 심장도 역시 시간이 지날수록 약해집니다.

여러 가지 요소 중에서 기능의 중요성과 다양성을 고려한다면 가장 핵심으로 유지되어야 할 부분은 단연 '단백질'이라 할 수 있습니다. 단백질은 인체에서 물 다음으로 많은 질량을 차지하는 분자입니다. 몸의 뼈대를 세포 수준에서 구축하고, 살아가는 데 필요한 다양한 화학반응을 촉진하는 효소로도 작용합니다. 단백질은 구조와 기능이 매우 다양하지만 분자로 이루어진 물질인 만큼 시간이 흐르면서 변한다는 공통 특징을 가집니다. 자연스러운 3차원 구조가 세포 내외부의 충격에 의해 망가질 수도 있고 산화 반응에 의해 변형될 수도 있습니다. 생명체는 다양한 수준에서 단백질의 질을 유지하려고 노력해야 안정적인 삶을 이어갈 수 있지요. 이쯤에서 이 글의 문제의식을 명확히 정리해 봅니다.

단백질을 고쳐 가면서 쓰는 것이 좋을까요, 망가진 것은 버리고 새로 만드는 것이 좋을까요? 두 가지 관점을 세분화해 들여다봅시다. 고장 난 단백질을 고쳐 가면서 오래 쓰면 어떤 장단점이 있을까요? 우선 이미 비용을 들여 생산한 것을 고치는 것이므로 추가 비용이 새 것을 통째로 만드는 데 비해 적을 확률이 높습니다. 휴대전화의 액정이 긁혔으면 새 액정을 끼우는 쪽이 새 전화를 사는 것보다 훨씬 쌉니다. 또 전원으로 사용되는 리튬 이온 전지는 본질적으로 무한정 재충전할 수 없습니다. 수천 번의 방전과 충전을 반복하다 보면 전지의 능력이 감소하기 때문에 힘세고 오래 가는 전원을 원한다면 교체해야만 합니다.

그런데 이런 식으로 교체할 수 있는 부분을 새 것으로 유지한다고 하더라도 휴대전화의 전체 성능은 시간이 지나면서 점차 감소하기 마련입니다. 사용하면서 발생하는 열이나 외부 충격 때문에 CPU 같은 핵심 부품이 닳기 때문입니다. 물론 무리를 한다면 CPU도 새것으로 갈아 끼울 방법이 있을 것입니다. 다만 그 정도로 부품 교체에 집착한다면 아예 새 전화를 살 수 있을 정도의 비용이 든다는 점이 문제입니다.

단백질 건축가 '샤페론'과 단백질 분해 공장

어떤 방식으로 단백질을 관리할 것인가라는 문제는 그 단백질의 특성과 고장 난 정도, 투자 여유, 에너지의 양 같은 여러 요소를 고려해야 적절히 판단을 내릴 수 있습니다. 물론 생물로서도 쉬운 고민은 아닐 테지요. 이처럼 단백질의 기능을 유지하기 위한 다양한 작용을 '단백질 항상성'이라 부릅니다. '항상성'은 말 그대로 같은 기능과 상태를 항상 유지하려 한다는 뜻이겠지요. 단백질 항상성은 여러 가지 단계에서 조절될 수 있는데, 샤페론의 활동과 단백질 분해Proteolysis, 각각이 '고쳐 쓰기'와 '폐기하기'의 역할을 맡고 있습니다.

앞에서 살펴본 샤페론은 분자생물학에서 중요하게 다뤄지는 '단백질을 돕는 단백질'입니다. 샤페론은 세포 내의 단백질 건축가로서 다른 단백질의 정확한 3차원 구조 형성을 돕습니다. 단백질을 만들기 위한 설계도는 DNA에 내장되어 있지만 거기에 자동 조립 체계까지 포함되어 있지는 않습니다.

조립은 유능한 건축가인 샤페론에 의해 대부분 이루어집니다. 이 건축가는 상당히 유능한 편이어서 설계도대로 단백질을 생산하는 능력뿐 아니라 문제가 생긴 부분을 수선하는 능력도 갖추고 있습니다. 특히 세포에 고온이 가해지면 단백질이 변성되거나 서로 뭉쳐 기능이 망가지는 응집체를 형성하는데, 이 때 망가진 단백질들을 정상으로 되돌리는 역할에서 샤페론의 진가가 드러납니다. 이런 능력을 높이 사서 샤페론에게는 '열충격 단백질Heat Shock Protein'이라는 별명도 따라다니고 있습니다.

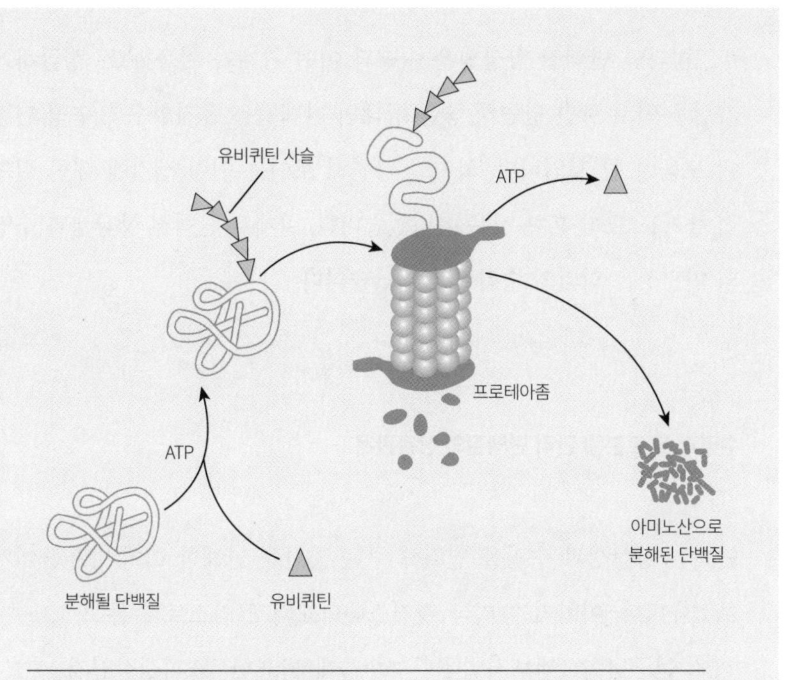

그림 1 단백질 분해 과정은 분해될 단백질을 표지하는 유비퀴틴과 유비퀴틴을 인식하고 단백질을 분해하는 프로테아좀에 의해 진행된다.

이제 '단백질 분해'에 관해 살펴볼까요. 단백질 분해는 유비퀴틴ubiquitin과 프로테아좀proteasome이라는 두 단백질의 협동으로 이루어집니다. 유비퀴틴은 분해되어야 할 단백질에 붙이는 딱지라고 보면 됩니다. 프로테아좀은 딱지가 붙어 있는 단백질을 찾아다니다가 만나면 그것을 자기 몸 내부에서 분해해 버립니다. 대부분의 경우, 하나의 딱지로 분해해도 될 것인지 확신을 할 수 없기 때문에 딱지를 한 번에 여러 개 붙이게 됩니다. 분해된 단백질은 다시 각각의 아미노산이 되어 새로운 단백질을 만드는 재료로 사용됩니다.

그렇다면 단백질 항상성은 수명과 어떤 관계가 있을까요? 성급하게 가설을 던져 보면 당연히 좋은 상태의 단백질을 유지할수록 수명 연장에 도움이 될 것입니다. 하지만 당연해 보이는 이런 생각에 대한 실험적 증거도 그리 흔한 것은 아니었습니다. 실제로 단백질 항상성과 수명의 연관성은 의외의 순간에 드러났습니다.

수명과 세포 분열 관리 단백질의 상관관계

단백질 항상성과 수명을 연결해 주는 약간은 난해한 이야기로 들어가 보겠습니다. 이야기는 미국 럿거스대학교의 크리스토퍼 론고Christopher Rongo 연구팀이 〈엠보저널EMBO journal〉에 발표한 '표피생장인자EGF: Epidermal Growth Factor'라는 물질에 관한 논문에서 출발합니다.

'표피생장인자'라는 단백질을 좀 더 소개해 보겠습니다. 수정란에서 시작해 성체에 이르기까지 일련의 세포 분열과 분화 과정을 통틀어 '발생 과정'이라고 부릅니다. 표피생장인자는 발생 과정에서 세포 분열과 분화가 정확하게 이루어질 수 있도록 신호를 보내는 역할을 하며, 이에 관해서는 많은 연구가 진행된 상태입니다(1986년 표피생장인자를 발견한 미국의 스탠리 코헨Stanley Cohen 박사에게 노벨생리의학상이 수여된 바 있습니다). 론고 연구팀은 표피생장인자가 완전히 발생이 끝난 성체에서 어떤 역할을 하는지에 관심을 가졌습니다.

예쁜꼬마선충에게는 인간과 유사한 표피생자인자를 만드는 *lin-3* 유전자와 표피생장인자와 결합해 신호 전달 수용체를 만드는 *let-23*

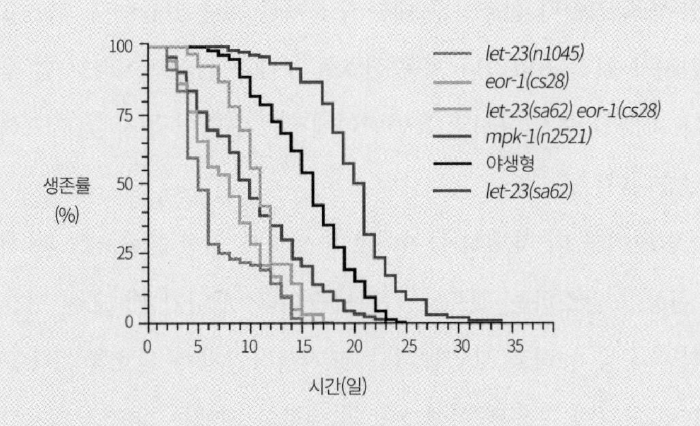

그림 2 다양한 표피생장인자 관련 돌연변이체들의 수명을 보여 주는 그래프. 정상적인 야생형과 비교할 때, 표피생장인자 기능 감소 돌연변이체인 *let-23*(n1045)는 수명이 감소하고 기능 증가 돌연변이체인 *let-23*(sa62)는 수명이 증가했다. 출처/Liu Grang. et al. 2011.

유전자가 있습니다. 인간과 굉장히 비슷한 표피생장인자와 수용체가 선충에도 존재한다는 사실은 이 요소들이 매개하는 세포 내 신호전달 과정도 인간과 비슷할 거라는 합리적인 추측을 가능하게 합니다. 론고 연구팀은 표피생장인자와 관련이 있는 유전자가 망가진 예쁜꼬마선충 돌연변이의 수명을 측정했습니다. 놀랍게도 표피생장인자 돌연변이 선충들의 수명이 정상적인 선충(야생형)에 비해 감소했습니다. 이를 역으로 추론해보면 정상 표피생장인자의 기능이 수명 유지를 위해 필요하다는 이야기가 됩니다.

돌연변이 연구가 재미있는 점은 기능이 감소한 돌연변이뿐만 아니라 기능이 증가한 돌연변이도 종종 나타난다는 사실입니다. 수용체 유전자의 기능이 증가한 돌연변이는 표피생장인자가 없어도 마치 있는 것처럼 세포 안에다 신호를 보내는 수용체를 계속 만듭니다. 이는 표피생장인자가 있거나 없거나 계속 신호를 보내는 돌연변이라고 할 수 있습니다. 예상할 수 있다시피 돌연변이에서는 수명이 줄지 않고 오히려 늘어났습니다!

돌연변이를 더 자세히 들여다보니 노화로 인한 근육 감소와 색소 침착 현상이 감소하는 것으로 나타났습니다. 게다가 더 오랜 시간 동안 왕성한 운동 능력을 보였습니다. 표피생장인자가 신호를 보내고 있는 것으로 착각한 수용체 덕에 선충의 세포와 개체는 더 건강해지고 수명이 늘어난다니. 이렇게 효율 좋은 플라시보 효과가 있을 수 있을까요!

표피생장인자가 보내는 신호 강도와 수명 사이에 양의 상관관계가 있다는 걸 알았으니, 다음 단계는 도대체 어떻게 표피생장인자의 신호가 수명을 늘렸는지 중간 단계를 파악하는 일입니다. 생명과학자들이 '좋은 연구'라고 부르는 것은 대부분 이 중간 단계가 명쾌하게 잘 밝혀진 연구입니다. 표피생장인자가 조절하는 신호들이 매우 다양하기 때문에 정확히 어떤 경로의 신호에 의해 수명이 증가했는지를 신중하게 검토해야 합니다.

기본적으로 연구해볼 수 있는 방향은 표피생장인자에 의해 발현이 증가하거나 감소한 유전자가 있는지 살펴보는 것입니다. 수용체의 기능이 증가한 돌연변이에서 유전자의 변화를 알아내려는 실험에 의해 해독 작용, 스트레스 반응, 단백질 분해 과정에 관여하는 유전자의 발현이 증가했다는 사실이 밝혀졌습니다. 그리고 다양한 샤페론 유전자의 발현은 감소해 있었습니다. 여기서 바로 표피생장인자의 신호 전달 체계와 단백질 항상성 사이에 관련이 있지 않을까하는 힌트가 드러난 것입니다!

장수 비결은 철저한 단백질 관리

표피생장인자가 수명을 늘리는 과정에서 그 핵심이 단백질 항상성 조절 작용임을 보여 주는 실마리가 나타나자 증거를 더욱 철저히 수집하려는 연구가 뒤따랐습니다. 실제로 표피생장인자 돌연변이에서는 단백질 항상성에 문제가 있다는 사실이 확인되었습니다.

첫째로 많은 단백질이 산화에 의해 손상되어 있었습니다. 단백질 산화는 철이 녹스는 것과 비슷하게 단백질의 구조적 안정성을 완전히 잃게 만듭니다. 산화에 의한 손상이 너무 심각해서 유능한 샤페론조차 어떻게 손을 쓸 수가 없습니다. 둘째로 표피생장인자 신호가 감소하면 비정상 단백질 응집체의 축적 속도가 증가해 세포 기능을 방해합니다. 마지막으로 가장 중요한 증거는 단백질 분해 과정을 개체 내에서 직접 측정함으로써 얻어졌습니다. 간단히 소개하자면 유비퀴틴과 녹색 형광 단백질이 융합된 유전자를 개체에 의도적으로 발현시켜 색을 가지고 있는 녹색 형광 단백질의 변화를 관찰하는 것입니다. 이 융합 유전자가 발현하면 '분해해 달라는 딱지(유비퀴틴)'가 달린 녹색 형광 단백질이 생산됩니다. 그리고 딱지 검사자인 프로테아좀과 만나면 녹색 형광 단백질은 분해됩니다. 그러니까 단백질이 얼마나 많이 발현하고 시간에 따라 얼마나 분해되는지를 녹색 형광 단백질을 통해 시각 정보로 관찰할 수 있다는 점이 이 실험의 핵심입니다.

정상적인 야생형 개체에 이 녹색 형광 딱지를 달고 있는 유전자를 발현시켜 관찰하면, 녹색 형광이 유충 시기에는 표피에서 높게 유지되다가 번식능력을 갖춘 성체가 되면 급격히 감소합니다. 이는 단백질 분해 작용이 초기 발생 단계에서는 낮고 일정하게 유지되다가 성체로 성숙하는 특정한 시기에 증가한다는 것을 의미합니다. 그렇다면 표피생장인자 관련 돌연변이에서는 어떨까요? 기능 감소 돌연변이에서는 녹색 형광 단백질이 성체에서 감소하지 않고 유지되었습니다. 이는 단백질 분해가 잘 일어나지 않고 있다는 것을 의미합니다. 반대로 기능 증가 돌연변이에서는 야생형보다 훨씬 이른 시기에 녹색 형광이 감소했습니다. 결론적으로 표피생장인자가 내는 신호가 단백질 분해를 촉진하는 것입니다.

이로써 중간 단계에 대한 증거도 확보했습니다. 표피생장인자는 성체에서 손상된 단백질을 분해하라는 지시를 내리고 있었습니다. 분해 명령이 강하고 빠르게 발동될수록 개체의 수명이 증가한다는 것은 고쳐 쓰기와 폐기하기 전략 중 장수에 도움이 되는 전략이 후자라는 얘기가 됩니다. 그렇다면 재주 많은 건축가이자 수선공인 샤페론은 개체의 건강에 도움이 되지 않는다는 말일까요?

주의해야 할 점은 이 연구가 표피생장인자라는 주인공의 관점에서 본 이야기라는 것입니다. 수명을 조절할 수 있는 경로는 다양하기 때문에 그중 하나인 표피생장인자에 의한 효과가 전부라고 단정하는 것은 과도한 단순화입니다. 표피생장인자에 의한 수명 증가의 이유가 단백질 분해를 촉진한 것 때문이기는 하지만, 무조건 단백질을 분해하려고만 하는 것이 최선이라고 단정 지을 수는 없습니다.

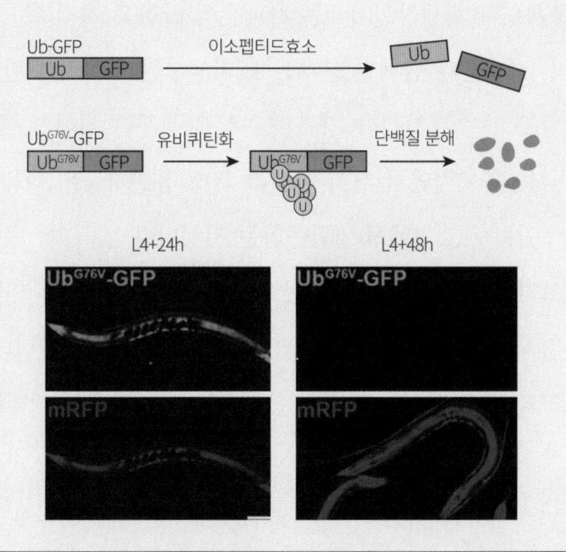

그림 3 (위) 유비퀴틴-녹색 형광 단백질 융합체의 작동 과정 모식도. 단순히 유비퀴틴과 녹색 형광 단백질을 연결시켜 놓으면 둘을 분리시키는 효소의 작용에 의해 유비퀴틴은 떨어져 나오고, 녹색 형광 단백질은 안정적으로 유지된다. 그런데 유비퀴틴의 특정 아미노산을 변형시켜 융합하면 분리 효소가 작용할 수 없기 때문에 결합이 유지된다. 하나의 유비퀴틴이 안정적으로 붙어 있는 상태이므로 추가적인 유비퀴틴 사슬이 형성될 수 있고 그 결과 녹색 형광 단백질은 분해된다. (아래) 정상적인 예쁜꼬마선충에서는 마지막 유충 시기인 L4에서 48시간 정도가 지나면 녹색 형광 단백질이 완전히 분해되어 형광을 내지 못한다. 유비퀴틴이 붙어 있지 않은 적색 형광 단백질의 대조군은 시간이 지나도 안정적으로 유지된다. 출처/ Liu, Gang, et al. 2011.

그림 4 표피생장인자 돌연변이에서 단백질 분해 상황. 야생형에서는 마지막 유충 시기인 L4 이후 24시간 까지는 녹색 형광이 유지된다. 그러나 표피생장인자 기능 증가 돌연변이에서는 이 시점에 이미 녹색 형광 단백질이 분해된다. 이것은 표피생장인자가 단백질 분해를 더욱 빠르게 활성화시키도록 작동한다는 뜻이다. 표피생장인자는 폐기하는 전략을 취하도록 유도한다. 출처/ Liu, Gang, et al. 2011.

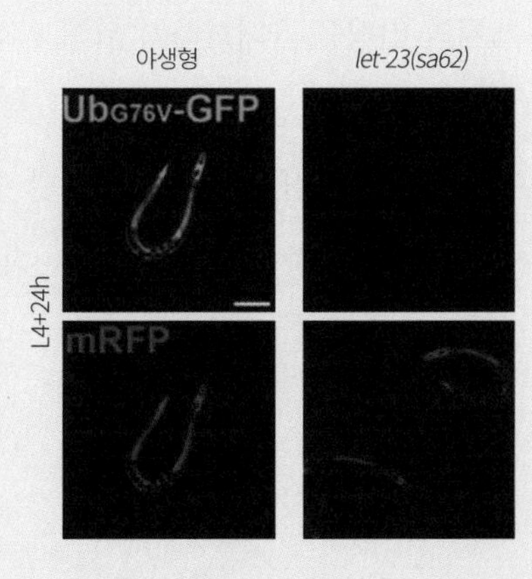

흥미롭게도 표피생장인자에는 샤페론의 발현을 저해하는 효과가 있었습니다. 샤페론과 단백질 분해는 표피생장인자에 의해 반대 방향으로 조절되고 있는 것입니다. 강조하고 싶은 부분은 이런 조절이 무작위로 일어나는 확률적인 현상이 아니라 특정 유전자들에 의해 정교하게 조절되고 있는 프로그램의 일환이라는 것입니다.

유충 시기에는 어떻게든 잘못된 단백질을 다시 펼쳐서 고쳐 쓰고 최대한 응집체가 형성되지 않도록 막으려는 작용이 우세합니다. 성체 시기에는 고장 난 단백질을 과감히 분해하려는 기작이 우세해집니다. 단백질에 축적되는 손상은 개체가 노화할수록 단순한 수리로는 복구 불가능한 단계에 이릅니다. 따라서 최대한 고쳐 쓰다가 일정 시점이 지나면 폐기하는 전략이 건강에 도움이 된다는 설명이 자연스러워 보입니다.

표피생장인자에 의해 단백질 분해가 활발해지는 시점이 번식을 본격적으로 시작하는 성체 시기라는 점이 매우 흥미롭습니다. 아마 표피생장인자에 의해 유발되는 생리학적 변화는 번식능력이 가장 좋은 시기에 개체의 건강을 극대화하기 위해 진화했다고 보는 것이 합당할 것입니다. 그리고 운이 좋게도 젊은 성체 시기의 적응도를 최적화하려는 노력으로 노화와 관련된 변화에 대처할 수 있었고 결과적으로 수명이 증가하지 않았을까 하는 생각을 해봅니다.

‘단백질 항상성’도 노화를 거스를 순 없다

사실 이 연구가 설명하는 단백질 항상성과 수명의 관계를 휴대전화 교체 상황과 완전히 동치로 놓을 수는 없습니다. 휴대전화는 개별 부품을 교체할수록 새것에 가까워지고 성능이 더 나아지지는 않을지언정 거의 제한 없는 사용이 가능합니다. 그러나 복구할 수 없을 만큼 큰 손상을 입은 단백질을 완전히 분해하고 새것을 만든다고 하더라도 노화는 진행됩니다. 새 단백질을 만드는 단백질 공장도 또한 시간의 흐름에 따라 손상을 입을 수밖에 없기 때문입니다. 그러면 단백질 공장을 분해하고 새로 만들어야 하므로 추가 에너지가 들어갑니다. 또 분해자의 역할을 하는 단백질도 영원히 불변할 수는 없습니다. 생산과 분해 활동은 모두 개체와 세포의 노화 상태에 따라 효율이 감소하는 것입니다.

한 가지 흥미로운 점은 표피생장인자가 언제까지나 좋은 일만 한다는 것입니다. 하나의 유전자가 시간적 또는 공간적으로 분리되어 발현될 때에는 개체에 좋지 않은 형질을 나타내는 경우가 많습니다. 예를 들어 발생 초기에 세포 분열을 촉진하는 유전자가 있다고 가정해 봅시다. 이 유전자는 특정한 발생 단계에서만 활성화해 개체의 모습을 완성하도록 돕고 발생이 끝난 다음에는 억제된 상태로 유지되어야 합니다. 만약 발생이 끝난 개체의 세포에서 발현되었다가는 분열하지 말아야 할 세포를 분열하도록 유도해 암세포로 만들 수 있습니다. 그런데 논문에서 소개된 표피생장인자는 성체가 될 때까지는 정상적인 세포 분열과 분화를 돕다가 번식 시기가 되면 단백질 항상성 조절 방식을 바꿈으로써 수명을 증가시킵니다. 처음부터 끝까지 좋은 역할만 하는 단백질인 것입니다.

물론 아직 들여다보지 않은 단면 속에 부작용이 숨어 있을 수도 있고 계속 좋은 역할만 하는 것이 실제 상황일 수도 있습니다. 대부분 유전자와 동일한 프레임으로 해석될지 아니면 기묘한 영역의 유전자로 따로 묶일지는 아직 열려 있습니다. 하나의 연구가 해결해 주는 질문이 있으면 새롭게 생기는 질문도 있습니다. 이렇게 꼬리에 꼬리를 물고 질문과 답이 이어지는 것이 과학 연구의 가장 큰 특징 중 하나가 아닐까요.

3

'뛰는 유전자', 쫓는 꼬마 RNA

위험한 뛰는 유전자를 막는 꼬마 RNA의 분투

지난 2000년 '인간 게놈 프로젝트'의 결과가 발표되었습니다. 당시까지 과학자들은 생리 활동을 조절하는 단백질 종류가 10만 개 정도 된다는 추정을 바탕으로 인간 유전자 개수가 10만 개 정도 되리라고 예상하고 있었습니다. 그러나 발표된 결과는 충격적이었습니다. 다세포 생물 중 가장 먼저 유전정보가 해독된 예쁜꼬마선충이 2만 개 정도의 유전자를 지니는데 이렇게나 복잡한 인간의 유전자 수가 3만~3만 5천 개에 불과했던 것입니다. 그마저도 인간 게놈 프로젝트 이후 인간 게놈의 기능적 구성 인자를 밝히기 위해 진행된 엔코드ENCODE: Encyclopedia of DNA Elements 프로젝트에 따르면 그 숫자는 2만 1천 개까지 떨어집니다. 그렇다면 30

억 개의 염기 서열 중 1%의 유전자를 제외한 나머지 거대 '암흑물질'의 정체는 대체 무엇일까요?

처음 인간 유전자 정보를 밝힌 과학자들은 이 암흑물질을 '쓰레기 DNA Junk DNA'라 불렀습니다. 쓰레기 DNA의 많은 부분은 단백질을 만들어 내지 않는 비암호화 RNA와 '뛰는 유전자 Jumping gene'라 불리는 트랜스포존 transposon으로 구성됩니다. 비암호화 RNA는 발생 단계에서 다양한 유전자 발현을 조절하는 중요한 역할을 수행하는 것으로 알려지면서 현재 학자들의 많은 관심을 받고 있습니다. 국내에서는 서울대 김빛내리 교수 연구팀이 수행하는 '마이크로 RNA miR: microRNA 연구'로 잘 알려져 있습니다.

그런데 '뛰는 유전자'는 마이크로 RNA처럼 유전자가 올바른 기능을 수행하도록 돕는 인자가 아니라 유전자의 작동을 위협하는 기생 유전자로 불립니다. 흥미롭게도 이런 기생 유전자는 우리 염기 서열의 절반가량을 차지하고 있습니다. 우리 유전정보의 절반은 그 자신을 위협하는 적으로 이루어진 상황입니다. 이런 위험한 적과의 동거가 어떻게 가능한 것일까요? 또한 우리 조상은 왜 이렇게 위험하고 비효율적인 동거를 선택한 것일까요?

염색체 곳곳으로 뛰어다니는 유전자

뛰는 유전자는 이름에서 알 수 있듯이 염색체 곳곳을 뛰어다닐 수 있는 유전자입니다. 뛰는 유전자가 염색체를 뛰어다니는 방식은 크게 두 가

그림 1 뛰는 유전자의 작용으로 인한 옥수수 알맹이 색의 변화. 뛰는 유전자는 자가수분한 옥수수에서 다양한 색의 알맹이가 나타나는 것을 주목한 유전학자 바버라 매클린톡에 의해 처음 밝혀졌다.

지로 나눌 수 있습니다. 첫 번째 유형은 자신의 유전자를 발현하여 사본을 만들고, 그 사본을 다른 곳으로 삽입하는 '복사하기-붙여넣기' 방식입니다. 두 번째는 자신의 유전자 원본을 그대로 염색체 다른 곳으로 옮기는 '잘라내기-붙여넣기' 방식입니다. 이러한 방식은 바이러스가 우리 몸에 침입해 자신의 유전정보를 우리의 유전정보 속으로 삽입하고 증폭해 나가는 기작과 닮았습니다. 따라서 뛰는 유전자는 바이러스를 통해 처음 우리 몸속으로 유입되었을 것으로 추정됩니다.

뛰는 유전자는 자가수분한 옥수수에서 다양한 색의 알맹이가 나타나는 것을 주목한 유전학자 바버라 매클린톡Barbara McClintock에 의해 처음 밝혀졌습니다. 매클린톡은 이런 알맹이 색의 변화가 뛰는 유전자의 작용으로 나타나며, 뛰어다니는 패턴이 세포와 환경에 따라 달라진다고 주장하였습니다. 특히 그녀는 혹서나 가뭄과 같이 옥수수의 생존을 위협하는 상황에서 뛰는 유전자의 이동이 더 활발해지는 경향을 관찰하였고, 이를 생존에 도움이 될 수 있는 변화를 만들기 위한 의도적인 행위로 해석했습니다.

1951년 이 결과가 처음 발표되었을 때, 어떤 과학자도 이를 진지하게 받아들이지 않았습니다. 왜냐하면 당시만 해도 유전정보를 다음 세대로 전달하는 생식세포는 체세포와 완전히 격리되어 안정적 상태를 유지한다고 생각했기 때문에 라마르크에 의해 주창된 후천적 획득형질의 유전 가능성(환경에 의해 변화된 유전정보가 전달된다는 주장)을 내포하는 듯한 매클린톡의 주장을 받아들일 수 없었던 것이죠.

그러나 시간이 지나면서 인간을 비롯한 다양한 종에서 뛰는 유전자에 관한 증거들이 포착되었습니다. 뛰는 유전자는 유전체 이곳저곳을 뛰어다니다가 중요한 기능을 하는 유전자 안으로 끼어들어갈 수도 있습니다. 그렇게 되면 유전자는 본래의 기능을 잃어버리게 될 것이고, 그 결과 개체는 결국 커다란 문제에 봉착하게 될 것으로 예상할 수 있습니다. 실제로 몇몇 암이나 면역 질환, 근육 위축증 같은 질병이 뛰는 유전자의 작용으로 인해 발생한다는 사실이 밝혀졌습니다. 이런 사실들이 밝혀진 이후에 매클린톡의 뛰는 유전자 연구는 비로소 인정받을 수 있었고, 그 공로로 그녀는 1983년 81세의 나이로 노벨생리의학상을 수상했습니다.

위에서 살펴본 것처럼 뛰는 유전자는 염색체를 뛰어다니면서 중요한 유전자에 끼어들어 다양한 문제를 일으킬 수 있기 때문에 생명체는 자신의 생존을 위협하는 뛰는 유전자의 공격을 막아내는 것이 중요했을 것입니다. 그렇다면 생명체는 뛰는 유전자의 공격을 방어하기 위해 어떤 전략을 세웠을까요? 그에 대한 힌트가 예쁜꼬마선충 연구에서 나왔습니다.

봉인에서 풀려난 뛰는 유전자

예쁜꼬마선충에서는 1983년 처음으로 뛰는 유전자가 발견되었습니다. 예쁜꼬마선충의 뛰는 유전자는 모두 잘라내기-붙여넣기 방식을 이용하고 있었습니다. 흥미롭게도 예쁜꼬마선충이 채집된 지역에 따라 뛰는 유전자의 활성이 달랐습니다. 프랑스에서 채집된 베르게라크 종은 뛰는 유전자의 활성이 높았고, 그로 인해 높은 비율로 돌연변이가 발생하였습니다. 또한 현재 모든 예쁜꼬마선충 연구의 표준 종으로 사용되는 영국에서 채집된 브리스톨 종은 체세포에서만 뛰는 유전자 활성이 나타났습니다.

네덜란드 암 연구소의 로날트 플라스테르크Ronald Plasterk 교수 연구팀은 뛰는 유전자의 이런 다양한 작동 패턴에 주목했습니다. 그중에서도 생식세포에서 뛰는 유전자의 활성이 없다는 사실에 주목해 생식세포가 뛰는 유전자의 작동을 능동적으로 억제하고 있을 것이라는 가설을 세웠습니다. 연구팀은 이 가설을 바탕으로 생식세포에서 뛰는 유전자를 억제하고 있는 유전자를 찾기 위해 실험을 설계하였습니다. 무작

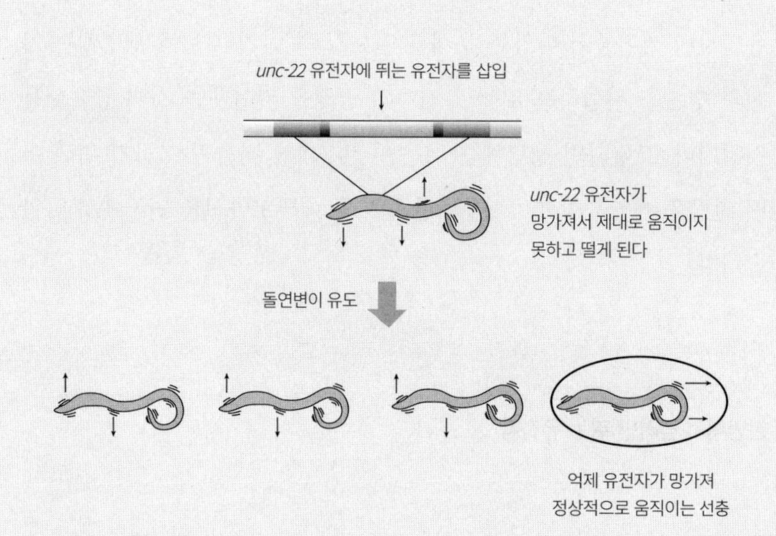

그림 2 억제 유전자를 찾기 위한 *unc-22* 유전자와 뛰는 유전자를 이용한 실험. *unc-22*에 억제 유전자를 삽입해 자손을 증식시키며 유도 물질로 무작위적 돌연변이를 유도한다. 자손 중 정상적으로 움직이는 선충은 뛰는 유전자가 빠져나가 *unc-22* 유전자가 정상 작동하는 개체이므로 억제 유전자가 망가진 개체라고 할 수 있다.

위적인 돌연변이를 유도해 생식세포에서 뛰는 유전자 활성이 나타나는 개체를 찾고, 그 개체에서 망가진 부분을 추적해 뛰는 유전자의 억제 유전자를 찾는 것입니다.

생식세포 내에서는 뛰는 유전자가 이동할 수 없기 때문에 생식세포의 특정 유전자에 인위적으로 뛰는 유전자를 삽입해 망가뜨리면, 그 유전자의 망가진 기능은 세대를 거쳐 계속 전달되고 자체적인 회복이 불가능합니다. 실제로 예쁜꼬마선충이 정상적으로 움직이는 데 필요한 *unc-22* 유전자에 뛰는 유전자가 끼어들어가 그 유전자의 기능을 망가뜨리게 되면 선충이 제대로 움직이지 못하고 계속 떨게 됩니다. 이렇게 떠는 문제는 세대를 거쳐 계속 전달되게 됩니다. 연구팀은 이렇게 *unc-22*에 뛰는 유전자가 삽입된 선충을 실험 대상으로 사용했습니다.

이 선충에 돌연변이 유도 물질을 이용하여 무작위적인 돌연변이를 유도하였습니다. 만약 돌연변이 유도 물질이 뛰는 유전자를 억제하는 유전자에 돌연변이를 일으키면 뛰는 유전자는 활성을 얻게 됩니다. 그 결과 *unc-22*에 삽입되었던 뛰는 유전자들이 활성화되어 다른 염색체로 이동하게 되는 것입니다. 이렇게 되면 떨고 있던 선충이 정상적으로 움직이게 될 것이고, 이 선충이 우리가 찾고 있던 범인, 즉 뛰는 유전자의 활성을 억제하는 유전자가 망가진 개체가 되는 것이지요.

연구팀의 수사 전략은 잘 들어맞았고, 뛰는 유전자 활성이 일어난 수십 개의 돌연변이 개체를 확보할 수 있었습니다. 이 개체들에선 공통적으로 뛰는 유전자가 활발하게 움직이고 있었기 때문에 뛰는 유전자가 정상적인 유전자 곳곳으로 침투해 돌연변이를 유도하는 특징을 보였습니다. 심한 경우에는 더 이상 자손을 낳지 못하는 문제까지 일으켰습니다. 연구팀은 이런 성질을 보이는 돌연변이 개체들에 '돌연변이 유발자mutator'라는 이름을 붙였습니다.

뛰는 유전자를 막는 'RNA 간섭'

생식세포는 자신의 유전정보를 온전하게 전달하기 위해 뛰는 유전자들의 공격을 방어해야 할 필요가 있습니다. 따라서 뛰는 유전자들을 막기 위한 경호원들을 갖추고 있을 겁니다. 이 경호원들이 사라지면 어떻게 될까요? 돌연변이 유발자들에게서 나타난 다양한 문제들은 이 경호원이 사라진 개체가 어떤 현실을 마주하게 될지 분명하게 보여 줍니다. 그렇다면 이 중요한 경호원은 누구일까요? 그 경호원에 대한 힌트는 독립적으로 수행되고 있던 또 다른 방어 기작 연구에서 나왔습니다.

지금까지 예쁜꼬마선충을 이용한 연구에 세 번의 노벨상이 수여되었습니다. 그중 2006년 노벨생리의학상을 수상한 'RNA 간섭RNAi : RNA interterence'은 원하는 유전자의 기능을 저해하는 기술로 응용되어 현대 유전학 연구에 새로운 지평을 열었습니다.

유전정보를 담고 있는 이중 가닥의 DNA는 자신의 유전정보를 단백질로 합성하기 위하여 단일 가닥의 전령 RNA를 단백질 합성 공장으로 내보냅니다. 간단히 요약하면 RNA 간섭은 이렇게 생성된 전령 RNA를 공격해 유전정보가 단백질로 번역되는 중간 과정을 없애는 기작입니다. RNA 간섭이 공격하는 대상은 주로 특정 시기나 상황에 발현되어서는 안 되는 전령 RNA나 바이러스와 같이 외부에서 침입한 전령 RNA들입니다.

공격 대상을 선택적으로 제거하기 위해서는 RNA를 분해하는 능력을 갖추고 있는 이른바 '승무원 단백질argonaute'을 정확한 공격 대상까지 데려다 주는 일이 중요합니다. 이런 안내자 임무를 수행하는 물질이 20~30개 정도의 염기 서열로 구성된 '꼬마 RNAsiRNA'입니다. 아주 작은 RNA인 꼬마 RNA가 하는 일은 집배원이 몇 자리의 우편번호로 정확한 주소를 찾아가는 일과 유사합니다. 꼬마 RNA는 우편물인 승무원 단백질을 정확한 주소지인 표적 RNA로 데리고 갑니다. 표적 RNA는 특정한 염기 서열로 이루어진 주소를 가지고 있고, 꼬마 RNA는 이 주

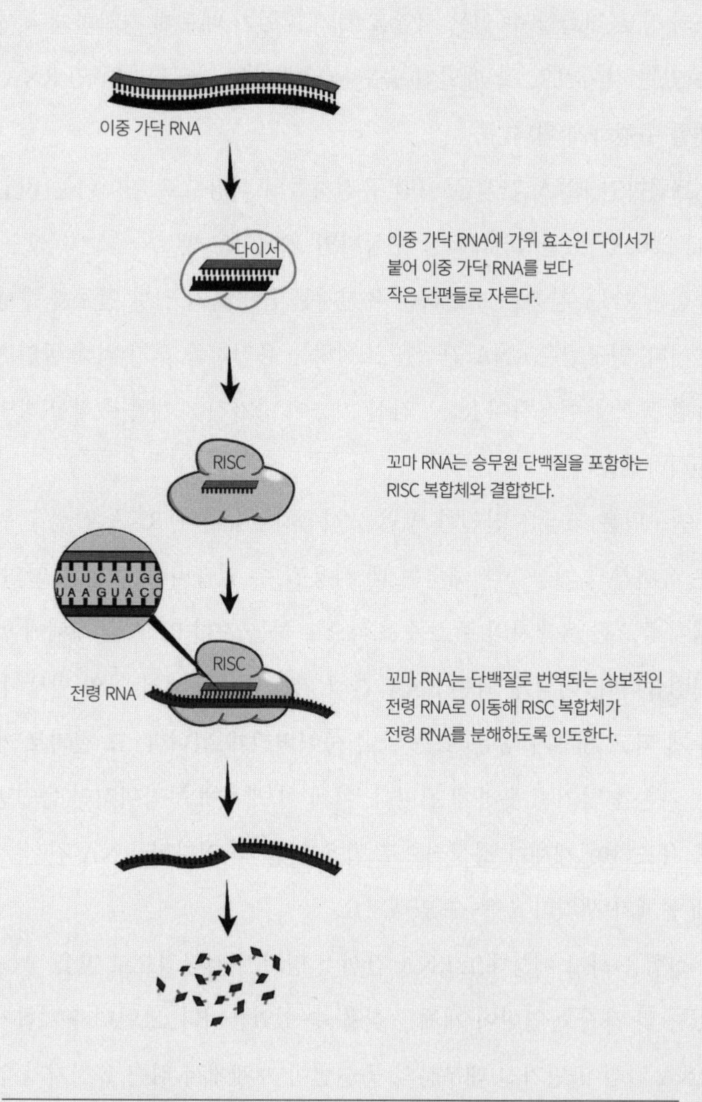

그림 3 RNA 간섭 작동 기작. 이중 가닥 RNA가 세포 내에 존재하면 다이서가 짧은 꼬마 RNA로 자른다. 꼬마 RNA는 승무원 단백질을 포함하는 복합체에 실려 자신의 서열과 상보적인 목표 RNA로 이동한다. 그리고 목표 RNA를 분해 또는 억제하여 발현을 방해하고, 추가적인 꼬마 RNA 생산을 촉진한다.

소와 상보 결합할 수 있는 서열을 가지고 있기 때문에 정확하게 찾아갈 수 있는 것이지요. 잘 배달된 승무원 단백질은 자신의 임무인 RNA 분해를 수행하게 됩니다.

그렇다면 RNA 간섭은 어떤 유전자들의 작용으로 일어나는 것일까요? 2006년 노벨생리의학상 수상자인 크레이그 멜로Craig Mello 교수 연구팀은 RNA 간섭을 조절하는 유전자를 규명하기 위한 연구를 수행했습니다. 연구팀은 RNA 간섭을 조절하는 유전자를 찾기 위해 돌연변이 유발 물질을 이용하여 RNA 간섭 기능이 망가진 개체를 추적할 방법을 궁리하였습니다.

연구팀은 조금은 잔인한 방법을 사용하였습니다. RNA 간섭은 원하는 유전자의 기능을 저해하는 데 사용될 수 있습니다. 이들은 알의 발생에 중요한 유전자의 주소를 표적으로 하는 꼬마 RNA를 개체에 발현시켰습니다. 이렇게 되면 RNA 간섭 기능이 작동해서 알의 발생이 멈추게 되고 개체가 낳은 모든 알이 죽어버리게 됩니다. 그 결과로 개체는 자손을 남기지 못하게 됩니다. 이제 이 개체에 무작위적인 돌연변이를 유도하여 개체가 정상적으로 알을 낳을 수 있다면, RNA 간섭 기능에 문제가 생겼다고 볼 수 있겠지요.

실험을 하자 예상대로 RNA 간섭이 망가져 정상적으로 알을 낳을 수 있는 몇 가지 돌연변이 개체를 찾을 수 있었습니다. 그런데 흥미롭게도 RNA 간섭이 망가진 대부분의 돌연변이 개체에서 뛰는 유전자가 염색체 이곳저곳을 뛰어다니는 문제가 발생했습니다. 이는 뛰는 유전자 활성이 RNA 간섭에 의해 억제되고 있을 가능성이 높다는 것을 시사합니다. 이러한 개연성을 직접 규명하기 위하여 플라스테르크 교수 연구팀은 돌연변이 유발자들이 뛰는 유전자를 표적으로 RNA 간섭을 유도하는 꼬마 RNA를 가지고 있는지를 조사했습니다.

예상대로 돌연변이 유발자들에는 뛰는 유전자로 향하는 주소를 가진 꼬마 RNA가 없었습니다. 또한 뛰는 유전자 속에 들어 있는 특정 서열, 즉 꼬마 RNA가 인지하는 주소를 정상적으로 발현하는 유전자에 삽입하면, 그 유전자의 발현도 똑같이 억제되는 것을 관찰할 수 있었습니다. 따라서 뛰는 유전자는 정상 생식세포에서 RNA 간섭을 통해 억제되고, 그 결과 개체는 온전한 유전정보를 다음 세대로 안전하게 전달할 수 있게 됩니다. RNA 간섭이 돌연변이 유발자가 잃어버린 경호원이었던 것이죠.

뛰는 유전자의 주소는?

RNA 간섭을 유도하는 꼬마 RNA에는 RDE-1이라는 승무원 단백질이 탑승하고 있습니다. 그런데 이상하게도 RDE-1 단백질이 망가진 개체는 RNA 간섭에는 문제가 있지만, 뛰는 유전자의 억제에는 별다른 문제가 나타나지 않았습니다. 일반적인 RNA 간섭과 뛰는 유전자 억제가 정확히 일치한다고 볼 수는 없는 것이지요. 이러한 결과를 바탕으로 크레이그 멜로 교수 연구팀은 뛰는 유전자의 활성만 특이적으로 억제하는 RNA 간섭 메커니즘이 존재할 것이라고 생각했습니다.

뛰는 유전자 활성을 특이적으로 억제하는 RNA 간섭 메커니즘에 대한 힌트는 예쁜꼬마선충에서 최근 새롭게 밝혀진 꼬마 RNA에서 나왔습니다. 일반적인 RNA 간섭은 22개와 26개의 염기 서열로 이루어진 꼬마 RNA, 즉 인지하는 주소의 길이가 다른 꼬마 RNA들의 작용으로 이루어진다는 것이 잘 알려져 있었습니다. 매사추세츠공과대학교 데이비드 바텔David Bartel 교수 연구팀은 예쁜꼬마선충의 꼬마 RNA를 통째로 뽑아 기존에 알려진 꼬마 RNA 이외에 새로운 종류의 RNA가 있는지, 그리고 그 RNA들이 가진 유전자 주소가 어디인지 알아내려고 했습니다.

이 연구에서 기존에 알려진 22개와 26개의 염기 서열로 이루어진 꼬마 RNA와 다른 21개의 염기 서열로 구성된 꼬마 RNA를 찾아냈습니다. 이 꼬마 RNA는 1만 5천 개나 되는 다양한 염기 서열을 가지고 있었습니다. 그런데 이상하게도 이렇게 많은 수의 꼬마 RNA가 단백질을 암호화하는 유전자 부위가 아닌 유전자와 유전자 사이나 유전자 발현 과정에서 잘려나가는 인트론intron 부위로 향하는 주소를 가지고 있었습니다.

기존에 밝혀진 꼬마 RNA는 단백질을 암호화하는 유전자 주소를 가지고 있었습니다. 그 덕분에 특정 기능을 수행하는 단백질의 합성을 저해할 수 있었던 것이지요. 그런데 새롭게 밝혀진 21개 염기로 구성된 꼬마 RNA는 특이하게 기능이 없는 유전자 외부를 인지합니다. 이 꼬마 RNA는 왜 유전자 외부로 향하는 주소를 가지고 있는 것일까요? 이 지점에서 크레이그 멜로 교수 연구팀은 21개 염기로 구성된 이 꼬마 RNA가 유전자 외부에 많이 존재하고 있는 쓰레기 DNA, 그중에서도 뛰는 유전자의 주소를 인지하고 있는 것이 아닐까 의심하게 됩니다. 이러한 의심은 이 꼬마 RNA가 실어 나르는 승무원 단백질을 찾아낸 이후 더욱 짙어졌습니다.

새롭게 밝혀진 승무원 단백질은 PRG-1이라는 이름의 단백질이었습니다. 이 단백질은 생식세포에서 특이적으로 발현하고 있었습니다. 그리고 이 승무원 단백질이 특이적으로 망가졌을 때 21개의 염기 서열로 구성된 꼬마 RNA의 양이 현저하게 줄어드는 현상이 관찰되었습니다. 또 이 승무원 단백질이 특이적으로 망가진 개체에서 뛰는 유전자 활성이 증가하였고, 그 결과 생식세포에 많은 손상이 발생하여 결국 더 이상 알을 낳지 못하게 되는 현상을 관찰하였습니다.

이러한 사실로 미루어 보면 21개 염기 서열로 구성된 꼬마 RNA가 특이적으로 뛰는 유전자를 억제하는 꼬마 RNA인 것으로 보입니다. 초파리 연구에서도 이렇게 생식세포에서 특이적으로 발현되고, 뛰는 유전자를 억제하는 꼬마 RNA가 발견되었는데, 그 RNA에 '파이 RNA-piRNA'라는 이름이 붙여졌습니다. 그래서 이 연구팀은 새롭게 발견한 21개 염기 서열로 구성된 꼬마 RNA를 예쁜꼬마선충의 파이 RNA라고 이름 붙였습니다.

꼬마 RNA들의 전쟁

흥미롭게도 파이 RNA가 전담하는 주소는 뛰는 유전자만이 아니었습니다. 뛰는 유전자를 포함해 다양한 유전자 주소를 담고 있었습니다. 그렇다면 파이 RNA가 전담하고 있는 지역은 정확히 어디일까요? 그 힌트는 예쁜꼬마선충 연구자들이 오랫동안 부딪쳐 있던 난관에서 나왔습니다.

앞에서 살펴봤듯 생물학에서는 특정 유전자의 기능을 확인하기 위해 유전자를 추적할 수 있는 추적 장치인 형광 단백질을 부착하여 그 유전자가 어떤 조직과 세포소기관에서 언제 나타나는지 조사하는 것에서 연구를 시작하는 경우가 많습니다. 이는 마치 범인을 잡기 위해 먼저 CCTV로 특정 시간과 장소에서 용의자의 움직임을 관찰하는 데에서 수사를 시작하는 것과 닮았습니다. 생식세포에서 기능할 것으로 예상되는 유전자를 연구하던 수많은 예쁜꼬마선충 연구자가 자신이 연구하는 유전자를 생식세포에 발현시키려고 했을 때 이상한 현상을 관찰하게 되었습니다.

분명히 별다른 문제없이 유전자를 발현시켰는데, 형광 단백질이 내뿜는 빛이 전혀 보이지 않았던 것입니다. 이렇게 보이지 않던 형광 단백질의 빛이 뛰는 유전자의 활성을 억제하는 다양한 유전자를 망가뜨렸을 때 다시 나타났습니다. 따라서 파이 RNA가 가진 주소는 뛰는 유전자에 국한된 것이 아니라 자신의 유전자로 승인되지 않은 외부 침입자를 식별할 수 있는 주소 또한 가지고 있는 듯합니다. 이러한 방어 기작은 생식세포가 자신의 유전정보를 온전히 전달하는 데 필수적인 기작입니다. 이것은 유전체 수준에서 일어나는 일종의 면역반응으로 볼 수 있습니다.

유전체 수준의 면역반응이라는 예측에 걸맞게 파이 RNA가 인지하는 주소는 외부에서 주입된 유전자 가운데 선충의 유전체가 원래 가지고 있지 않은 형광 단백질 부분이었습니다. 그렇다면 여기서 파이 RNA가 어떻게 외부에서 유입되는 수많은 유전자를 자기의 유전정보가 아닌 비-자기 유전정보로 인지할 수 있는지 의문이 생깁니다.

이 의문은 파이 RNA가 주소를 인지하는 방법을 통해 어느 정도 해소될 수 있었습니다. 영국 케임브리지대학교의 에릭 미스카Eric Miska 교수 연구팀은 파이 RNA가 주소를 인지하는 방식이 다른 꼬마 RNA의 방식보다 유연하다는 것을 발견하였습니다. 파이 RNA의 경우 정확한 상보결합을 형성하지 않더라도, 즉 결합에 한두 개의 오류가 있는 유전자의 주소도 인지할 수 있다는 것을 알 수 있었습니다. 주소를 조금 엉성하게 인지한다는 것이지요. 이 방식을 통하면 인지할 수 있는 유전정보의 범위가 매우 넓어지게 됩니다. 그러나 이 방식은 또 하나의 의문을 불러일으킵니다. 만약 파이 RNA가 이런 식으로 주소를 인지한다면 생식세포에서 발현되는 대부분의 유전자가 파이 RNA의 공격 대상이 되기 때문입니다.

그러나 개체는 이를 막아낼 방어 기작 또한 마련해 두었을 겁니다. 아직 충분한 증거가 나온 것은 아니지만 그 방어 기작을 수행하는 것도 역시나 꼬마 RNA인 듯합니다. 21개의 염기 서열로 구성된 파이 RNA와는 달리 22개의 염기 서열로 구성된 꼬마 RNA 중 특정 그룹의 꼬마 RNA가 자기 자신의 유전자를 인지하는 기능을 수행하고 있었습니다. 이 꼬마 RNA는 아직 명확한 이름이 붙여져 있지 않지만 제가 임의로 '자기 RNA'라는 이름으로 부르겠습니다. 자기 RNA는 발현되는 유전자로 향하는 주소를 가지고 있는 꼬마 RNA 입니다. 자기 RNA는 표적 RNA를 제거하지 않는 CSR-1이라는 특이한 승무원 단백질을 태우고 있었습니다. CSR-1이 자기 RNA에 결합하고 표적 RNA를 통해 염색체에 특정 구조물을 형성한다는 사실까지는 밝혀졌습니다. 하지만 아

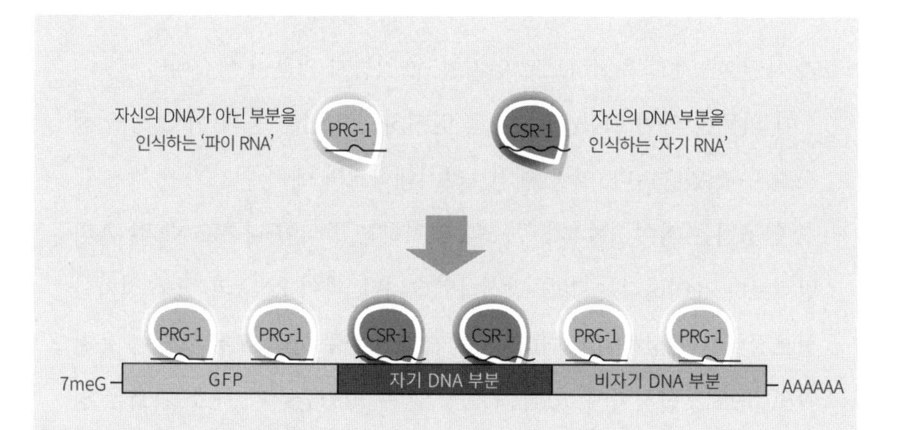

그림 4 파이 RNA의 승무원 단백질인 PRG-1은 비-자기 부분인 형광 단백질(GFP)에 결합한다. 반대로 자기 RNA의 승무원 단백질인 CSR-1은 개체가 원래 가지고 있는 유전자에 결합한다.

직 CSR-1이 정확히 어떻게 파이 RNA의 접근을 막는지는 추측에 머물러 있습니다. 그렇지만 자기 RNA의 주소가 정확히 유전자로 향하고 있고, '파이 RNA'가 가진 주소와 완전히 다른 부분을 향하고 있는 것으로 보아 자기 RNA와 CSR-1이 자기 자신을 보호하는 방어 기작일 개연성은 충분합니다.

이렇듯 핵 안에서는 쓰레기 DNA로 분류되었던 다양한 비-암호 RNA들이 자신을 방어하는 활발한 작용을 수행하고 있습니다. 그러나 파이 RNA를 통한 방어는 완전한 방어로 보긴 힘듭니다. 결국 외부에서 유입된 DNA를 완전히 분해하여 형체를 남기지 않는 방식이 아니라, 우리 유전체의 한 자리에 끼어들어 살 수 있게 방을 내어준 것이기 때문입니다. 그런데 혹시 이렇게 불완전한 형태로 함께 살아가야 할 이유가 있었던 것은 아닐까요?

꼬마 RNA들은 새롭게 유입된 외부 DNA들의 입국 심사를 합니다. 긴 진화의 역사 동안 우리 유전체는 심사에 떨어진 DNA를 가벼이 추방하거나 제거해 버리지 않고, 거처를 마련해 주는 정책을 폈습니다. 물론 '승인 받지 않은 자'라는 낙인을 찍긴 하지만 말이죠.

파이 RNA는 외부에서 유입된 유전자에 낙인을 찍는 역할도 수행합니다. 엄청난 길이의 DNA는 히스톤histone이라는 단백질을 축으로 응축되어 핵 속에 들어가 있습니다. DNA가 히스톤에 의해 촘촘하게 응축되어 있으면 유전자의 발현이 저해됩니다. 이러한 히스톤의 응축 조절은 히스톤 단백질이 가지고 있는 꼬리 부분에 어떠한 표지가 부착되는지에 따라 달라집니다. 많은 경우 꼬마 RNA들은 승무원 단백질뿐만 아니라 히스톤 꼬리 부분에 표지를 부착할 수 있는 효소도 같이 배달합니다. 파이 RNA는 히스톤 꼬리에 메틸기methyl를 부착하는 효소와 함께 움직입니다. 이 메틸기가 히스톤을 더 응축시켜 유전자의 발현을 억제하는 낙인으로 작용합니다. 이렇게 찍힌 낙인은 세대를 거듭해 이어집니다.

그러나 이 낙인은 돌이킬 수 없는 성질의 것이 아닙니다. 오히려 환경에 따라 쉽사리 변하기도 하는 낙인입니다. 실제로 다양한 환경 자극에 따라 히스톤 꼬리의 표지가 변한다는 증거는 매우 많이 축적되어 있습니다. 뛰는 유전자에 돌이킬 수 있는 낙인이 찍혀 있을 것이라는 정황은 옥수수가 안 좋은 환경에 처했을 때 뛰는 유전자 활성이 증가한다는 사실을 통해서도 추정해 볼 수 있습니다. 또한 고온, 활성산소, 바이러스 감염 등과 같은 상황에서 뛰는 유전자 활성이 증가한다는 보고가 다양한 종에서 나오고 있습니다. 그러나 이러한 환경 변화가 직접적으로 뛰는 유전자에 찍힌 낙인을 되돌렸다는 직접적인 증거는 아직 부족합니다.

이렇게 안 좋은 환경에서 뛰는 유전자 활성이 증가하는 것은 어떤 의미를 지닐까요? 뛰는 유전자는 단순히 특정 유전자 하나를 망가뜨리는 것 이상의 큰 변화를 유도하는 능력을 지닌 것으로 추정됩니다. 뛰는 유전자가 복사하기-붙여넣기를 반복해 자신을 증폭시킨 지역은 상동 재조합 과정에서 잘못 인지되어 염색체 간의 큰 섞임을 유도하기도 하고, 유전자 근처 특정 지역에 끼어든 뛰는 유전자가 근처 유전자의 발현을 일으켜 기존 것과는 다른 유전자 발현 패턴을 만들기도 합니다. 이런 커다란 변화를 반영하듯 많은 유전자 내부나 근처에 뛰는 유전자의 흔적이 남아 있습니다.

이렇듯 뛰는 유전자는 개체가 현재 자신이 가진 유전정보만으로는 감당할 수 없는 환경에 처했을 때 개체의 유전정보를 섞어 다양성을 증가시키는 작용을 할 수 있습니다. 뛰는 유전자가 유도한 대부분의 다양성은 개체에 안 좋은 영향을 줄 것입니다. 그러나 이러한 다양성 없이 동질적인 개체로만 이루어져 있다면 지속적인 환경 변화에 적응할 수 있었을까요?

우리 유전체의 50%는 낙인찍힌 뛰는 유전자가 차지하고 있습니다. 낙인의 비유는 노예를 연상시킵니다. 그렇다면 뛰는 유전자들이 만들어 낸 유전체의 커다란 전복은 억압받는 이들이 일으킨 혁명으로 볼 수도 있겠지요. 그러나 이들이 일으킨 전복은 인류의 역사 내내 반복되어

온 〈레미제라블〉 식의 혁명과는 조금 다릅니다. 낙인이라 불렸지만 뛰는 유전자들은 사실 개체 속에서 최고 수준의 대우를 받고 있다고 말할 수도 있습니다. 그들은 수고스럽게 유전자를 발현하는 노동을 하지 않아도 자신의 유전정보를 다음 세대로 전달할 수 있고, 세포가 제공하는 집과 영양분 속에서 안전하게 살아갑니다. 우리의 유전체는 이렇게 자신의 절반을 뛰는 유전자에 내어 주는 미래 지향적인 정책을 수행하고 있다고 볼 수 있지 않을까요?

4

바이러스와 인간의 이상한 동거

인간 유전체 속에 숨어 있는 바이러스의 비밀

에볼라 바이러스로 인한 '에볼라 출혈열' 때문에 바이러스가 지구촌 뉴스의 화제가 된 적이 있습니다. 아프리카에서 바이러스로 인한 전염병은 드물게 일어나는 사건이 아닙니다. 20세기에 보고된 것만도 몇 번의 '돌발적인 대발생'이 있었는데 에볼라 바이러스의 경우에는 높은 치사율 때문에 풍토병 수준에 머물렀던 상황이었습니다. 만약 긴 잠복기와 강한 전염성이 동반된다면 지구 전역으로 퍼질 수 있는 재앙의 출발이 될 수도 있습니다. 그 밖에도 2003년에 퍼졌던 사스-코로나 바이러스 등의 경우를 생각하면 인간의 건강과 안전을 위협하는 바이러스에 대한 방어 체계는 미진한 부분이 상당합니다.

바이러스의 뿌리를 찾아서

바이러스는 과연 어떤 존재일까요? 단순한 정의를 내리자면 다른 개체의 세포 안에서만 복제 가능한 작은 감염성 물질입니다. 자신만의 유전물질을 가지고 자연선택을 통한 진화를 겪을 수 있기 때문에 생명체의 중요한 특성을 보입니다. 그러나 자신만의 대사 체계가 없어 필요한 부품을 생산하기 위해 숙주의 단백질을 도용해야 합니다. 생명의 기본 단위라고 받아들여지는 '세포'와 같은 구조가 아니고, 숙주 밖에서는 생명활동이 없는 그저 핵산과 단백질 덩어리로 보이기 때문에 흔히 '생명계의 맨 가장자리에 있는 개체'로 불리기도 합니다. 진핵생물, 원핵생물, 고세균을 아우르는 모든 생명체가 바이러스의 숙주가 될 수 있다고 알려져 있습니다. 생명과학기술이 고도로 발달한 현대에도 인간은 바이러스에 끊임없이 시달리고 공격받고 있습니다. 인간은 바이러스를 정복할 수 있을까요? 이번 장에서는 단순한 질병학을 넘어 바이러스와 인간 사이에 벌어진 '서로를 이해하기 위한 경쟁'에 대해 풀어볼까 합니다.

바이러스는 여전히 물음표를 많이 지닌 존재입니다. 무엇보다 큰 물음은 '바이러스의 기원과 진화'에 관한 것입니다. 구체적인 증거 부족으로 바이러스 기원에 대한 지식은 거의 추측과 짐작 수준에 머물러 있습니다. 예를 들어 바이러스는 여태까지 한 번도 화석의 형태로 발견된 적이 없습니다. 심지어 화석화된 생물과 공존하는 바이러스 핵산조차도 발견된 적 없습니다. 아마도 바이러스의 크기가 너무 작고 화석이 되기에는 약한 탓일 것입니다. 하지만 과학자들은 부족한 증거에도 굴복하지 않고 최대한 그럴듯한 설득력 있는 이론들을 발표하고 있

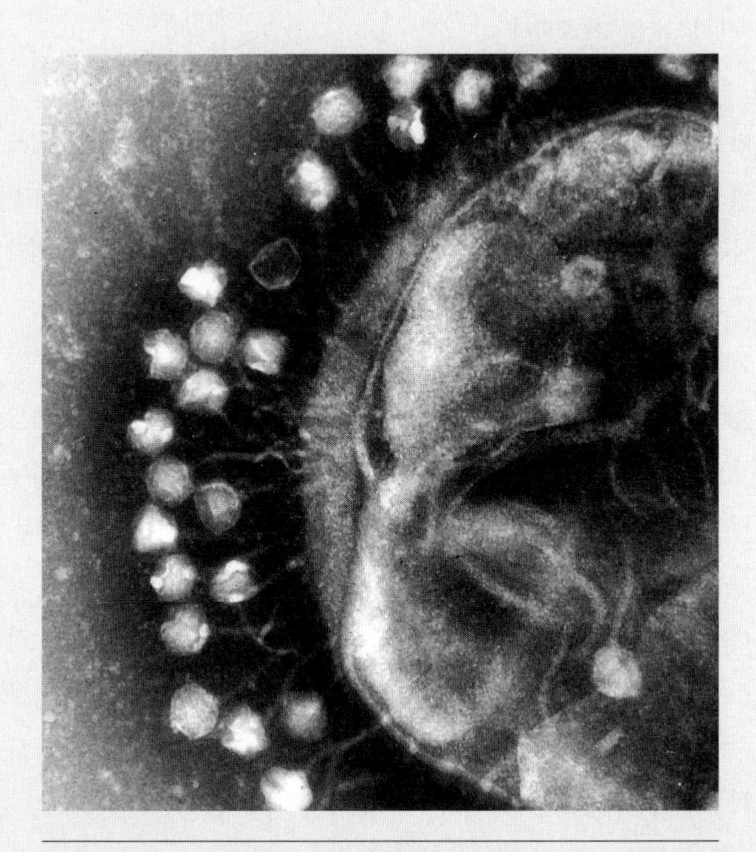

그림 1 대표적인 바이러스인 박테리아 세포벽에 붙어 있는 박테리아파지.

습니다.

첫 번째 가설은 '퇴행 진화' 이론입니다. 이 이론에 의하면 바이러스는 자유롭게 살던 다소 복잡한 기생 생물에서 기원했습니다. 고대의 바이러스는 숙주세포의 복제 기구에 점점 의존하게 되었고, 미토콘드리아처럼 자신만의 유전물질을 가지면서 세포 내에서 자가 복제할 수 있는 능력이 있었을 것입니다. 그러다 마침내는 자유롭게 살 수 있는 능력을 잃어버리고 숙주세포 내에서만 복제할 수 있게 퇴행한 것입니다.

두 번째 가설은 '세포 탈출' 이론입니다. 이 가설은 바이러스가 처음부터 독립된 생물이 아니었고 세포에서 떨어져 나온 부산물이라는 주장입니다. 세포의 DNA 또는 RNA가 자가 복제할 수 있는 능력을 얻고, 바이러스의 껍데기라고 할 수 있는 비리온virion 단백질을 만들어 세포를 '탈출'한 것입니다.

마지막 가설은 '독립적 또는 평행적 진화' 이론인데, 위의 두 가설과는 달리 세포로 이루어진 생명체와 별개로 바이러스가 생겨났다는 이론들의 통칭입니다. 각 가설의 장단점을 자세히 논하진 않겠지만, 한 가지 사실만 주지하면 바이러스의 놀라움을 잘 이해할 수 있습니다. 그 사실은 대부분의 세포가 바이러스를 세포 외부로 방출할 수 있다는 것입니다. 이 과정에서 세포가 손상되는 경우도 있고 그렇지 않은 경우도 있지만, 어쨌거나 그 능력이 생명체 사이에 진화적으로 널리 보존된 현상임은 자명합니다.

자세히 들여다보면 세포가 바이러스를 방출하는 능력(또는 바이러스가 세포 밖으로 탈출하는 능력)이 자연선택 과정에서 긍정적으로 작용해 살아남은 현상임을 깨닫게 됩니다. 만약 바이러스의 증폭과 확산에 적극적으로 맞서 싸운 세포에 유리한 점이 있었다면 그런 세포들로 구성된 생명체도 존재해야 할 것입니다. 그러나 바이러스를 배양하는 숙주 세포라면 공유하고 있는 당연한 특성 같아 보입니다.

유구한 역사 속의 진화 동반자

세포-바이러스 연합이 지닌 '이점'이란 무엇일까요? 또는 그 연합이 얼마나 중요한 역할을 했기에 이리도 널리 퍼졌을까요?

첫 번째 이점은 수평적 또는 수직적으로 유전자 일부를 널리 퍼뜨리고, 새로운 숙주의 유전체 내부로 침투시킬 수 있는 능력입니다. 바이러스는 자신의 유전자뿐 아니라 숙주의 유전자도 함께 퍼뜨리면서 충실한 '심복' 역할을 하는 것입니다. 숙주 입장에서는 적당한 복제공장만 잠시 빌려주면, 일부나마 자신의 유전자를 다른 세포에 퍼뜨릴 기회를 얻는 셈입니다.

두 번째로 고려할 것은 바이러스가 진화 과정의 '촉진자'로서 활약할 가능성입니다. 기본적인 진화의 흐름은 유전적 변이가 생기고 환경에 대처할 수 있는 능력에 차이가 발생함에 따라 진행된다는 이론이 널리 받아들여지고 있습니다. 일반적인 진화 이론에 부분적으로나마 반대하는 의견 대부분이 유전적 변이를 만들어 내는 돌연변이가 매우 드물게 일어나기 때문에 진화가 너무 느리게 진행될 것이라고 지적합니다. 따라서 바이러스가 빠르고 큰 진화적 도약을 만들 수 있다는 주장이 힘을 얻었습니다. 바이러스 유전자가 숙주 유전체 내에서 이동하는 도중에 숙주 유전자에 큰 변화(유전자 결손, 역위, 재조합 등)를 만들어 '유전체 불안정성'을 유발할 수 있습니다. 개체의 입장에서 보자면 유전적 불안정성은 '재앙'이 될 공산이 큽니다. 하지만 진화의 출발이라고 할 수 있는 유전적 변이 또는 다양성의 관점에서 보자면, 바이러스의 힘은 진화를 채찍질하는 무법자의 역할을 가능하게 하는 것이라고 볼 수도 있습니다.

바이러스의 세 번째 이점은 자연적인 생물학 무기라는 점입니다. 바이러스는 포식자나 경쟁하는 종에 대한 공격 병기로써 작동할 수 있습니다. 이렇게 생각할 수 있는 근거는 바이러스가 침투 가능한 종의 경계를 손쉽게 허문다는 사실입니다. 예를 들어 곤충이나 거미 같은 절지동물은 포유류를 감염시킬 수 있는 바이러스를 가지고 있다고 알려졌습니다. 인류에게 병을 일으키는 바이러스 대부분도 동물성 감염으로 종 간의 경계를 허물고 인간에게 전파된 것입니다. 잘 알려진 에볼라, 말버그, 사스-코로나, HIV 등도 모두 동물에서 전달된 바이러스일 것으로 추정하고 있습니다.

바이러스를 지니고 있던 최초의 생명체를 찾는 것은 매우 어려운 일이며, 세포가 바이러스를 마음대로 다룰 수 있는 것도 아닙니다. 세포가 자신의 이익을 위해 바이러스 무기를 휘둘렀다고 할 수는 없지만, 바이러스의 파괴력이 특정 종 간의 경쟁 관계를 휘저어 버렸을 가능성은 얼마든지 있습니다. 바이러스가 자연 속에서 돌아다니며 진화에 끼쳤을 큰 영향을 고려한다면, 단순히 바이러스를 질병을 일으키는 무언가로 보는 관점은 지나치게 협소하고 낡은 것이라 여길 수밖에 없습니다. 세포가 바이러스를 방출하는 능력이 있고, 이 능력이 진화적으로 잘 보존되어 있다는 것을 고려하면 바이러스가 생명의 진화에 중요한 역할을 했음은 부정할 수 없습니다.

하지만 지금까지 소개한 바이러스의 기원과 진화에 관한 이론들은 여전히 '가설'에 불과합니다. 바이러스의 중요성과 비교하면 바이러스에 대한 정확한 지식의 양은 미미한 수준입니다. 여러 가지 변명이 가능하겠으나 바이러스가 너무 다양하다는 것이 핵심이 아닐까 합니다. 숙주 내에서 복제하는 전략, 유전체의 복잡도, 생태 내에서 숙주와의 관계, 유전자의 순환 방식 등이 바이러스마다 너무나 다릅니다. 아직 바이러스가 하나의 공통 조상에서 기원했는지 아니면 여러 개의 혈통을 가졌는지에 대해서도 논란이 끝나지 않았습니다.

'RNA 간섭'의 재발견: 광범위한 RNA 조절 능력

바이러스에 대한 방대한 데이터를 모으고 분석하는 대규모 비교 유전체학이 힘을 낸다면 앞으로 조금씩 바이러스에 대한 수수께끼는 풀릴 것입니다. 그러나 거대한 생명의 신비 이전에 현재 인류가 바이러스의 공격에 쓰러지고 있는 것도 사실입니다. 과학자들이 당면한 문제는 어떻게 바이러스에 대한 방어선을 구축할 수 있을까 하는 것입니다. 이제부터 예쁜꼬마선충이 알려 준 '방어법'에 대한 힌트를 소개하겠습니다. 답부터 말하자면 앞에서 소개했던 'RNA 간섭'입니다.

RNA는 DNA와 원자 하나밖에 차이가 나지 않는 아주 유사한 분자입니다. RNA는 DNA의 형태로 저장되어 있는 유전정보가 단백질로 변환되는 과정을 매개합니다(유전정보의 전달 순서: DNA ⇒ RNA ⇒ 단백질). 유전정보가 암호에 머물러 있지 않고 구체적인 형태로 표현되려면 반드시 RNA 단계를 거쳐야 합니다. 거꾸로 말하면 RNA의 정상적인 활동을 방해하면 유전자를 억제할 수 있게 됩니다. 이와 같이 RNA를 억제하여 유전자를 억제하는 효과를 얻는 과정을 'RNA 간섭'이라고 합니다. RNA 간섭에서 핵심적인 역할을 하는 꼬마 RNA가 어떤 RNA를 억제할 것인지 결정합니다.

예쁜꼬마선충을 이용한 RNA 간섭 연구로 2006년 노벨상을 공동 수상한 앤드류 파이어Andrew Fire와 크레이그 멜로는 이 연구를 처음 발표했을 때만 해도 바이러스와의 직접적인 연관성은 거의 언급하지 않았습니다. 식물에서도 유사한 RNA 간섭 현상이 존재하고 바이러스와 유사한 구조를 지닌 외부 유전자가 주입되었을 때 발생한다는 것을 알고 있었기 때문에 이후에는 방어 기능에도 주목하게 됩니다. 다만 처음 발견 당시에는 RNA 간섭이라는 현상의 작동 방식에 큰 관심이 머물러 있었기 때문에 간섭에 중요한 역할자들을 연구하는 데 집중했습니다.

앞장에서 살펴봤듯 RNA 간섭 기구에는 큰 RNA를 작게 자르는 '가위 효소'인 다이서와 아주 작은 조각이면서도 확실한 기능을 하는 '꼬마 RNA', 꼬마 RNA의 복사본을 많이 생산할 수 있는 RNA 합성효소RdRP: RNA-dependent RNA polymerase, 꼬마 RNA를 지정된 목표 대상으로 데려가 분해하는 데 기여하는 승무원 단백질이 포함됩니다. 한 가지 놀라운 점은 예쁜꼬마선충이 비교적 작고 단순한 생명체인데도 RNA 간섭에 관여하는 기구들이 상당히 발달해 있다는 것입니다. 특히 포유류보다 꼬마 RNA의 증폭이 활발하게 일어나고 승무원 단백질의 종류가 다양하다는 사실이 놀라웠습니다. 추측건대 다양하고 중요한 생리학적 활동에 RNA 간섭이 필요한 것만은 분명해 보입니다. 대표적인 것으로 앞에서 살펴본 유전체에서 '뛰는 유전자'의 억제 기능이 잘 알려져 있습니다.

모든 생물은 바이러스의 숙주가 될 수 있다?

RNA 간섭이 바이러스에 대한 면역체계로서 기능한다는 사실은 훨씬 나중에서야 밝혀졌습니다. 그도 그럴 것이 자연에서 예쁜꼬마선충을 감염시키는 바이러스를 찾아볼 수 없었습니다. 바이러스를 막아낼 것 같은 무기는 가지고 있는데 정작 쳐들어오는 바이러스가 없으니 진짜 무기가 맞는지 연구자들도 갑갑했을 것입니다. 그런 상황에서 억지로 길을 만들어 낸 두 연구팀이 있었습니다. 미국 캘리포니아대학교의 서우웨이 딩Shou-Wei Ding 연구팀과 아칸소대학교의 칼리드 마차카Khaled Machaca 연구팀은 급기야 널리 연구되고 있던 포유류 바이러스를 인위적으로 예쁜꼬마선충에 감염시키기에 이릅니다.

딩 연구팀에서는 '집 떼 바이러스Flock House Virus'의 유전자를 미세주입법microinjection을 이용해 예쁜꼬마선충의 생식선에 주입했습니다. 그리고 다음 세대에서 바이러스 유전자를 세포 내에 가지고 있는 개체들을 골라내어 연구했습니다. 말하자면 세포 내로 직접 바이러스 유전자를 이식해준 것입니다. 바이러스 자체가 온전한 형태로 세포에 침입한 것이 아니므로 '감염'이 맞는가 하는 의문이 따를 수밖에 없습니다. 그래서 연구진은 예쁜꼬마선충의 세포 내에서 바이러스의 유전정보가 RNA로 잘 전사되며 복제도 잘된다는 것을 보여 주었습니다. 또 바이러스 유전자를 가지고 있는 예쁜꼬마선충으로부터 추출한 RNA가 초파리 세포를 감염시키고 그 내부에서 복제할 수 있다는 사실을 추가로 보여 줍니다. 그러나 결코 온전한 형태의 바이러스가 옮겨간 것이 아니니 바이러스의 감염 상황을 정확히 재현한다고 보기에는 힘든 면이 있습니다.

마차카 연구팀에서는 조금 더 그럴듯한 방법을 사용하여 수포성 구내염 바이러스Vesicular Stomatitis Virus를 예쁜꼬마선충에 감염시킵니다. 우선 초기 단계의 예쁜꼬마선충 알을 꺼내 알껍데기를 살짝 분해할 수 있는 효소들로 처리하여 짧은 시간이나마 개별적인 세포의 형태로 배양 가능한 1차 세포를 만듭니다. 여기에 직접 배양한 바이러스를 정제하여 뿌려주고 실제 감염이 일어나기를 기다립니다. 다행히도 바이러스에 감염된 세포가 얻어져 연구를 진행할 수 있었습니다. 하지만 정상적인 예쁜꼬마선충 개체에 수포성 구내염 바이러스를 뿌려 주어 봤자 감염이 일어나지 않으므로 자연스러운 실험 방법은 아니라고 할 수 있습니다. 또한 한 세포 내에서 바이러스의 활동을 연구할 수는 있었지만, 세포 간 바이러스의 수평적 이동은 관찰할 수 없었고, 바이러스 복제 주기에 대해서도 알 수 없으므로 한계가 분명한 실험 모델입니다.

하지만 그만큼의 성취도 상당한 것이어서 두 연구팀이 RNA 간섭을 이용해 면역을 연구한 내용이 2005년 〈네이처〉 한 호에 연속해서 실렸습니다. RNA 간섭 기구들에 대한 지식은 이미 축적되어 있었기 때문에 그 기구들 중 어느 부분이 바이러스 면역에 관여하는지를 관찰하는 것은 비교적 순탄한 작업이었겠지만, 예쁜꼬마선충의 유전학적 강력함을 바이러스 연구와 연결할 수 있다는 것만으로 많은 연구자가 열광했습니다.

유전학과 바이러스의 만남

그러던 중 예쁜꼬마선충을 감염시키는 자연적인 바이러스가 발견되었으니 학계에 큰 행운이라 하지 않을 수 없습니다. 이번 장의 주인공인 프랑스 마리-안 펠릭스 연구팀이 이런 발견 과정에서 큰 공헌을 했습니다. 앞에서도 소개했듯이 자연에 존재하는 예쁜꼬마선충의 생태를 연구하는 데 관심이 많았던 그녀는 프랑스 각지에서 가져온 썩은 과일들에서 야생 선충을 찾고 관찰하는 작업을 하고 있었습니다. 그녀는 장 세포가 비정상적으로 이상한 형태를 보이는 일군의 예쁜꼬마선충을 찾아냈습니다. 이 꼬마선충들을 광학현미경으로 관찰했지만 별다른 감염원은 보이지 않았습니다. 이 개체들에서는 장 세포 내 에너지원을 저장하는 작은 입자 모양의 소기관인 '저장 과립storage granule'이 사라져 있었으며, 세포질이 점성을 잃고 액체처럼 흐물거리는 특징이 나타났습니다. 또 세포핵이 길어지거나 퇴화해 있기도 하고 세포끼리 융합해 있는 경우도 있었습니다.

눈에 띄게 이상한 표현형이 보인다고 해서 바이러스에 의한 것이라고 단정할 수는 없습니다. 마리-안 펠릭스는 바이러스가 장 세포 이상을 유발했다는 것을 증명하기 위해 검증 실험에 돌입합니다.

우선 성체 안에서 알만을 깨끗하게 걸러내어 부화시키면 장 세포에 아무런 문제가 없는 개체들을 관찰할 수 있었습니다. 이는 장 세포에서 발생한 문제가 세대를 거쳐 수직으로 전달되지는 않음을 의미합니다. 유전자에 생긴 돌연변이 때문에 나타난 현상이 아니라는 뜻이죠. 다음 실험에서는 장 세포 이상을 보이며 죽은 개체를 건강한 개체의 곁에 두

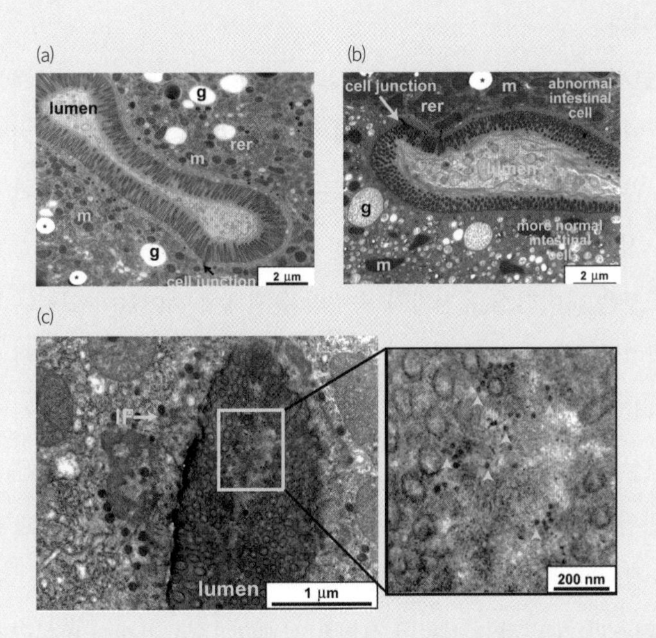

그림 2 (a) 정상적인 예쁜꼬마선충의 장 세포. (b) 오르세 바이러스에 감염된 예쁜꼬마선충의 장 세포. (c) 감염된 예쁜꼬마선충의 장 세포를 확대한 사진. 정상 장 세포와 비교할 때 감염된 장 세포는 이상 형태의 세포벽과 장 내강(lumen)을 보이며, 장 내강을 확대한 오른쪽 아래 그림에서 오르세 바이러스를 관찰할 수 있다. 출처/Felix, Marie-Anne, et al. 2011.

었더니 대략 1주일 뒤부터 건강한 개체도 비슷한 이상 증상을 보인 것으로 관찰됐습니다. 감염된 개체를 많이 모아서 곱게 간 뒤에 미세한 필터로 거른 추출물을 건강한 개체에 뿌려주어도 1주일 뒤에 이상 징후를 보였습니다. 무언가 감염성 물질이 있음이 분명해 보입니다. 최종적으로 전자현미경 사진을 통해 지름이 20nm 정도 되는 바이러스 같은 입자를 마침내 확인했습니다! 마리-안 펠릭스는 이 바이러스가 처음 발견된 곳의 지명을 따서 '오르세 바이러스Orsay Virus'라는 이름을 붙여줍니다.

오르세 바이러스는 장 세포를 심각하게 망가뜨리는 것에 비해 수명에는 거의 영향을 주지 않았습니다. 낳을 수 있는 자손의 수도 거의 변하지 않았지만, 자손을 만들어 내는 속도가 상당히 줄어든 것이 눈에 띄는 점이었습니다. 바이러스가 자손에게 수직적으로 전달되지 않는다는 것은 바이러스 유전자가 숙주의 유전체에 끼어들어 있지는 않다는 의미입니다. 오르세 바이러스의 확산에 수평적 이동이 중요하게 작용한다는 사실을 알 수 있습니다. 수평적 이동으로만 실험실에서 50세대 이상 바이러스가 유지되는 것으로 보아 전파 능력이 꽤 좋은 편이며, 감염된 개체의 배설물을 다른 개체가 섭취함으로써 바이러스가 퍼지는 것으로 추측하고 있습니다.

펠릭스가 가장 하고 싶었던 실험은 실제로 RNA 간섭이 바이러스 방어에 관여하는지 확인하는 작업이었을 것입니다. 앞에서 설명한 두 실험이 바이러스 감염 상황을 인공적으로 재현한 것과는 달리, 오르세 바이러스는 자연적으로 예쁜꼬마선충을 감염시킵니다. 펠릭스의 새로운 연구에서는 예상과 일치하게 자연적인 조건에서 RNA 간섭이 바이러스에 대항하는 '항-바이러스' 기능을 하고 있다는 것을 확인했습니다.

RNA 간섭이 망가진 예쁜꼬마선충 돌연변이가 바이러스에 감염되면 예쁜꼬마선충 내에 훨씬 많은 바이러스 RNA가 축적되고, 더 심각한 이상 징후를 보였습니다. 더욱 흥미로운 사실은 자연에서 발견되는 예쁜꼬마선충 간에는 RNA의 능력차가 존재하고, 이 차이가 바이러스에 대한 대처 능력과 직결된다는 것입니다. 개체마다 바이러스에 대한 '민감성'에 차이가 있다는 것은 바이러스 대처 반응을 조절하는 유전자에 차이가 있다는 뜻입니다. 이런 민감성의 차이를 결정하는 유전자 영역을 규명할 수 있다면 선천적으로 내재된 항-바이러스 기작을 연구하는 데 큰 도움이 될 것입니다. 조금 더 나간다면 꼬마 RNA로 인한 RNA 간섭 현상 자체의 진화에 대해서 그리고 숙주와 바이러스의 공진화 관계에 대해서도 설명력을 얻을 수 있을 것입니다. 오르세 바이러스가 처음 발표된 것이 2011년이니, 지금쯤 어떤 재미있는 연구 결과가 더 쌓였을지 자못 궁금합니다.

바이러스가 알려 준 대처법

처음으로 돌아가 에볼라 바이러스의 위험성을 보면, 예쁜꼬마선충을 감염시키는 바이러스를 찾은 것이 뭐 그리 대수냐는 핀잔을 들을 것도 같습니다. 그러나 연구자의 입장에서는 할 수 있고, 또 해야만 하는 일을 하는 것도 중요한 사명입니다. 위험한 바이러스를 연구할 수 있는 전문 시설도 별로 없는 상황에서 독촉만으로 치료제를 생산하기란 불가능합니다. 또 지금 전염되고 있는 바이러스에 완벽히 대처하는 약을 개발한다 하더라도 언제 다른 조합의 유전자를 갖추고 방어선을 허물 수 있는 바이러스가 등장할지 예측할 수는 없습니다. 비록 진도는 느릴지라도 분명히 가능성이 있는 한 가지 희망이라도 얻을 수 있다면 오르세 바이러스의 발견이 그리 사소한 일은 아닐 것입니다.

마지막으로 RNA 간섭이 희망이 되어 줄 가능성이 있는지 살펴보려고 합니다. 한 가지 주목해야 할 사실은 이미 우리의 세포가 RNA 간섭을 이용해 유전체를 적극적으로 보호하고 있다는 사실입니다. 우리의 '분자 면역' 체계는 내재적인 유전자 발현을 조절하고 세포 내부와 외부에서 유래하는 불길한 유전 물질을 억제하고 있습니다. 불길하다고 판단하는 유전 물질은 유전체 내에서 위치를 바꿀 수 있는 '뛰는 유전자', 뛰는 유전자와 비슷하지만 RNA 중간체를 사용하는 '거꾸로 뛰는 유전자retrotransposon' 등 기생 유전자들입니다. 유전체 내에서 마음대로 돌아다니는 무법자가 활개를 칠 경우, 유전자가 망가져 큰 피해를 볼 수 있기 때문에 삼엄하게 경비하고 있는 것입니다. 덧붙여 바이러스는 자신의 증식과 전파를 위해 숙주 세포를 파괴할 수도 있으므로 피해가 더욱 직접적이고 단시간에 촉발됩니다.

그렇다면 외부 바이러스를 상대하기 위한 꼬마 RNA는 어떻게 만들어질까요? 두 가지 방법이 있습니다. 하나는 외부에서 온 바이러스 유전자를 주형으로 사용하여 꼬마 RNA를 만드는 방법입니다. 다른 하나는 우리의 유전체에 포함된 정보들로 꼬마 RNA를 직접 생산하는 방법입니다. 첫 번째 방법의 장점은 외부 유전 물질이 무엇인지에 상관없이 특정한 조건(이중 가닥 RNA 구조를 가질 것)을 만족하기만 하면, 꼬마 RNA를 만들고 RNA 간섭을 발동할 수 있다는 것입니다. 단점은 조건을 만족하지 않는 유전 물질에 대해서는 둔감할 수밖에 없는 문제입니다. 더 큰 문제는 일부 바이러스에서 숙주의 RNA 간섭 체계를 억제할 수 있는 단백질이 발견되었다는 것입니다. 집 떼 바이러스도 B2 단백질로 불리는 RNA 간섭 억제자를 가지고 있습니다. 공격 무기(바이러스)-방어 무기(RNA 간섭)-방어 억제 무기(B2 단백질) 간에 치열한 경쟁이 벌어지고 있는 셈입니다.

두 번째 방법으로 우리의 유전체에서 직접 꼬마 RNA를 생산하게 되면 방어 억제 무기를 걱정할 필요가 없습니다. B2 단백질은 바이러스 유전자를 인지하는 단계를 억제하기 때문에 인지 단계를 건너뛰고 바로 꼬마 RNA를 생산할 경우에는 무력해질 수밖에 없습니다. 단점은 꼬마 RNA를 생산할 설계도가 이미 유전체 안에 포함되어 있어야 한다는 것입니다. 이는 하나의 유전체가 생산할 수 있는 꼬마 RNA의 레퍼토리는 정해져 있으며 한계가 있다는 뜻입니다.

적과의 동침 - 경쟁과 공존의 미묘한 경계에서

우리가 지금 가지고 있는 꼬마 RNA의 설계도는 언제부터 또는 어떻게 지니게 되었을까요? 진화의 신비라고 해야 할지 아이러니라고 해야 할지 그 설계도는 대부분 바이러스 그 자체입니다! 인간 유전체 서열 분석이 끝났을 때 드러난 특징 중 하나는 45%의 서열이 '뛰는 유전자'와 유사한 형태였다는 것입니다. 심지어 8% 정도는 감염성 레트로바이러스와 유사한 서열이었습니다. 확실히 단정할 수는 없지만 바이러스가 뛰는 유전자의 조상이라는 가설 혹은 뛰는 유전자와 바이러스의 조상이 같다는 가설이 주류 입장입니다. 다시 말해 우리 유전자의 절반 정도가 바이러스와 유사합니다. 예쁜꼬마선충을 비롯한 다양한 생물에서도 정도의 차이는 있으나 비슷한 현상이 발견됩니다.

어떤 경로로 이런 일이 벌어졌는지 단정하긴 어렵지만, 바이러스는 우리 유전체 속에서 편안하게 공존하며 세대를 거쳐 대물림되고 있습니다. 이 이상한 동거 또는 공생이 가능하려면 바이러스가 우리에게 제공하는 이익이 분명해야 합니다. 바로 바이러스가 제공한 자신의 설계도입니다. 어떻게 보면 동족의 설계도를 인간에게 판 것이라고 할 수 있습니다. 그 설계도를 따라서 세포가 꼬마 RNA라는 방어 무기를 만들게 되면 유사한 유전정보를 가진 바이러스를 방어할 수 있게 됩니다. 바이러스 입장에서는 다른 바이러스가 쳐들어와서 지속적으로 경쟁하는 것보다는 기밀을 팔아서라도 자신의 안위를 편안히 하는 것을 선택한 것입니다.

그렇다면 세포와 바이러스의 연합에서 에볼라 바이러스를 물리칠 비법을 알 수 있을까요? 시도해볼 수 있는 전략은 두 가지입니다. 에볼라를 억제할 수 있는 꼬마 RNA를 인공으로 합성하여 세포 내로 전달하는 전략과 에볼라의 설계도를 인간 유전체에 직접 삽입하는 전략입니다. 누가 봐도 더 안전하고 윤리적으로 문제가 없어 보이는 것은 앞의 방법입니다. 실제로 에볼라 바이러스를 치료하기 위해 시도하는 방법이기도 합니다. 설치류나 유인원 실험에서 약간의 성과를 거두기도 했습니다. 하지만 해결해야 할 걱정거리가 더 많습니다. 모델 생명체에서 일정한 효과를 보인 것과 인간에서 실질적인 치료 효과를 거두는 것 사이에는 커다란 간극이 있습니다. 꼬마 RNA를 세포 내로 전달하는 것부터 어려운 일이 됩니다. 세포 내로 들어간 꼬마 RNA가 RNA 간섭을 동원하여 정확한 목표를 공격할 수 있을지도 중요한 문제입니다. 근본 문제는 에볼라 바이러스가 유전적 변이를 일으켜 재창궐할 경우 새로운 꼬마 RNA로 다시 시작해야 한다는 것입니다.

큰 그림을 본다면 생명의 역사에서 바이러스와 세포 생명체가 경쟁과 공생을 통해 진화한 것은 분명합니다. 인간의 생명을 살리기 위해 바이러스성 질병의 원인과 치료법을 찾는 것과 더불어 바이러스의 기원과 진화를 탐구하려는 연구가 병행되어야만 바이러스를 근본적으로 이해할 수 있을 것으로 생각합니다. 인간 유전체가 이미 바이러스를 포함하고 있고 우리를 위해 헌신하는 측면이 있다는 것은 적과 친구의 구분을 모호하게 만들지만, 어찌 되었건 바이러스에서 얻을 수 있는 교훈이 미묘하고도 상당하다는 것만은 사실이 아닐까요.

5

아버지의 미토콘드리아는 어디로 사라졌을까?

미토콘드리아 모계 유전의 비밀

"좀 더 일찍 태어났더라면 더 쉽게 논문을 낼 수 있었을 텐데." 아마 이런 생각을 해본 연구자가 저만은 아닐 겁니다. 한 20년 전만 하더라도 연구자들은 유전자 클로닝gene cloning(유전자 DNA를 추출해 복제 가능한 운반체에 담는 기법)만으로도 좋은 논문을 내곤 했으니까요. 생명과학 관련 기술이 비약적으로 발전하고 연구자들도 폭발적으로 증가하면서 이제 유전자는 커녕 유전체 전체를 분석해도 저명 학술지에 투고하기가 점점 더 어려워지고 있습니다. 매일 수 없이 쏟아지는 논문들을 보고 있으면 '무슨 연구를 할 수 있을까'하는 고민이 들기도 합니다. 중요한 연구 혹은 가능한 연구는 이미 완료됐거나 다른 실험실에서 진행되고 있는 것처럼 보이니까요. 이를테면 오늘날 과학이 거의 포화 상태에 이른 것처럼 느껴진다고나 할까요.

그러다가도 어떤 논문들을 만나면 현대 생물학이 한 줌 설탕으로 만들어진 '솜사탕'처럼 보일 때가 있습니다. 그럴듯해 보이지만 자세히 들여다보면 구멍이 숭숭 뚫려 있기 때문입니다. 너무나도 당연하다고 생각한 생명 현상이 조금만 생각해보면 전혀 당연하지 않고, 그것에 대해 우리가 아는 바가 거의 없는 경우가 많습니다. 예를 들어 볼까요. 마취는 천 년 가까이 된 처치지만, 사실 마취제가 어떻게 신경계를 마취시키는지에 대해 알려진 바가 거의 없습니다. 큰 수술에 으레 따르는 마취에 대해 우리가 이토록 무지하다는 사실을 알게 될 때 어떤 '낯섦'을 느낍니다.

좋은 논문의 조건은 여러 가지 있겠지만, 그중 하나가 바로 독자로 하여금 당연히 여기던 생명 현상을 낯설게 바라보게 하는 능력이라고 생각합니다. 좋은 문학 작품이 우리가 일상적으로 살아가는 세계를 '낯설게 하기'를 통해 곰곰이 돌아볼 수 있도록 하는 것처럼 말이죠. 이번에 소개할 연구를 접했을 때 바로 그 느낌, 한순간에 현대 생물학이 솜사탕으로 변하는 느낌을 강렬하게 받았습니다. 이런 논문을 읽으면 개인적으로 퍽 질투가 나는 것 같습니다. 자연을 조금만 더 낯설게 바라봤다면 얼마든 저도 할 수 있는 연구니까요.

미토콘드리아 이브

모계 유전은 매우 오래 전부터 알려진 유전 현상입니다. 아버지와 어머니가 자식에게 각각 하나씩 유전자 사본을 전달한다는 멘델Gregor Mendel의 '분리의 법칙'을 위반하는 대표적인 사례로 잘 알려져 있기도 합니다. 1900년 멘델의 이론을 더 프리스Hugo de Vries, 체르마크Erich von Tschermak와 함께 동시에 재발견한 것으로 유명한 코렌스Carl Correns가 그 옛날에 분꽃에서 잎 색깔이 오직 어미의 형질만을 따른다는 사실을 발견했습니다. 이 현상은 '세포질 유전'이라고도 불리는데, 이는 세포핵의 DNA에 의한 유전 현상이 아니라 세포질의 엽록체나 미토콘드리아에 의해 일어나는 현상이기 때문입니다.

엽록체와 미토콘드리아는 세포 내 공생자로 불립니다. 먼 옛날 세포 안으로 들어와 공생하게 된 어떤 세균의 후예라고 추측되기 때문이죠. 이들은 여전히 그 세균한테서 물려받은 DNA를 가지고 있고 독립적으로 복제를 할 수 있습니다. 식물에서 발견되는 엽록체는 광합성을 통해 에너지를 합성하는 기능을 수행합니다. 또 거의 모든 진핵생물에서 발견되는 미토콘드리아는 원래 세포가 하지 못하던 산소 호흡을 수행합니다. 이 산소 호흡을 통해 세포는 같은 영양분으로도 훨씬 더 많은 에너지를 생산할 수 있게 되었습니다.

모계 유전은 이러한 엽록체와 미토콘드리아가 부모 모두가 아니라 어머니 한쪽에서만 자손으로 전달되기 때문에 일어나는 현상입니다. '레버씨 시신경 위축증Leber Hereditary Optic Neuropathy'이라는 희귀병이 미토콘드리아 유전자 돌연변이로 인한 대표적인 모계 유전 질환의 사례

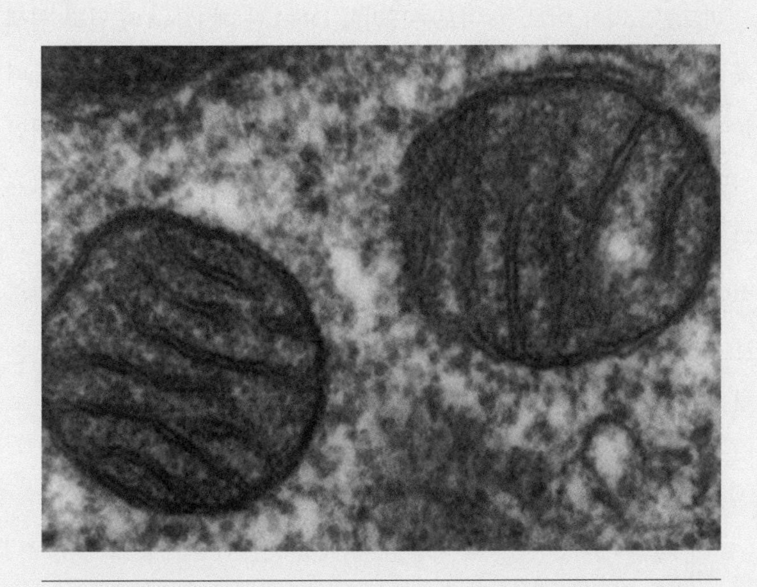

그림 1 포유류의 허파 세포에서 투과전자현미경으로 관찰한 미토콘드리아의 모습. 미토콘드리아는 모계 유전되는 대표적인 세포소기관이다.

라 할 수 있습니다. 이 병의 유전 여부는 아버지와는 상관없이 어머니의 미토콘드리아 유전자가 정상인지 여부에 의해서만 결정됩니다.

미토콘드리아의 모계 유전 현상은 인류의 기원을 밝히는 데 결정적인 역할을 하기도 했습니다. '미토콘드리아 이브'라고도 불리는 연구 프로젝트는 전 세계 사람들의 미토콘드리아 DNA 정보를 수집해 인류의 모계 족보를 분석해 보았습니다. 놀랍게도 오늘날 모든 인류가 아프리카에 살던 한 명의 '이브'에게서 미토콘드리아를 물려받았다는 사실이 확인됐습니다. 이 연구 결과로 인류의 기원을 두고 다지역 진화론과 대립하던 아프리카 단일기원설이 큰 설득력을 얻게 되기도 했습니다.

'미토콘드리아 이브'는 미토콘드리아 DNA가 핵 DNA와 달리 염색체 재조합 과정 없이 안정적으로 어머니에서 자식으로 전달되었기 때문에 가능했던 연구였습니다. 미토콘드리아가 오직 모계를 통해서만 전달된다는 전제, 이 전제는 당연한 것일까요. 모계 유전에 대해 알게 된 게 10년 정도 되었는데, 이 전제에 대해 한 번도 '낯설게' 생각해 본 적이 없었습니다. 그런데 2011년 11월 〈사이언스〉에 발표된 두 연구를 보고 그 전제가 너무나도 낯설게 느껴졌습니다. 그 전제를 의심해 본 적 없다는 사실이 놀라울 정도로 말이죠. 왜 나의 아버지로부터 미토콘드리아를 물려받지 않았는지 한 번도 질문해 보지 않았을까요.

아버지 미토콘드리아의 실종

엄밀히 말해 어머니한테서 전달 받는다는 뜻의 모계 유전은 정확한 표현이라 할 수 없습니다. Y염색체를 제외한 다른 염색체들도 미토콘드리아와 마찬가지로 어머니한테서 자손으로 전달되는 모계 유전이 일어나기 때문입니다. 현상의 본질은 어머니 미토콘드리아의 전달이 아니라 아버지 미토콘드리아의 미-전달(전달되지 않음)이라 할 수 있습니다. 세포질 유전이라는 표현도 적절하지 않습니다. 난자와 정자가 결합하는 수정의 순간에 난자와 정자의 세포질이 합쳐집니다. 이때 정자의 핵뿐 아니라 세포질과 그 안의 미토콘드리아도 함께 수정란을 형성하게 됩니다. 아버지의 세포질도 자손에게 전달된다는 것입니다.

요컨대 아버지의 미토콘드리아는 수정 당시엔 존재했으나 언제 어디선가 실종되고 있는 상황입니다. 실종의 원인으론 크게 두 가지 가능성이 거론됩니다. 하나는 '희석'입니다. 수정란의 전체 미토콘드리아 중에서 정자에서 유래한 미토콘드리아는 0.1% 정도밖에 안 되기 때문에 세포 분열을 거듭하다 보면 점차 희석된다는 것입니다. 다른 하나는 '제거'입니다. 수동적인 과정인 희석과 달리 수정란 혹은 배아 시기에 부계 미토콘드리아만을 선택적으로 제거하는 기작이 작동한다는 것입니다. 하지만 실종이 보고된 이후 수십 년 동안 아버지 미토콘드리아에게 정확히 무슨 일이 벌어졌는지를 밝혀낸 연구는 나오지 않았습니다.

2011년 예쁜꼬마선충의 연구 결과가 긴 공백을 깨고 부계 미토콘드리아의 사인을 발표했습니다. 재밌는 것은 그 긴 공백을 깬 연구팀이 하나가 아니라 둘이었다는 점입니다. 마치 약속이나 했다는 듯이 두 연구팀이 동시에 실종자와 피의자를 추적했고, 〈사이언스〉의 같은 호에 논문을 나란히 게재하였습니다. 제게 가장 흥미로웠던 것은 두 팀이 모두 예쁜꼬마선충을 모델로 부계 미토콘드리아의 실종을 연구했다는 점이었습니다.

정확히 두 연구팀이 어떤 계기로 동시에 논문을 발표하게 됐는지는 알 수가 없습니다. 다만 이를 통해 과학철학자들의 관심 주제 중 하나인 '과학의 동시 발견'이 그리 드문 일이 아님을 다시 한번 생각하게 되었습니다. 이런 신기한 상황을 바라보는 저의 기분은 복잡 미묘합니다. '다들 비슷한 생각을 하는구나'하는 묘한 동질감이 드는 동시에 '내가 하는 생각을 누군가 하고 있겠지'하는 불안감도 들기 때문입니다. 인간의 지적 능력이나 논리 구조에 큰 차이가 없고, 정보화로 인해 대부분 갖고 있는 정보도 비슷하기 때문에 동시 발견의 압력은 예전보다 훨씬 더 높아진 것 같습니다. 운이 좋아 동시에 논문이 발표됐지, 만약 한 팀이 먼저 논문을 발표했다면 나머지 한 팀은 분명 '죽을 쒀야' 했을 겁니다.

'추적기' 형광 분자 달기

두 연구팀이 수행한 실험은 거의 유사합니다. 연구의 결론뿐 아니라 논리 전개도 매우 흡사합니다. 이들은 예쁜꼬마선충을 이용한 여러 유전학적 실험을 통해 부계 미토콘드리아가 단순히 '실종'된 것이 아니라 '살해'된 것임을 논증하고 있습니다. 두 편의 논문 중에서 일본 특유의 장인 정신으로 깔끔한 데이터를 제시하고 있는 켄 사토Ken Sato 연구팀의 연구를 좀 더 집중적으로 살펴보겠습니다.

실종자를 추적하기 위한 가장 첫 번째 작업은 무엇이어야 할까요? 아마 '추적기'를 부착하는 작업일 것입니다. 지리산 반달곰에 GPS추적기를 달아 서식지를 추적하듯, 부계 미토콘드리아에만 선택적으로 어떤 표시를 달아둘 수 있다면 그 행방을 조사하는 데 직접 증거가 될 것이기 때문입니다. 두 연구팀은 미토콘드리아를 추적하기 위해 이른바 '미토추적자MitoTraker'라는 염색약을 추적기로 사용했습니다. 이 염색약은 세포소기관으로서 세포 내에서 산소 호흡을 수행하는 미토콘드리아의 특징을 이용하고 있습니다. 평상시에는 형광을 내지 않는 염색약 분자가 미토콘드리아로 들어가 산화하여 형광을 내게 됩니다.

미토추적자를 이용한 구체적인 실험을 이해하기 위해선 우선 예쁜꼬마선충의 독특한 성별 체계를 이해할 필요가 있습니다. 예쁜꼬마선충은 성 염색체가 한 쌍(XX)일 때 난자와 정자를 한 몸에서 만들어 낼 수 있는 자웅동체가 되고, 성 염색체가 하나(XO)면 정자만 만들어 낼 수 있는 수컷이 됩니다. 자연적으로 암컷은 존재하지 않으며, 오직 자웅동체만이 자손을 생산할 수 있습니다. 자웅동체의 난소에서 생성된 난자는 자신의 정소spermatheca를 지나면서 수정이 되거나, 수컷이 교미를 통해 주입한 정자에 의해 수정이 됩니다. 이때 수정되는 정자는 포유류의 정자와는 다소 다르게 생겼습니다. 올챙이 모양의 포유류 정자와 달리 예쁜꼬마선충의 정자는 아메바 형태로 유사다리pseudopod를 이용해 움직임을 만들어 냅니다.

연구팀은 부계 미토콘드리아만을 선택적으로 추적하기 위해서 자웅동체의 자가교배가 아닌 자웅동체와 수컷 간의 타가교배를 관찰하였습니다. 정자의 미토콘드리아만을 선택적으로 염색하는 것은 쉽지 않은 일이기 때문입니다. 만약 수컷을 미토추적자로 염색하면 몸 전체 미토콘드리아가 다 염색된다 하더라도, 어차피 정자만이 자웅동체로 전달되기 때문에 부계 미토콘드리아만을 선택적으로 관찰할 수 있습니다. 관찰 결과 예쁜꼬마선충에서도 포유류와 유사하게 8-16세포기 때 부계 미토콘드리아가 사라진다는 것이 확인되었습니다.

〈그림 2〉를 보면 수정 지점에 밝게 빛나는 점들이 배 발생이 진행될수록 점점 퍼지면서 신호가 약해지는 것이 관찰됩니다. 과연 부계 미토콘드리아들은 제거되는 것일까요, 아니면 희석되는 것일까요? 만약 제거되는 것이라면, 어떤 방법을 통해 제거되는 것일까요? 그리고 만약 그 과정을 억제한다면 부계 미토콘드리아의 유실을 막을 수 있을까요?

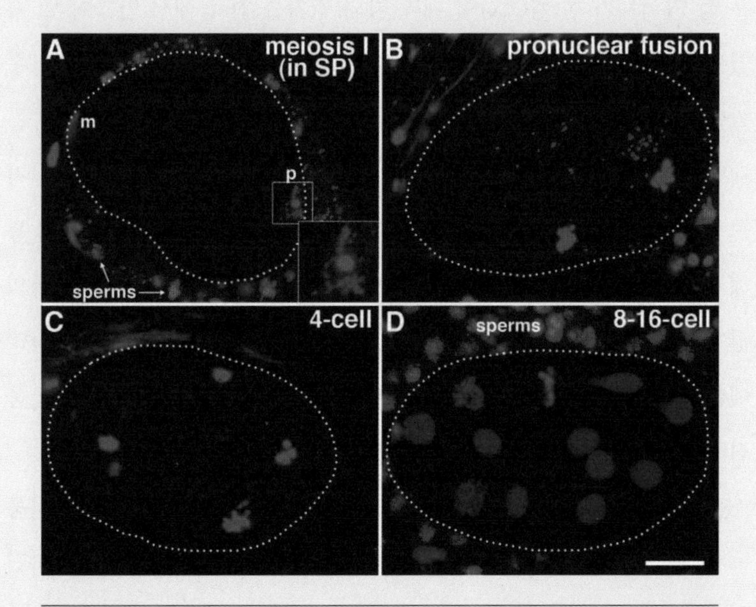

그림 2 예쁜꼬마선충 초기 배아에서 부계 미토콘드리아가 사라지는 현상. 정자의 미토콘드리아는 형광으로 표지되어 있으며, 배아의 경계는 점선으로 나타냈다. 수정된 정자의 미토콘드리아는 8-16세포기에 모두 사라지는 것을 확인할 수 있다. 출처/Sato, Myuki, and Ken Sato. 2011.

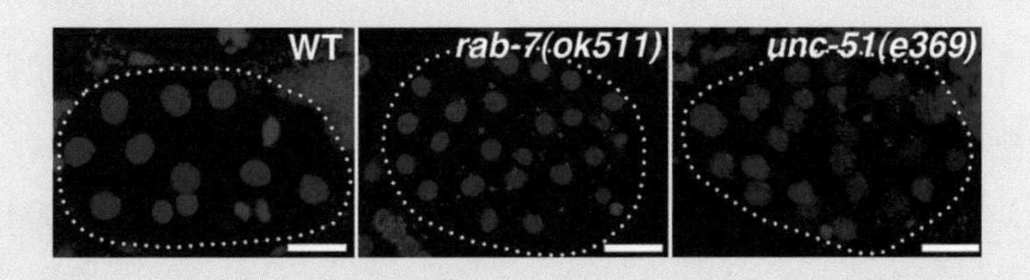

그림 3 자가 포식 작용과 관련 있는 유전자 변이 연구. *rab-7*, *unc-51*에 돌변이가 발생하면 자가 포식 작용에 문제가 생겨 부계 미토콘드리아가 제거되지 않는다. 출처/Sato, Myuki, and Ken Sato. 2011.

미토콘드리아를 삼킨 자가 포식 작용

흥미롭게도 두 연구팀은 부계 미토콘드리아를 살해한 용의자로 세포의 '자가 포식 작용autophagy'을 지목하고 있습니다. 자가 포식 작용은 말 그대로 세포가 자기 스스로를 먹어치우는 현상입니다. 보통 양분이 부족한 상황에서 이러한 자가 포식 작용이 활성화되는데, 세포는 미토콘드리아와 같은 자신의 세포소기관을 소화해 필요한 에너지를 만들어 냅니다. 긴급한 상황에서 벌어지는 일종의 '제 살 깎아 먹기'라고 할 수 있죠. 용의자로 자가 포식 작용이 지목된 것은 세포 내에서 미토콘드리아와 같은 세포소기관이 통째로 없어지는 일이 자가 포식 작용을 제외하고 상상하기가 쉽지 않은 사건이기 때문이라고 추측됩니다. 그렇다면 세포는 정말 긴급 구호 도구를 이용해 부계 미토콘드리아를 제거하는 것일까요?

만약 그것이 사실이라면 생명을 살리는 도구가 미토콘드리아 혈통을 순수하게 유지하는 암살 무기로도 사용되는 것이고, 그렇다면 이는 흥미로운 상황입니다. 예쁜꼬마선충은 이 가설을 검토하기에 매우 유용한 모델 생명체라 할 수 있습니다. 우선 무엇보다 예쁜꼬마선충은 투명합니다. 투명하다는 것은 속이 훤히 들여다보인다는 뜻이며, 발생이 진행되는 동안 미토추적자의 형광 신호를 계속 관찰할 수 있음을 의미합니다.

하지만 더 중요한 장점은 이 현상에 대한 유전적 분석이 용이하다는 점입니다. 예쁜꼬마선충은 초파리와 더불어 가장 대표적인 유전 연구의 모델 생명체입니다. 작고 키우기 쉽고 세대도 짧지만, 인간과 거의

40%의 유전자를 공유하며 핵심 유전자들은 아주 잘 보존돼 있습니다. 자가 포식 작용도 마찬가지입니다. 인간과 거의 동일한 유전 체계가 자가 포식 작용을 조절하고 있습니다. 부계 미토콘드리아의 제거와 같은 보편적인 현상은 그 유전 체계가 잘 보존돼 있을 가능성이 몹시 높다 할 수 있습니다. 이런 이유로 아마 예쁜꼬마선충에서 모계 유전 기작에 대한 동시 발견이 이뤄진 게 아닐까 싶습니다.

유전적 연구는 기본적으로 돌연변이에 대한 연구라 할 수 있습니다. 특정 유전자를 망가뜨리거나 저해했을 때 어떤 현상이 일어나는지 관찰하면 그 유전자의 정상적인 기능을 추정할 수 있습니다. 만약 정상적인 상황에서 자가 포식 작용을 통해 부계 미토콘드리아가 제거되고 있다면, 자가 포식 작용 유전자를 망가뜨려서 이를 막을 수 있지 않을까요? 유전적 연구의 강력함은 이처럼 단순하고 직선적인 논리적 추론과 검증에서 비롯한다고 생각합니다.

〈그림 3〉은 실제로 자가 포식 작용에 관련된 다양한 유전자들의 돌연변이를 관찰한 결과입니다. *rab-7*, *unc-51/atg-1*, *lgg-1/atg-8*라는 이름이 붙은 유전자들은 모두 인간에서도 잘 보존돼 있는 자가 포식 작용 관련 유전자입니다. 이들 유전자가 망가진 돌연변이체에서 정상배아(WT)에서는 16세포기만 되어도 사라지는 부계 미토콘드리아 신호가 계속해서 남아 있는 것을 관찰할 수 있습니다. 심지어 알에서 깨어난 유충에서도 미토추적자 신호가 감지됩니다. 부계 미토콘드리아가 단순히 희석되는 것이 아니라 자가 포식 작용에 의해 능동적으로 제거되고 있다는 명백한 증거입니다.

마찬가지의 일이 인간에게도 일어날까요? 이미 포유류에서도 수정 직후 자가 포식 작용이 활성화된다는 보고는 있었습니다. 켄 사토 팀과 함께 실린 빈센트 갈리Vincent Galy 팀의 논문에 이에 관련한 증거가 실려 있습니다. 쥐의 수정 과정에서도 실제로 수정 직후 미토콘드리아 주변에서 자가 포식 작용 인자가 관찰된 것입니다. 수정 직전에서 수정 직후로 넘어가면서 형광으로 표지된 자가 포식 작용 인자가 미토콘드리아 주변에서 증가했다는 점을 확인한 것입니다. 노벨생리의학상 수상자이자 생물철학자이기도 한 자크 모노의 표현을 빌리자면, 모계 유전 기작에 대해 "선충에서 진실인 것은 코끼리에서도 진실이다."라고 추측할 가능성이 상당해 보입니다.

암살자는 표적을 어떻게 선별하나

자가 포식 작용의 진행 과정과 관련 유전자들은 많은 연구를 통해 잘 밝혀진 편입니다. 그렇다면 이제 모계 유전의 비밀을 모두 풀게 된 것일까요? 바로 이 지점에서 또 한 번의 '낯설게 하기'가 필요합니다. 오히려 이 연구는 더 큰 질문을 던지고 있기 때문입니다. "왜 그리고 어떻게 세포는 부계 미토콘드리아만을 선택적으로 제거하는가?"

우선 '어떻게'에 대한 질문을 먼저 던져 봅시다. 가장 쉽게 떠올릴 수 있는 생각은 부계와 모계 미토콘드리아가 서로 다르게 표지돼 있을 가능성입니다. 만약 부계 미토콘드리아 혹은 모계 미토콘드리아만 특정한 분자적 표지를 갖고 있다면, 자가 포식 작용 인자들이 선택적으로 부계 미토콘드리아를 제거하거나 모계 미토콘드리아를 보호할 수 있기 때문입니다.

그러나 이 가설엔 큰 장벽이 있습니다. 바로 아버지 미토콘드리아는 할머니의 미토콘드리아라는 사실입니다. 모든 남성의 미토콘드리아는 어머니로부터 물려받은 미토콘드리아입니다. 만약 이 가설이 성립하려면, 남자들의 정자는 일일이 어머니로부터 물려받은 모든 미토콘드리아에 '남성' 표시를 해두어야 합니다.

실제로 이런 일들이 벌어지고 있을까요? 쥐에선 유비퀴틴이 수컷의 미토콘드리아를 표지한다는 보고가 있습니다. 그러나 자가 포식 작용이 이 표지를 통해 부계 미토콘드리아를 구별해 내는지에 대해선 아직 확인된 바가 없습니다. 한편 이러한 유비퀴틴에 의한 표지가 모든 동물계에서 보편적인 것으로 보이진 않습니다. 이번 연구는 예쁜꼬마선충에서 정자 미토콘드리아가 유비퀴틴으로 표지돼 있지 않다고 보고하고 있습니다. 하지만 아직 밝혀지지 않은 어떤 인자가 부계 미토콘드리아를 보편적으로 표지하고 있을 가능성은 여전히 배제할 수 없습니다.

수정란은 다른 기발한 방식으로 부계 미토콘드리아를 구분하고 있을지도 모릅니다. 굳이 성별이 아니라 어떤 다른 특성을 부계 미토콘드리아만의 표지로 이용하고 있을지도 모르죠. 실제로 정자 미토콘드리아는 난자 미토콘드리아와 비교해 형태가 다소 다르며 활성이 떨어져 있다는 보고가 있습니다. 그도 그럴 것이 정자 미토콘드리아는 수정 때까지만 필요한 일종의 소모품이기 때문입니다. 정자가 헤엄치는 동안 소수의 미토콘드리아가 엄청난 에너지를 공급해야 하는 상황에서 그 품질까지 유지하기는 만만치 않아 보입니다. 쉽게 말해 수정 과정에서 미토콘드리아가 팍 삭아 버리는 건 아닐까요. 어쩌면 자가 포식 작용 기구는 이렇게 삭아 버린 부계 미토콘드리아의 '노안'을 표지로 삼고 있을지도 모릅니다.

흥미로운 건 수정란이 아닌 일반 세포에서도 비슷한 기작이 작동하고 있을 가능성이 크다는 겁니다. 세포에서 자가 포식 작용 기구는 무작위로 미토콘드리아를 제거하지 않고 손상된 미토콘드리아들을 선택적으로 인식해 제거할 것이라고 추측됩니다. 하지만 이때 어떻게 질 나쁜 미토콘드리아들이 구분되는지 알려진 바가 별로 없습니다. 개인적인 생각으로는 보통 세포에서 미토콘드리아의 '나쁜 질'을 구별해 내는 방식이 부계 미토콘드리아의 '노안'을 인식하는 방식과 동일할 수 있을 것 같습니다. 세포라는 짠돌이는 될수록 같은 기구를 여러 곳에 변용하도록 진화했을 가능성이 크기 때문입니다.

암살의 생물정치학

사실 더 궁금한 건 '왜' 부계 미토콘드리아를 제거해야 하나 하는 것입니다. 이 문제를 이해하는 데 역사-정치적 관점을 적용할 수 있다는 생각을 해보았습니다. 프랑스 철학자 미셸 푸코Michel Foucault는 《사회를 보호해야 한다Il faut defendre la societe》에서 '전쟁 관계'가 사회를 이해하는 핵심적인 분석 지표가 된다고 말합니다. 우리가 당연하게 받아들이는 사회적 관계들이 실은 정치적 투쟁의 역사적 결과물이란 뜻이죠. 매일 정쟁을 멈추지 않는 여야 관계를 거슬러 올라가 보면 분단과 한국 전쟁에서 그 기원을 찾을 수 있는 것처럼 말입니다.

사회 현상이 느닷없이 나타난 것이 아니라 역사-정치적 기원을 갖고 있다는 이 관점을 수정란에 어떻게 적용할 수 있을까요. 먼저 수정란이라는 작은 사회의 '정치적 주체'를 찾아야 합니다. 정치적 주체는 자신의 정치적 욕망을 추구하는 존재입니다. 생명체의 근본적인 욕망은 자기 복제라고 할 수 있습니다. 자기를 증식하려는 욕망을 추구하지 않으면 자연에서 도태되기 때문이죠. 이러한 욕망을 추구할 수 있는 주체는 보통 '복제자'라고 불립니다.

우리 세포 안에는 각자의 욕망을 갖고 있는 복제자들이 있습니다. 핵 유전체와 미토콘드리아 유전체입니다. 핵 유전체는 DNA에 담긴 정보로 세포 전체를 통솔해 성장하고 자신을 복제합니다. 미토콘드리아도 마찬가지로 자신만의 유전체 DNA를 갖고 있고 스스로 복제할 수 있습니다. 여기서 이해관계의 충돌이 일어납니다. 핵 유전체는 미토콘드리아로 하여금 세포 전체를 위해 에너지를 생산하도록 요구하지만, 미토콘드리아는 세포를 위한 희생보다는 자기 복제에 힘써야 더 많이 증식할 수 있기 때문입니다. 이를테면 세포는 각기 다른 복제자들의 욕망이 충돌하는 정치판이라고 할 수 있습니다.

역사적 관점에서 생각해보면, 처음 미토콘드리아의 조상이 숙주 세포 안에서 기생하기 시작했을 땐 특정 미토콘드리아 집단만을 제거하는 기작 같은 건 없었을 것입니다. 부계 미토콘드리아를 제거하는 기작은 진화 과정에서 등장한 역사적 결과물인 것이죠. 먼 옛날 세포 안에서 복제자들 간의 권력투쟁이 일어났고 부계 미토콘드리아는 패배의 결과로 수정 직후 암살되는 비참한 운명을 갖게 되었을 것입니다.

어떤 전쟁이 왜 벌어졌기에 부계 미토콘드리아는 이런 운명을 갖게 되었을까요? 오래 전인 1981년 하버드대학교 레다 코스미데스Leda Cosmides와 존 투비John Tooby는 부계 미토콘드리아의 운명을 다음과 같이 해설한 바 있습니다. 서로 다른 두 집단의 미토콘드리아가 한 세포 안에 존재한다고 가정해 봅시다. 이들 사이에서 과도한 경쟁이 발생할 가능성이 높습니다. 더 많이 증식해야만 다음 세대로 전달될 가능성이 크니까요. 미토콘드리아의 증식을 제한하는 핵심적인 요소는 유전체의 크기입니다. 유전체가 크면 클수록 복제에 필요한 시간과 에너지가 늘어나기 때문이죠. 따라서 자기 증식에 필수적인 유전자를 제외한 다른 유전자를 버린 미토콘드리아는 경쟁에서 승리할 가능성이 높습니다. 자기 증식에 불필요한 유전자란 무엇일까요? 바로 세포에게 필요한 에너지를 생성하는 데 필요한 유전자일 겁니다. 세포를 위한 노동을 포기하고 번식에만 골몰하는 이기적 미토콘드리아는 핵 유전체 입장에선 눈엣가시일 겁니다.

이기적인 미토콘드리아가 퍼지는 것을 막는 가장 근원적인 대처법은 애초에 여러 미토콘드리아 집단이 한 세포 안에 존재하지 않도록 하는 것입니다. 일단 경쟁이 발생하게 되면 이기적인 배신자들이 생겨나고 퍼지는 것을 막기가 쉽지 않기 때문입니다. 레다와 존은 이런 이유로 수정란이 모계 미토콘드리아는 전부 살려 두고 부계 미토콘드리아는 모두 제거하는 극단적인 선택을 하는 것이라고 설명합니다.

그렇다면 살아남은 모계 미토콘드리아는 마음껏 증식하고 있을까요? 그렇지 않습니다. 많은 종에서 핵 유전체에 미토콘드리아 복제 유전자가 있고, 미토콘드리아는 스스로 복제할 능력을 상실하는 경우가 많습니다. 예쁜꼬마선충에서는 오직 36개의 유전자만이 미토콘드리아 유전체에 남아 있습니다. 미토콘드리아 증식에 필요한 200개가 넘는 유전자들은 거의 전부 핵 유전체에 들어 있습니다. 또 어떤 역사적 사건들이 벌어졌던 것일까요.

시작은 우연한 계기로 미토콘드리아 복제 유전자 사본이 핵 유전체로 이동한 사건에서 비롯됐을 것입니다. 미토콘드리아의 입장에선 일단 자기 증식 유전자가 핵 유전체에도 존재하면, 이 유전자를 버리고 핵 유전체에서 빌려 쓸 경우 경쟁력이 더 높을 것입니다. 유전체 크기를 줄일 수 있기 때문이죠. 이런 사건들이 반복된 결과 오늘날까지 살아남은 많은 미토콘드리아가 자립 능력을 상실하게 되었습니다. 단기적인 경쟁력 강화 효과를 얻는 대신에 자기 존립 기반을 통째로 핵 유전체에게 넘겨버린 것입니다.

아마 미토콘드리아의 조상이 다른 세균 내부에서 공생하게 된 이후 복제자들은 처절한 생존 투쟁을 벌여왔을 것입니다. '부계 미토콘드리아의 죽음'은 그 역사-정치적 결과물로 보입니다. 하지만 살아남은 모계 미토콘드리아의 삶도 그리 행복해 보이진 않습니다. 자기 욕망 추구에 필요한 모든 유전자는 핵에게 넘겨준 채 전체 세포를 위해 끝없이 노동하고 있으니까요. "모든 것이 정치다."라는 시인 심보르스카Wislawa Szymborska의 선언은 어쩌면 세포에도 해당되는 이야기가 아닐까요.

6

간이 잘 맞은 음식이 맛있는 이유

짠맛에 대한 분자생물학적 고찰

여름은 햇살이 너무 뜨겁거나 그렇지 않으면 지겹도록 비가 내리는 이중적인 계절입니다. 팥빙수나 수박, 냉면과 같은 시원한 먹거리가 생각나면서도 뜨거운 보양식을 먹어야 할 것 같은 계절이기도 합니다. 초복이면 식당에서 많은 사람이 삼계탕을 먹는 것을 목격할 수 있습니다. 삼계탕을 그다지 좋아하는 편이 아니지만 보통 여름에 한두 번쯤 먹게 되는 것이 연례행사처럼 된 것 같습니다.

영화 〈집으로〉에서는 삼계탕을 차려주신 할머니께 아이가 왜 닭을 튀기지 않고 물에 넣었냐며 역정을 내는 장면이 나옵니다. 그 장면을 보니 저도 어렸을 때 삼계탕이 왜 맛있는지 몰랐던 기억이 떠올라서 재미있었습니다. 그와 동시에 그 시절엔 나름 심각했던 딜레마가 떠오르기도 했습니다. 제 고민은 삼계탕에 '과연 소금을 얼마나 넣어야 하는가?'였습니다. 간을 적당히 맞춘다는 기준을 어렸을 적엔 몰랐기 때문이기도 하구요. 사실 그때 저는 뭐가 맛있는지를 모르니 소금을 계속 넣다 보면 결국엔 맛있어지지 않을까 생각했던 것입니다. 그러다가는 나중에 정말 먹기 힘들 정도의 소금국이 되어버린 적이 몇 번 있었습니다. 그런 경험을 한 뒤부터는 맛이 심심한 것 같아도 대충 만족하면서 먹게 되었습니다.

삼계탕에 대한 저의 기억은 인지과학에 대한 어떤 특별한 과학적 통찰력을 가지고 있지 않습니다. 단지 '간이 덜 된 음식은 심심하나마 먹을 순 있지만 지나치게 짠 음식을 먹는 일은 거의 고문에 가깝다' 정도의 교훈을 얻게 되었던 것 같습니다. 하지만 조금 과장하자면 저는 소금에 대한 의외의 통찰력을 발휘했는지도 모릅니다. 짠맛은 부족할 땐 맛이 심심한 듯 아쉬우면서도, 지나치면 도저히 먹을 수 없다고 느끼는 이중적인 감각이라는 것입니다.

이번에 소개해 드릴 연구는 바로 이러한 짠맛이 만들어 내는 감각에 대한 것입니다. 적당한 소금이 '좋은 맛'이라는 감각을 환기하는 것에 대해선 비교적 잘 알려졌습니다. 여기에는 주로 ENaC라고 불리는 단백질이 작용합니다. 그러나 지나친 소금을 '안 좋은 맛'으로 느끼는 것은 지금까지 거의 연구가 되지 않았던 부분입니다. 흥미롭게도 과량의 소금을 기피하는 반응에 대해 쥐, 초파리 그리고 예쁜꼬마선충에서 각각 훌륭한 연구들이 발표되었습니다. 이번 장에서는 예쁜꼬마선충 연구를 중심으로 생명체와 소금의 관계에 대해서 고찰해 보고자 합니다.

백색황금에서 인류의 적이 되기까지

소금은 예전에는 백색황금이라는 명칭을 들을 정도로 역사상 아주 귀한 물질이었다고 합니다. 그런 흔적을 여러 가지 비유나 속담에서도 찾을 수 있는데요. 봉급을 뜻하는 'salary'의 어원도 고대 로마에서 병사들에게 소금으로 봉급을 주었다는 뜻의 'salarium'이란 단어에서 온 것이라고 합니다.

그러나 소금은 현재 예전의 가치를 전혀 발휘하지 못하고 있습니다. 그 이유는 우선 소금의 대량생산이 쉽다는 점일 것입니다. 원시인류가 소금을 생산하기 시작한 시점은 약 5,000여 년 전이라고 하니 소금이 인류의 역사와 그 흐름을 같이 하고 있다고 해도 과언이 아닐 것 같습니다. 실제로 단지 맛의 문제가 아니라 염장을 통한 음식물의 장기 보관을 가능하게 했다는 점은 소금이 문명과 밀접한 관련성을 가지게 된 이유라고 합니다.

현재는 상황이 많이 달라졌습니다. 소금을 많이 넣은 음식이 단지 맛이 없다는 이유로 외면당하는 것이 아닙니다. 잘 알려졌듯이 나트륨의 과다 섭취는 당뇨병이나 심혈관계 질환 등의 다양한 질병의 원인이 됩니다. 현대 의학의 발전과 더불어 평균 수명 증가로 우리는 비로소 소금이 건강을 위협하는 적이라는 사실을 알게 된 것입니다.

흔히 한국인의 식습관이 나트륨 과다 섭취의 큰 원인으로 지목되곤 합니다. 하지만 나트륨 과다 섭취에 의한 문제가 전 세계적인 이슈인 것을 보면 실제로는 소금의 대량생산으로 인한 저가 공급이 과다 섭취의 가장 큰 원인입니다. 어쩌면 소금이 단순한 음식 재료가 아닌 문화의 한 부분으로 사용되었던 것이 더 근본적인 이유라고 볼 수 있을 것 같습니다. 그렇다면 현재 소금은 단순히 인류의 적이기만 할 뿐일까요?

소금을 생산하는 동물은 인간만이 유일하지만 모든 생물체에서 염화나트륨은 필수적인 역할을 합니다. 실제로 인간을 포함한 여러 동물들에서 나트륨 결핍이 생기면 여기에서 벗어나기 위한 본능적인 행동이 나타난다는 보고가 많이 있습니다. 여기에 우리가 진화적으로 짠맛을 느끼게 된 이유가 놓여 있습니다.

맛에 대한 분자생물학적 고찰

우리가 맛을 느끼는 기작은 너무나 다양합니다. 맛이란 미각뿐 아니라 후각, 통각 등을 통해 음식 특유의 향과 먹는 느낌을 종합적으로 인지하는 과정이기 때문입니다. 눈으로 보는 즐거움도 무시할 수 없겠죠. 그래서 요리는 종합예술이라고 할 수 있을 것 같습니다. 그러나 미각이 어떻게 혀를 통해 뇌에서 처리되는지 그 과정을 알고자 한다면, 결국은 분자와 세포 수준의 연구가 필요합니다. 그래서 요리는 또한 과학이기도 합니다.

기본적인 미각은 쓴맛, 단맛, 신맛, 짠맛, 그리고 비교적 최근에 알려진 우마미umami라는 감칠맛, 총 다섯 가지로 구성되어 있습니다. 혀의 맛봉오리에는 미각을 인지하는 다양한 감각신경이 분포하고 있습니다. 이들 세포에서 발현하는 각각의 수용체들이 특정 분자들을 인지할 때가 바로 우리가 맛을 느끼는 순간입니다. 각각의 감각신경 수용체들은 주로 특정 분자들에 반응하여 그 활성을 나타냅니다. 예컨대 초콜릿의 경우 맛이 달콤쌉싸름 하다고 표현하는데 그 맛의 정체는 설탕이 내는 단맛과 카카오가 내는 쓴맛으로 구분할 수 있습니다.

생물체는 일반적으로 단맛과 감칠맛에 호의적인 반응을 나타냅니다. 이에 반해 쓴맛과 신맛에는 거부 반응을 나타냅니다. 단맛과 감칠맛의 경우, 보통 그 근원이 우리 몸에 필요한 물질들인 주요 영양소들입니다. 단맛은 탄수화물의 표지인 당sugar이 입안에 들어 있다는 것을 인지하는 것입니다. 그러니 맛이 좋다는 느낌은 그 음식물을 목구멍으로 삼키라는 본능적인 신호와도 마찬가지인 것이죠. 감칠맛은 아미노산 중 하나인 글루탐산을 단백질의 표지로 느끼는 것입니다. 흔히 안 좋게 생각하는 MSG는 모노소듐 글루탐산Monosodium Glutamate을 뜻하며, 자연에서 섭취할 수 있는 고기에도 들어 있습니다. 최근에는 인식이 많이 바뀌고 있는 것 같은데, 실제로 화학조미료가 무조건 해롭다고 생각하는 것은 오해입니다. 자연적으로 나오는 글루탐산과 화학조미료의 성분은 분자적으로 동일합니다.

반면 거부 반응을 나타내는 쓴맛과 신맛은 자연에 존재하는 독소의 표지로 우리 몸이 인지하는 것입니다. 단맛을 내는 모든 물질이 몸에 좋은 것이 아니고, 쓴맛이 반드시 우리 몸에 독소로 작용한다는 뜻은 아닙니다. 일반적인 관점에서 그렇다는 것이죠. 진화생물학적인 관점에서 보면 '입에 쓴 것이 몸에 좋다'보다는, '달면 삼키고, 쓰면 뱉는다'가 더 정확한 속담이란 생각도 듭니다. 이런 이유로 단맛과 감칠맛은 그 농도에 크게 상관없이 대체로 생물체에 호의적인 반응을 나타냅니다. 쓴맛과 신맛 역시 농도에 상관없이 생물체에게 혐오 반응을 이끌어 냅니다.

그와 달리 짠맛은 농도에 따라 전혀 다른 두 가지 반응을 이끌어 낼 수 있습니다. 실제로 쥐 행동 실험에서 100mM 이하 농도의 염화나트륨은 호의적 반응을 이끌어내고, 300mM 이상의 농도에서는 혐오 반응을 이끌어 냅니다.

그 이유는 염화나트륨이 생물체에 필수적이지만 과량일 때에는 문제를 일으키기 때문입니다. 예쁜꼬마선충에서도 250mM 이상의 염화나트륨을 한쪽에 뿌려주면 반대 방향으로 선충들이 도망가려고 합니다. 쥐와 선충의 입맛은 서로 다를 텐데 각자 싫어하는 소금의 정도가 비슷한 것은 흥미로운 사실입니다.

짠맛을 가리는 유전자

시드니 브레너가 예쁜꼬마선충 연구를 처음 시작했던 영국 케임브리지대학교 연구소엔 지금도 예쁜꼬마선충을 연구하는 학자가 있습니다. 윌리엄 섀퍼William Schaffer 교수는 그곳에서 예쁜꼬마선충의 물리적 자극에 대한 신경 회로 연구를 꾸준히 수행해 왔습니다. 따라서 섀퍼 연구팀이 예쁜꼬마선충의 나트륨 감각에 대한 논문을 발표했을 때 처음엔 약간 의아하다는 생각도 들었습니다.

그러나 논문 초록을 읽자마자 바로 이해가 되었습니다. 이 논문은 그의 연구팀이 예쁜꼬마선충 내에서 TMCTransmembrane channel-like라고 명명된 단백질을 암호화하고 있는 *tmc* 유전자를 연구한 내용이기 때문입니다. TMC 단백질 또는 *tmc* 유전자는 인간과 쥐의 청각 기능과 관련이 있는 것으로 알려져 있었습니다. 청각은 공기를 통해 전해지는 음파를 감지해 내는 물리적 감각입니다. 하지만 현재까지 *tmc* 유전자의 자세한 기능은 밝혀져 있지 않았습니다.

아마도 섀퍼는 기존의 다른 연구들에서 밝혀진 *tmc*가 선충에서도 비슷한 역할을 하는지, 또한 *tmc*가 물리적 자극을 받아들이는 데 직접 작용을 할 수 있는지 궁금했던 것으로 보입니다. 물론 *tmc* 유전자가 선충에서도 청각 기능과 관련이 있을 것이라고는 생각하기 힘들겠지만요. 다른 생명체 시스템에서 기능이 밝혀진 유전자라 할지라도 선충에서도 보존돼 있는지, 또 보존돼 있다면 어떤 다른 기능에 관여하는지를 살펴보는 것은 하나의 좋은 연구 방향입니다. 만약 보존되어 있다면 단순한 신경계 수준에서 그 역할을 살펴볼 수 있으니, 좀 더 자세한 정보를 얻을 수 있기 때문입니다.

*tmc*의 일종인 *tmc-1* 유전자는 다양한 신경세포들에서 발현합니다. 그런데 *tmc-1* 유전자가 발현하는 세포들 중 물리적 자극을 인지하는 세포는 1부 5장에서 살펴본 ASH 신경뿐입니다. ASH 신경은 일종의 '위험 감지 신경세포'라고 말할 수 있습니다. 선충 머리 앞쪽에 가해지는 물리적 자극이나 유해한 금속(예컨대 구리이온), 고삼투압 상태 등을 인지해 선충이 뒤쪽으로 물러나 도망가게 하는 반응을 끌어내는 신경이기 때문입니다. 그런데 물리적 자극이나 구리에 대한 *tmc-1* 돌연변이 개체의 반응이 야생형과 전혀 다르지 않았습니다. 이런 결과에 대해 연구자는 다음 같은 결론들을 추론할 수 있을 것입니다. 첫째 *tmc-1*은

ASH 기능에 크게 중요한 유전자가 아니다. 둘째 *tmc-1*은 ASH가 아닌 다른 신경에 중요한 작용을 한다. 셋째 *tmc-1*은 여태까지 밝혀지지 않은 ASH의 새로운 기능에 중요할 것이다.

말은 쉽지만 특히 세 번째 결론에 대한 실험 결과를 얻는 것은 '맨땅에 헤딩하기'와 비슷한 수준의 시행착오가 있었을 거라 생각됩니다(그러나 그러한 과정들은 대개 논문에 실리지 않는 내용입니다). 마침내 연구자들이 찾은 새로운 ASH의 기능은 250mM 이상의 고농도 나트륨을 회피하는 기작이었습니다. 250mM 이상의 고농도 나트륨은 선충 내부의 삼투압 유지에 문제를 일으키는 위험한 환경입니다. *tmc-1* 돌연변이 개체는 야생형 개체와 비교하면 회피 능력이 그 절반 이하로 떨어집니다. 추가 실험들을 통해 *tmc-1* 유전자가 염화나트륨에 대한 ASH 신경세포 반응에 매우 중요하다는 것이 밝혀졌습니다.

*tmc-1*이 필요한지, *tmc-1*으로 충분한지

앞에서도 말씀드렸듯 ASH 신경세포는 외부 환경을 인지하는 감각신경으로 선충은 ASH를 통해 고농도의 염화나트륨을 인지합니다. 그렇다면 감각신경이 외부 환경을 인지하는 과정은 어떻게 일어나는 걸까요? 신경세포의 정보 전달이 전기신호를 통해 일어난다는 것을 안다면 그 답은 쉽습니다. 특정 외부 환경이 감각신경의 전기적 성질을 변화시켜, 이를 통해 감각신경은 하위에 있는 신경 회로에 그 정보를 전달해주는 것입니다. 잘 알려졌듯이 신경세포의 전기신호는 (+)전하를 띠는 나트륨과 칼슘의 농도 변화로 이루어집니다.

특히 선충의 신경세포 활성도를 잴 때는 주로 칼슘 농도를 측정합니다. 연구자들은 칼슘의 농도를 재기 위해 앞에서 살펴본 카멜레온 단백질을 사용했습니다. 섀퍼의 연구팀은 카멜레온 단백질을 ASH 신경에 발현시켜 주었습니다. 염화나트륨을 선충에 흘려주기 시작했을 때 ASH 신경 내의 카멜레온 단백질의 형광 신호가 증가했습니다. 이에 반해 *tmc-1* 돌연변이 개체에서는 이러한 변화가 나타나지 않았습니다. *tmc-1* 유전자가 행동 수준만이 아니라 세포의 신경 활성 수준에서도 중요하다는 것을 밝힌 것입니다.

중요하다는 말은 어찌 보면 모호한 부분도 있는 것 같습니다. 유전학에서는 사실들의 인과관계를 추론할때 논리학과 마찬가지로 필요조건과 충분조건을 따집니다. *tmc-1*이 돌연변이가 되어 망가지면 ASH 신경세포의 염화나트륨 회피 반응이 사라집니다. 여기서 적어도 *tmc-1*이 염화나트륨을 회피하는 ASH 신경세포의 기능에 '필요조건'이란 것을 알 수 있습니다. 그렇다면 *tmc-1*이 염화나트륨 회피 반응에 '충분조건'이라고 할 수 있을까요? '충분'하다고 하려면, 그 유전자가 다른 유전자의 도움 없이 단독으로 결과를 일으켜야 합니다. 사실 생물학에서 특정 유전자가 충분조건으로 작동하는 것은 흔한 일은 아닙니다.

tmc-1 자체만으로도 감각신경이 나트륨 반응을 할 수 있는지를 알아보기 위해 연구진은 ASK라는 전혀 다른 감각신경에서 *tmc-1*을 발현시켜 주었습니다. 야생형에서 ASK는 *tmc-1* 유전자를 발현하지 않을 뿐만 아니라 나트륨에 의한 신경 활성이 나타나지 않는 신경세포입니다. *tmc-1* 유전자를 ASK에서 외부적으로 발현시켜 ASK의 신경 활

성도를 조사한 결과, 야생형과 달리 ASK 신경이 나트륨에 의해 활성화 되는 것으로 나타났습니다. 이는 *tmc-1*이 적어도 ASK 신경세포에서는 나트륨 반응에 대한 충분조건으로 작동할 수 있다는 것을 보여 줍니다.

TMC-1은 나트륨 자체에 반응하는 채널 단백질

지금까지 나온 결과들은 간단하게 다음과 같이 정리할 수 있습니다. "TMC-1 단백질은 ASH 신경에서 예쁜꼬마선충의 고농도 나트륨 인지에 중요하다." 이 연구의 중요성은 TMC-1이 채널 단백질이라는 점에 있는 것 같습니다. 채널 단백질은 이온들이 세포막을 통과하는 일종의 통로라고 할 수 있습니다. 평소에는 닫혀 있다가 특정 신호를 인지하면 채널 단백질이 열립니다. 전하를 지닌 나트륨, 칼슘 이온들이 세포 내부에 쌓이게 되면 신경세포의 활성이 올라가는 것이지요. 그렇다면 TMC-1은 나트륨을 직접 인지하여 그 통로를 열어주게 되는 걸까요? 혹시 다른 단백질이 나트륨을 인지하여 TMC-1에게 신호를 전달해주는 것은 아닐까요? 이 질문에 대한 대답은 고려대학교 황선욱 교수 연구팀에서 진행하였습니다.

채널 단백질을 연구할 때 주로 사용하는 방법은 이종숙주 발현heterologous system입니다. 전기적인 특성을 살펴보려면 전극을 세포에 직접 꽂아야 하는데 예쁜꼬마선충의 세포는 너무 작습니다. 따라서 다루기 쉬운 세포주에서 TMC-1을 발현시켜 실험을 진행하였습니다. 만니톨

mannitol이나 포도당glucose을 이용한 대조군 실험과는 달리 오직 염화나트륨만을 이용한 실험에서 TMC-1 발현 세포의 전기신호가 확인되었습니다. 이는 나트륨이 TMC-1 채널의 문을 여는 신호라는 것을 의미합니다. 또 이 실험은 나트륨이 TMC-1의 문을 열려면 200mM 이상의 높은 농도가 필요하다는 것을 보여 줬습니다. TMC-1은 적당한 짠맛에는 반응하지 않고, 아주 짠맛에만 반응하는 채널 단백질입니다.

집밥이 그리운 이유

간을 잘 맞춘 음식이 맛있는 이유는 무엇일까요? 생명체는 짠 음식을 정교한 생물학적 기작을 이용해 본능적으로 싫어합니다. 그런데 왜 소금에 대한 미각 자체는 정교하다는 생각이 들지 않는 걸까요? 또 사람마다 소금의 양에 대한 선호도가 다르기도 하고요. '미국 내 소금 섭취를 줄이기 위한 전략 보고서'에 따르면 어느 정도 범위 내의 소금에 대한 선호도는 본능이 아닌 학습에 의해 많은 영향을 받는다고 합니다. 그래서 평소 먹던 정도의 간을 맞춘 음식이 더 맛있게 느껴질 수 있는 것이죠. 반대로 오히려 음식을 점점 짜게 먹게 되는 것도 자꾸 먹게 되면 어느새 그 느낌에 적응하기 때문입니다.

선충을 키우는 표준 환경은 낮은 농도인 50mM의 소금을 포함하고 있습니다. 이 환경에서 자란 선충들은 50mM의 소금에 대한 선호도를 보여 줍니다. 낮은 농도의 소금이 있는 곳엔 밥이 있다는 사실을 연관시켜서 기억하고 있는 것입니다. 그런데 만약 애초에 선호하던 소금 농도에서 밥을 오래 굶거나 스트레스를 받게 되면 상황이 달라집니다. 처음에 좋아하던 신호에서 어느 순간 피해야 하는 신호로 바뀌게 된 것입니다.

혹시 선충에서 이러한 변화가 일어날 때 TMC-1 단백질에도 변화가 생기는 것은 아닐까요? 원래는 높은 농도의 소금에만 문을 열어 주었던 TMC-1이 위와 같은 학습을 통해 낮은 농도의 소금에도 반응하게 되는지를 살펴보는 것도 재미있는 후속 연구가 될 것 같습니다.

선충의 소금 선호도 실험은 프루스트가 예언한 일종의 연상기억associative learning에 대한 모델로서 많은 연구가 이뤄져 왔습니다. 이 현상에는 도파민, 세로토닌과 같은 다양한 신경전달물질이 작동한다고 알려져 있습니다. 우리의 머릿속에는 선충보다 더 복잡한 시냅스들이 존재합니다. 무언가를 먹는 것은 단지 살기 위해서만이 아닌 무언가를 기억하기 위한 목적도 함께 있는 것 같습니다.

누구나 어머니가 해주시는 소박한 집밥의 맛을 조금씩 기억하고 있을 겁니다. 픽사의 애니메이션에서도 이와 비슷한 장면을 볼 수 있었습니다. 악명 높았던 깐깐한 요리평론가의 마음을 녹였던 음식은 소박하지만 어린 시절의 기억을 되살리게 한 '라따뚜이'라는 요리였습니다.

누구나 과학을 할 수 있었으면

〈라따뚜이〉는 음식에 관련된 가장 인상 깊었던 영화였습니다. 요리에 소질이 있는 한 생쥐가 요리사로 성장하는 이야기로 그는 우연히 광고에서 본 한 유명 요리사의 '누구나 요리할 수 있다'는 말을 듣고는 꿈을 가슴에 품게 됩니다. 동화 같은 이야기지만 열정 앞에서 편견은 장애가 될 수 없다는 단순한 진리를 일깨우기도 합니다. 영화에서는 생쥐에 대해 질색하던 사람들이 요리를 하는 과정을 직접 보게 되며 점차 신뢰를 하게 됩니다. 하지만 편견은 무지에서 나온다는 말이 있듯이, 아무런 과정을 모르는 상태에서 나오는 반응들이 충분히 이해가 되기도 합니다. 실제로 식당에 생쥐가 나온다면 저라도 위생 문제나 식중독에 대한 두려움을 가질 수밖에 없으니까요.

그러고 보면 위험한 먹거리에 대한 두려움은 본능적인 것 같습니다. MSG에 대한 오해도 그렇고 소금도 그렇습니다. 저 역시 소금은 적게 먹고 싶기 때문입니다. 그런데 어떻게 적게 먹어야 하는지는 잘 모르겠습니다. 그래서 식당 메뉴판에서 평균적인 나트륨 함량을 알 수 있으면 좋겠다는 생각이 들었습니다. 그러다 보면 적당히 심심하게 먹게 되어, 이 정도가 맛있는 거라는 연상 기억이 생길지도 모르겠습니다.

우리 몸에 대한 문제에 대해 불안함을 느끼기보다는 필요한 정보를 좀 더 즐겁게 아는 것이 좋을 것 같습니다. 결국은 사람을 향해서 연구하는 생물학 기초 연구가 그 부분에 기여할 수 있었으면 좋겠습니다. '누구나 요리할 수 있다'는 말처럼, '누구나 과학 할 수 있다'는 말이 언젠가 그리 어색하게 들리지 않았으면 합니다.

7

함께 살아가는 방법

'나 아닌 나' 장내 미생물과의 공생 관계

A: 여기, 최상급 캡슐 두 개만 주세요.

B: 아! 최상급을 찾으시는군요! 최상급 캡슐에는 비타민 B와 K, 세로토닌을 합성할 수 있는 애들이 기본으로 들어가고요, 환경호르몬을 제거하는 애들도 들어가 있습니다.

A: 사실 근데 저한테 중요한 건 먹어도 살 안 찌게 해주는 애들이거든요. 그런 게 있나요?

B: 당연하죠! 최상급 캡슐이면 하루에 1만 칼로리까지는 드셔도 전혀 비만이 안 되실 겁니다. 소화 불량 당연히 없고요. 면역력도 좋아져서 지금 유행하는 젖소 독감은 걸리지도 않으실 겁니다. 비용을 문제 삼지 않으신다면 자

녀분께는 새로 나온 최상급 유아 프리미엄 캡슐 어떠세요? 미약하긴 하지만 생장 기간이 길어지고 수명도 수 년 정도는 늘려줍니다.

A: 좋아요. 포장해 주세요.

B: 잘 아시겠지만, 입으로 삼키면 효과가 10%도 안 됩니다. 꼭 화장실에서요, 아시죠?

이런 가상 대화는 이번 장을 다 읽고 나면 이해할 수 있는 미래 과학 소설의 한 장면일 수 있습니다. A와 B는 무슨 거래를 하고 있는지, 대화의 소재가 된 재능 많은 '애들'은 누구인지 짐작이 되나요? 입으로 먹었을 때 효과가 감소하는 이유도 또한 궁금합니다. 글을 읽으며 얼마나 현실적인 내용인지 직접 판단해 보시기 바랍니다.

뜬금없지만 간단한 퀴즈 하나 내겠습니다. 사람의 몸에서 가장 세포가 많은 곳은 어디일까요? 수많은 신경세포가 복잡한 네트워크를 형성해서 학습과 기억이 이루어지는 뇌일까요? 아니면 계속해서 새로운 생식세포들을 만들어 내야 하는 남성의 생식 기관 같은 곳일까요? 힌트는 앞의 소설에도 있습니다.

눈치 빠른 분들은 아시겠지만 정답은 바로 소화기관 내부입니다. 특히 장 내부에는 엄청난 수의 세균이 오순도순 살아가고 있습니다. 그 수는 숙주라고 할 수 있는 인간의 체세포 전체의 10배(10^{14}개)에 달합니다. '수'의 관점에서만 보자면 우리의 몸에는 나의 것이 아닌 남의 세포가 훨씬 더 많은 셈입니다. '나'를 수적으로 압도하고 있는 '그들'은 단순히 내 몸속에서 밥만 얻어먹는 손님이거나 지나쳐가는 방랑객이 아닙니다. 오히려 하나의 신체 기관처럼 작동함으로써 '우리'가 됩니다.

재주 많은 미생물 공장

미생물군microbiota으로 불리는 우리 몸속의 미생물들은 다양한 물질대사를 통해 숙주에게 영향을 끼칩니다. 실제로 혈액을 타고 흐르는 대사산물의 10%에 미생물이 관여한다는 연구 결과도 있습니다. 그뿐만 아니라 숙주의 발생 과정, 번식, 면역계, 수명 등에도 영향을 미치고 있음이 알려졌습니다. 모든 내용을 소개할 수는 없지만, 우리 몸속의 미생물들은 인간 세포의 능력을 뛰어넘는 생화학 공장을 구축함으로써 '건강' 전반에 도움을 주고 있습니다.

이런 중요성에 주목하여 미국 국립보건원에서는 인간의 미생물군 정보를 종합적으로 이해하고 인간의 건강과 질병에 도움이 될 정보를 얻기 위한 인간-미생물체 프로젝트HMP: Human-Microbiome Project를 시행한 바 있습니다. 이 프로젝트가 가능했던 이유는 DNA의 염기 서열을 분석하는 기술이 일정 수준 이상으로 발전했기 때문입니다. 장내 미생물만 하더라도 1,000여 종의 세균이 함께 살고 있기 때문에 개별적으로 하나의 종만을 분리한 후 배양하여 연구하는 것이 기술적으로 어렵습니다. 그래서 미생물군 전체 유전체를 한꺼번에 분석하는 방법론을 사용하게 됩니다. 그러나 단순히 특정 미생물의 '존재'만을 관찰하게 되면 상관관계 이상을 말하기 어렵게 됩니다. 특정한 미생물군의 변화가 숙주와의 상호작용의 원인인지 아니면 결과인지를 설명할 수 없는 것입니다. 결국 개별적인 미생물 종의 영향을 세부적으로 들여다보는 환원적인 연구가 꼭 필요합니다.

예쁜꼬마선충 같은 단순한 모델 생명체가 유리한 지점입니다. 예쁜꼬마선충은 하나의 미생물 종만으로 쉽게 유지할 수 있습니다. 선충이 살아가는 배지(배양접시)는 완전히 멸균된 상태로 제작되기 때문에 이후에 특정한 세균을 키워서 먹이로 주는 과정을 다양하게 변화시키며 연구할 수 있습니다. 또한 몸이 투명하므로 세균에 형광으로 표지된 단백질을 발현시키면 장내에 세균 군집을 형성하는 과정을 눈으로 관찰할 수 있습니다.

예쁜꼬마선충의 장을 잠깐 들여다볼까요. 선충의 장은 20개의 세포가 단일 층으로 관을 형성하고 있으며 가장 큰 체세포 기관입니다. 그 무게만도 개체 전체의 3분의 1을 차지합니다. 내강을 향하고 있는 장 세포 표면에는 솔 가장자리 세포Brush border cell들이 인간의 소장 융털과 비슷한 미세 구조를 이루고 있습니다. 인간과 마찬가지로 선충의 장은 잠재적으로 위험한 환경에 대해 일차 방어선의 역할을 합니다. 외부 물질이 선충의 세포 내부로 들어오기 위해서는 어쨌거나 장 세포를 통과해야만 하기 때문입니다. 그리고 동시에 영양분을 추출하고 흡수하며 저장하는 과정에 덧붙여 노폐물을 분비하는 과정도 장에서 일어납니다. 또한 개체 전반의 건강과 수명에도 강력한 영향을 미치는 기관입니다. 장 세포는 다른 기관을 조절하는 신호 전달 물질을 분비하기도 하고, 세균에서 유래한 물질들이 그 기능을 조절하기도 합니다.

단 하나의 종만을 장내 미생물로 지니는 모델을 사용한다는 것은 실험에서 다루기 쉬워진다는 뜻입니다. 특히나 숙주와 기생자 양쪽 모두가 유전학적으로 잘 규명된 모델일 경우는 더욱더 유용한 실험 결과를 얻을 수 있습니다.

벌레와 세균의 어색한 소개팅

자연에서 사는 예쁜꼬마선충의 장 속을 살펴보면 다양한 종의 미생물 군집을 발견할 수 있습니다. 이는 사람과 비슷합니다. 그러나 실험실에서 선충을 키울 때에는 단 하나의 세균 종인 대장균만 먹이로 제공합니다. 자연의 장내 미생물을 전 세계의 선충 연구자들이 똑같이 재현하기는 매우 힘들 것이고, 서로 다른 장내 미생물 구성 때문에 선충의 생리 작용에서 차이가 발생한다면 실험 결과의 재현성도 보장하기 어렵게 됩니다. 선충을 유전학 모델로 확립한 시드니 브레너가 대장균을 대표 먹이로 결정하는 데 얼마만큼 고민했는지는 모르겠습니다. 아마도 대장균은 인간 장에서도 흔하게 발견되고 대개 독성이 매우 낮다는 점 등 덕분에 발탁된 게 아닐까 합니다. 그때의 결정으로 실험실 내의 선충들은 대부분 대장균을 주식으로 삼으며 50년 세월을 보내고 있는데 입맛에 잘 맞는지 물어보고 싶습니다.

예쁜꼬마선충과 대장균의 관계는 예쁜꼬마선충의 생애 동안에 대역전을 겪습니다. 초기에는 예쁜꼬마선충이 대장균을 잡아먹으며 살지만 노년 이후에는 반대의 관계가 됩니다. 예쁜꼬마선충이 포식자의 지위를 유지하기 위해서는 몇 가지 조건을 만족해야 합니다. 첫 번째 소화기관이라고 할 수 있는 인두의 맷돌 근육이 얼마나 효율적으로 대장균을 부수어 주는지, 장에서 얼마나 빨리 소화 및 흡수가 일어나는지, 면역계가 얼마나 활성화되어 있는지, 배변 활동은 잘하는지, 살아남은 대장균은 얼마나 빨리 자라는지 등이 중요한 쟁점이 됩니다.

예쁜꼬마선충에는 소화 효소에 의해 단계적으로 음식을 분해하는 시

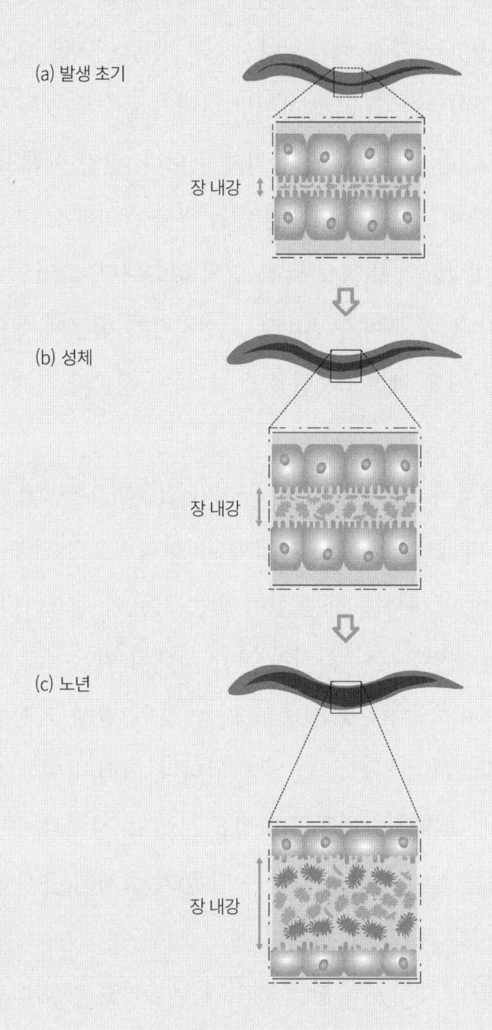

그림 1 사냥꾼에서 먹이가 되기까지. 예쁜꼬마선충의 생애 동안 포식자-피식자의 관계가 뒤바뀌게 된다. 발생 초기에는 대장균이 완전히 부수어져서 살아남을 수 없지만, 중간 단계에서는 일부 살아남은 대장균이 장내를 점유하고 군집을 형성하며 숙주와 상호작용한다. 만약 더 나이가 들어 면역계가 쇠퇴하고 대장균이 지나치게 번성하게 되면 불균형이 일어나 예쁜꼬마선충의 건강은 위협받게 된다.

스템이 거의 없어서 맷돌 근육에 의한 물리적 분해가 가장 중요한 소화 과정입니다. 젊고 건강한 예쁜꼬마선충의 맷돌 근육은 대장균을 완전히 부수어서 살아남을 수 없게 하지만 나이가 들수록 맷돌 근육이 약해져 살아 있는 대장균을 조금씩 삼키게 됩니다. 만약 예쁜꼬마선충이 2주 이상 생존하여 노년에 접어들면 맷돌 근육이 약해진 데 더해서 면역력도 약해져 대장균의 번성을 막을 힘이 없습니다. 그러면 예쁜꼬마선충은 만성적인 소화 불량과 변비로 고생하다가 힘들게 생명을 내려놓습니다. 대장균에게 예쁜꼬마선충의 사체는 '헨젤과 그레텔 오누이의 과자집'과 같습니다.

그렇다면 공생이라고 부를 만한 근거가 있을까요? 어떤 방향이든 단순한 포식자-피식자의 관계는 아닐까요? 실험적으로 선충이 건강하게 살기 위해 활발한 대사를 하는 살아 있는 세균이 필요하다는 것은 잘 알려졌습니다. 영양은 풍부하지만 무균 상태의 밥(주로 콩 단백질과 효모 추출물을 멸균하여 먹입니다)을 선충이 먹을 경우, 발생 과정이 느려지고 번식능력이 감소하여 자손을 덜 낳게 됩니다. 그러나 이때 산화 스트레스나 열충격에 대해서는 높은 저항성을 보이고, 성체의 수명이 증가하게 됩니다. 이는 식이 제한에 의한 수명 증가 효과와 유사합니다. 영양이 풍부한 식사를 하는데도 말입니다!

이때 살아 있는 대장균을 함께 먹이면 정상적인 성장과 번식 과정이 회복됩니다. 반대로 죽은 대장균은 아무리 먹여 보았자 식이 제한 효과를 회복시키지 못했습니다. 결과적으로 대장균이 제공하는 결정적인 식사는 '대사 활동' 그 자체임이 드러난 것입니다. 다른 말로 하면 선충이 정상적으로 성장하고 생활하기 위해서는 살아 있는 대장균이 필요하며, 이는 대장균이 단순한 밥이 아니라 필수적인 공생자로서 존재한다는 의미입니다.

살아 있는 세균의 효과

사실 장내 미생물의 일반적인 유용함은 꽤 알려졌습니다. 남녀노소 누구나 배변에 문제가 있다 싶으면 슈퍼마켓에서 발효 요구르트를 사먹을 생각을 하는 것처럼 몸에 좋은 세균이 있다는 정도의 상식은 널리 퍼져 있습니다. 과학자들은 여기서 더 나아가 '몸에 좋음'이 구체적으로 어떤 것인지, 세균이 주는 긍정적 효과가 어디까지인지, 숙주와 세균의 관계를 어떻게 규정해야 하는지 깊이 고민하게 됩니다. 이런 고민의 맥락에서 다양한 모델 생명체에서도 장내 미생물의 역할이 연구되었지만, 여기에서는 선충을 이용한 가장 극적인 사례를 소개하려고 합니다.

한 가지 흥미로운 연구는 미국 뉴욕대학교 의대에서 예브게니 누들러Evgeny Nudler 연구팀에 의해 진행된 고초균Bacillus subtilis에 관한 실험입니다. 고초균은 청국장이나 낫또의 제작 과정에서 발효를 담당하는 세균입니다. 선충이 자연에서 살고 있을 때에는 썩은 과일을 주요한 거주지로 삼기 때문에 그곳에서 많이 발견되는 고초균이 가장 주된 식사 메뉴일 것으로 추정하고 있습니다. 대장균을 먹는 예쁜꼬마선충보다 고초균을 먹는 세균이 더 오래 산다는 사실은 10년 전에 알려졌습니다.

식단을 바꾸는 것만으로 수명이 길어지는 걸까요? 그렇다면 선충은 물론이거니와 인간에게도 중요한 소식입니다. 식이 제한이나 생식 줄기세포 제거 등 방법으로 수명이 연장된다는 것은 많이 연구된 분야지만, 이런 복잡한 방법이 아니더라도 주식을 단지 쌀밥에서 감자로 바꿔 먹는 정도로도 수명을 늘릴 수 있다면 상당히 솔깃한 얘기겠죠. 고초균이 어떤 역할을 하기에 이를 주식으로 먹는 선충이 오래 사는지가 오랜 궁금증이었는데, 누들러 연구팀에서는 비결의 핵심이 일산화질소의 생산이라는 것을 밝혔습니다.

고초균이 예쁜꼬마선충 장내에서 합성한 일산화질소NO: nitrogen monoxide는 자유롭게 장내벽 세포로 확산하며 퍼져 나갑니다. 일산화질소는 예쁜꼬마선충 세포 내부에서 DAF-16이나 HSF-1 같이 잘 알려진 전사 인자들의 활성을 증가시킵니다. 그러면 이런 전사 인자의 조절을 받는 하위 유전자들이 대량으로 발현되면서 열충격에 대한 저항성이 높아지고 또한 수명이 증가합니다. 자연에서 사는 예쁜꼬마선충은 실험실 안보다 다양하게 변하는 온도 조건에서 생존해야 하는데, 그런 환경에서는 일산화질소에 의한 유전자 발현이 큰 도움이 될 것이라 짐작할 수 있습니다.

예쁜꼬마선충은 일산화질소를 합성하는 유전자가 없기에 전적으로 세균이 제공하는 일산화질소에 의존해야 합니다. 반면 인간은 일산화질소를 합성하는 유전자를 가지고 있기 때문에 스스로 어느 정도 생산할 수 있습니다. 내피세포에서 합성되는 일산화질소는 주변의 근육과 혈관으로 확산하여 근육 이완과 혈관 확장을 일으킨다고 알려졌습니다. 결국 인간이 일산화질소를 많이 생산하는 장내 미생물을 가진다 해도 예쁜꼬마선충에서만큼 극적인 수명 증가 효과를 기대하긴 어렵습니다. 그러나 일산화질소에 의해 조절되는 핵심 전사인자인 DAF-16과 HSF-1은 인간에도 보존되어 있으므로 장내 미생물이 긍정적 효과를 줄 가능성은 충분히 있습니다.

약으로 미생물군 바꾸기

고초균의 일산화질소 실험은 숙주가 건강을 유지하는 데 공생 세균의 중요함을 보여 줍니다. 일산화질소를 잘 만드는 공생 세균을 지니고 있다면 자연 환경에 잘 대처하는 능력을 얻을 수 있습니다. 그렇다면 건강을 위해 이미 지니고 있는 장내 미생물군을 잘 조작해 이용해 볼 수도 있지 않을까요?

영국 런던대학교의 데이비드 젬스David Gems 연구팀은 메트포민Metformin이라는 약물의 효과를 연구했습니다. 메트포민은 혈당량을 낮추는 효과 때문에 당뇨병의 치료 목적으로 널리 사용되던 약입니다. 그런데 놀랍게도 메트포민이 혈당량을 낮추는 것뿐만 아니라 암 발생의 위험을 낮추고 노화를 늦출 수 있다는 것까지 쥐 모델에서 연구됨으로써 과학자들의 시선을 끌었습니다. 데이비드 젬스는 예쁜꼬마선충을 이용해 메트포민의 작용 방식을 파악하는 연구를 시작했습니다.

우선 적당한 농도로 메트포민을 투여하면 예쁜꼬마선충의 수명이 증가한다는 현상이 관찰됐습니다. 그런데 뒤이어 무균 상태의 밥이나 자외선으로 죽인 대장균과 함께 메트포민을 주면 예쁜꼬마선충의 수명이 늘어나는 게 아니라 오히려 줄어드는 현상이 관찰됐습니다. 무균 상태에서 밥을 먹이면 식이 제한과 유사한 효과에 의해 수명이 증가하는데, 메트포민은 그 효과마저 상쇄시켜 버린다는 것입니다. 여기서 메트포민이 예쁜꼬마선충에게는 오히려 독성물질로 받아들여질 가능성을 떠올려 볼 수 있습니다.

뒤이은 실험에서는 대장균에게만 메트포민을 처리하여 배양한 뒤 약물이 전혀 없는 배지로 옮겨준 다음에 예쁜꼬마선충에게 먹였습니다. 이때도 마찬가지로 예쁜꼬마선충의 수명이 증가했습니다. 이런 실험들을 종합해보면 메트포민이 예쁜꼬마선충의 수명을 증가시키는 현상에는 살아 있는 세균의 대사 작용이 꼭 필요하다는 것을 알 수 있습니다.

추가적인 여러 가지 연구를 통해서 메트포민은 세균의 엽산folate 대사를 저해하고 그 결과 단백질 합성에 필수적인 아미노산인 메티오닌methionine의 생산을 감소시킨다는 것이 밝혀졌습니다. 예쁜꼬마선충도 스스로 약간의 메티오닌을 합성할 수 있기는 하지만 대장균이 제공하던 메티오닌이 감소하면 예쁜꼬마선충의 단백질 합성에도 지대한 영향을 끼칩니다. 단백질 생산 속도가 늦어진다는 것은 개체의 전반적인 에너지 이용이 원활하지 않은 상황입니다. 그러니 메트포민은 식이 제한과 유사하게 예쁜꼬마선충의 자손 수를 감소시키고 번식 시기를 늦출 뿐 아니라 수명을 증가시키는 것입니다.

메트포민이 당뇨병 치료제로 널리 사용되면서 발생하는 부작용 중에는 다양한 위장 장애와 엽산 감소가 포함되어 있습니다. 인간 장내에 사는 미생물군도 메트포민의 영향을 받아 예쁜꼬마선충 내부의 대장균과 유사한 변화를 겪을 가능성이 있는 것입니다. 수명 증가와 같은 좋은 결과만이 뒤따른다면 좋겠지만, 메트포민에 대한 저항성 차이에 따라 장내 미생물군의 조성이 망가져 부정적 영향을 끼칠 가능성도 있습니다. 장내 세균불균형Dysbiosis이 비만, 염증성 장 질환, 당뇨 등 질병을 일으킬 수 있다는 보고가 이미 있기 때문에 미생물군의 균형을 깨뜨릴 수 있는 약물 복용에는 항상 주의해야 합니다.

진화까지 함께하는 운명 공동체

포유류에서 숙주와 미생물 간의 관계가 공생 관계인 것은 자명합니다. 숙주는 기생자에게 안전하고 영양분이 풍부한 거주 환경을 제공합니다. 또 면역계가 병원성을 가지는 세균을 선택적으로 제거하면 상대적으로 해가 없는 세균들이 널리 퍼질 기회를 얻게 됩니다. 이처럼 동물의 소화기관 내부는 독특한 틈새 환경을 형성하여 일반적인 자연과는 다른 특별한 선택압을 줍니다.

대장균이 예쁜꼬마선충과의 상호작용에서 어떤 이점을 얻는지는 상대적으로 모호합니다. 한 가지 가설은 '야만적인 대장균 가설'입니다. 예쁜꼬마선충 장내의 대장균은 숙주와 같은 식탁에서 식사함으로써 영양분을 얻습니다. 그런데 예쁜꼬마선충의 먹이가 잘 부서진 대장균이므로 장내 대장균은 그들의 친척이나 친구를 먹게 되는 셈입니다. 두 번째 가설은 '숙주 택시 가설'입니다. 숙주인 예쁜꼬마선충이 좋은 환경을 찾아 돌아다닐 때마다 대장균 또한 같은 곳을 여행하게 됩니다. 어떠한 사건으로 장 밖으로 탈출하게 되면 새로운 환경에서 군집을 형성할 기회를 얻을 것입니다. 마지막은 앞에서도 소개했던 '역포식 관계

가설'입니다. 초기에 먹이로 존재하던 대장균이 살아남아서 숙주보다 장수하면 숙주의 사체를 훌륭한 먹이로 삼을 수 있습니다.

숙주 내부에 위치하고 있는 미생물군들이 가진 유전정보의 양이 숙주보다 훨씬 많다는 사실은 동물과 식물에서 널리 보고됐습니다. 미생물군이 전 생물체Holobiont(숙주와 내부의 미생물군을 통칭하여 이르는 개념)의 적응도에 영향을 미친다는 것이 여러 연구로 확인되자 이스라엘 텔아비브대학교의 유진 로젠버그Eugene Rosenberg 교수는 '진화의 전 유전체 이론Hologenome theory of evolution'을 주장하기에 이릅니다.

이 이론의 핵심은 전 생물체가 가지는 모든 유전체가 하나의 컨소시엄을 형성하여 진화 과정에서 선택의 단위로 작용한다는 것입니다. 미생물군은 전 생물체의 적응도에 영향을 미칠 뿐 아니라 반대로 영향을 받기도 합니다. 전 유전체에게 변이는 숙주 유전체의 변화일 수도 있지만, 미생물군 내부의 변화에 의한 결과일 수도 있습니다. 가장 중요한 가정은 전 생물체의 변이가 다음 세대로 전달되고 유지될 수 있어야 한다는 점입니다.

숙주가 획득한 미생물 자체가 자손에게 전달될 수 있다는 관점을 취한다면, 이는 마치 획득 형질이 유전된다는 의미이므로 다윈주의 틀 내에서 신라마르크주의로 연결됩니다. 건강한 자손을 낳기 위해서는 배우자가 좋은 유전자를 가졌는지 뿐만 아니라 어떤 미생물군을 가졌는지 또한 고려해야 합니다. 그러나 인간에게 있어서 미생물군의 수직 전달이 얼마나 정확하게 일어나는지는 논쟁거리입니다. 가장 중요한 장내 미생물이 얼마나 전달이 될 수 있을지, 아버지의 미생물을 전달하는 과정이 어떻게 일어나는지 등 해결해야 할 요소가 남아 있습니다.

단순히 건강의 관점에서만 본다면 미생물군을 잘 유지하는 것은 중요합니다. 그리고 대중과 미디어도 많은 관심을 가지고 있습니다. 그것을 증명하기라도 하듯 노벨상 수상자가 직접 발효 요구르트의 광고에 등장하기도 하고, 헬리코박터균을 많이 먹는 것이 몸에 좋다는 웃지 못할 촌극까지 벌어지기도 합니다. 기술이 조금 더 발전한다면 유산균만 섭취하는 것이 아니라 필요에 따라 다양한 생화학 작용을 하는 세균들을 적극적으로 체내에서 키우려는 시도가 시작될지도 모릅니다. 서두에서 그려본 가상적인 미래 사회의 모습처럼 말입니다.

3부

늙는다는 것은 생명의 일

: 선충에서 인간까지

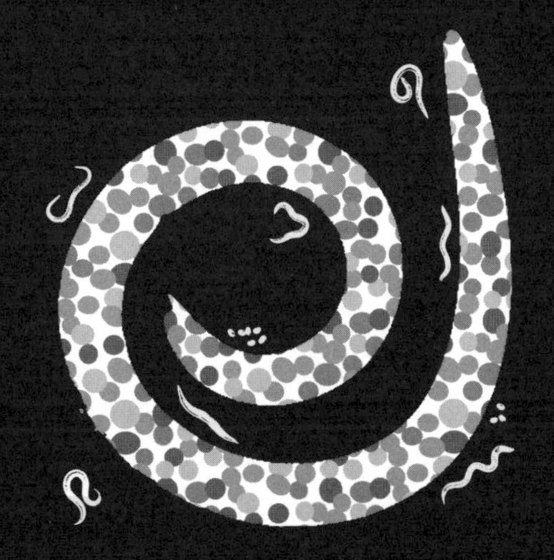

1

단명하는 체세포와 불멸하는 생식세포

생식세포와 체세포의 차이

'태정태세문단세 예성연중인명선 광인효현숙경영 정순헌철고순'

다들 아시겠지만 리듬 있는 위 문구는 조선 임금의 앞글자를 따서 왕조 족보를 쉽게 외울 수 있게 정리한 가사입니다. 아마도 대한민국에서 가장 유명한 가계도겠지요. 제가 비록 제 집안의 족보나 가계도는 외울 수 없지만 이 씨 조선 왕들과 우리 조상의 생물학적 공통점은 알고 있습니다. 우리는 모두 세대마다 난자와 정자가 결합해 수천 번, 수만 번의 수정란을 거쳐 태어났습니다. 심지어 임진왜란과 병자호란 같은 전쟁을 겪으면서도 난자와 정자가 결합했기에 제가 여기 있을 수 있습니다. 조상님들의 끈질긴 생명력을 생각하니 가슴이 뜨거워지는군요.

이 씨 조선의 가계도를 들여다보면 당연하게도 이 씨의 성이 끊기지 않습니다. 이는 우리 왕조 족보가 특정한 성씨를 지닌 남자의 정자를 따라 기록되기 때문입니다. 단군신화를 곧이곧대로 믿는다면, 조상님들이 이어온 정자나 난자의 기나긴 가계도를 거슬러 올라가면 고조선의 단군 할아버지가 나올 것입니다. 따라서 현대 생물학으로 밝혀진 다윈 진화론에 의하면 성씨가 무엇이든, 양성을 쓰든, 노비 문서를 불태우고 성씨를 사왔든 여러분과 저는 성씨에 상관없이 공통 조상에서 갈라져 나온 먼 친척입니다.

이를 생물학적으로 확장해 생각해보면, 현재 숨 쉬는 모든 생명체는 최초의 단일 생명체가 진화한 뒤 그것의 계보를 이은 후손으로 볼 수 있습니다. 분자생물학적인 연구 결과를 보면 우리는 단일 조상을 가질 것으로 보이기 때문에 이런 추론이 가능합니다. 지구상의 모든 생명체가 공통 조상을 갖는다니 또 다시 가슴이 뭉클해지는군요.

다세포 생명의 기원과 생식세포

동물 세포를 들여다보면 세포들의 가계도를 볼 수 있습니다. 동물은 수정란이라는 단일 세포가 여러 세포로 분열하여 몸을 만듭니다. 하나의 수정란이 분열해 딸세포를 만들어 내는데, 일부는 몸을 이루는 체세포가 되고 일부는 후손이 되는 생식세포가 됩니다. 예쁜꼬마선충의 몸은 959개의 세포로 이루어져 있으며 세포들의 계보cell lineage가 모두 밝혀져 있습니다. 그리고 수정란이 다음 세대의 수정란이 되기까지 생식세포만을 쫓아가면 생식세포의 계보, 즉 생식선germline이 그려집니다.

생식선을 체세포와 분리하여 생각한다면 생식선은 불멸입니다. 여러분이 바로 한 번도 죽지 않고 복제에 성공한 생식선의 결과물이자 증거입니다. 체세포는 생식선의 번식을 위해 잠시 입었다 불필요해지면 버릴 수 있는 껍데기에 불과하다고도 볼 수 있습니다. 리처드 도킨스Richard Dawkins가 주장했듯이, 더 넓은 관점에서 보면 몸은 생식세포의 성공적인 복제를 위해 자신을 희생하여 생식세포를 보호하는 택배 차량vehicle에 비유할 수 있습니다. 이 택배 차량은 아주 정교하고 복잡하고 아름답지만 택배를 마치면 버려지는 일회용 차량입니다. 이 관점에 의하면 닭은 달걀을 위해 택배 차량으로써 존재하는 것이므로 달걀이 닭보다 먼저라고 결론 내릴 수 있습니다. 그런데 맥반석 구이 달걀이든 통나무 바비큐 치킨이든 모두 같은 유전정보를 공유하고 있습니다.

그렇다면 생명체는 영원히 살 수 있는 잠재 능력을 갖고 있는 셈인데, 왜 체세포는 스스로 그런 능력을 쓰지 않고 노화를 거쳐 죽음을 맞이하는 것일까요? 체세포와 생식세포는 서로 악마의 계약이라도 한 것일까요?

체세포의 죽음을 이해하기 위해 체세포와 생식선의 분화가 최초로 나타난 시기로 돌아갑시다. 먼저 과거에 다세포 생명체가 어떻게 출현했는지에 대한 가설을 설명해 보겠습니다. '최초의 시기' 당시에는 모든 생명체가 촌스러운 단세포였습니다. 이 단순한 단세포 생명체에는 딱히 죽음이나 노화의 개념을 적용할 수 없습니다. 세포가 두 개의 세포로 분열한 즉시 딸세포가 되기 때문입니다. 모세포가 딸세포가 되기 때문에 죽음의 개념이 적용되지 않는 것입니다.

생명의 나무를 거슬러 올라가 이제 막 새로운 스타일의 세포가 출현했다고 가정해 봅시다. 그 세포는 특이하게도 세포 분열을 마치고도 세포벽이 떨어지지 않아 딸세포들이 서로 떨어지지 않고 뭉쳐 다닙니다. 드디어 솔로 가수 중에서 여러 명이 떼를 지어 다니는 아이돌 그룹이 나타난 것입니다. 세포 분열이 계속되어 그것은 기다란 실 형태나 동그란 구 형태를 띠었을 것입니다. 그러나 이 연속된 딸세포들은 아직 진정한 다세포 생물이 아닙니다. 기능적 분화가 일어나지 않았기 때문에 단순한 군체 상태입니다. 이 군체는 잔잔한 물에서는 계속 성장하다가 크기가 커진 상태에서 파도가 세게 치면 분리되는 식으로 자연스럽게 퍼져 나갔을 것입니다.

이런 군체 중에서 세포 분화를 통해 분업을 하게 되는 군체는 더 많은 자손을 남겼을 것입니다. 예를 들어 어떤 세포는 헤엄치는 기능에 특화되거나 어떤 세포는 번식에 자원을 집중한다면 다른 군체보다 더 효율적으로 자손을 퍼뜨렸을 것입니다.

나중에 번식을 담당하는 원시적인 생식세포들이 군체 안쪽으로 들어가 외부 환경에서 분리되어 더 효율적으로 보호받았을 것입니다. 생식세포는 다음 세대에 전달해야 할 유전정보가 손상되지 않도록 안전하게 보호하고 진화에 유리한 기구들을 개발하는 데 집중했을 것입니다. 기능적 분화가 일어난 세포들이 서로 협력하여 특정 세포의 분열을 돕는 군체가 진정한 최초의 다세포 생물이었을 것입니다.

체세포의 운명, 노화와 죽음

체세포의 입장에서 보면, 번식을 특정 세포들만 하게 되었다는 것은 체세포들은 죽음을 맞이하게 된다는 것을 의미합니다. 세포 분열을 하지 않고 남아 있는 체세포들이 영원히 살 수는 없는 것입니다. 노화가 없는 생명체일지라도 천재지변이나 포식, 감염 등 외부 원인으로 인해 죽음을 맞이할 수밖에 없습니다. 따라서 '자연선택'은 번식의 시점에서 모든 세포가 건강한 다세포 동물보다는 체세포의 자원을 끌어다 생식세포에 투자하는 생명체를 더 선호했을 것입니다. 에너지가 많이 들지만 번식을 하지 않는 체세포에 투자하는 것보다는 번식에 더 투자하는 것이 유리했을 것입니다.

이렇게 보면 노화와 죽음은 결국 다세포 생명이 진화하던 초기에 자연선택에 의해 생겨난 부산물로 볼 수 있습니다. 이때부터 생식선은 끊임없이 분열하기 시작했고, 체세포는 덜 분열하는 대신 생식세포의 분열을 도와주기 시작했습니다. 분업의 핵심은 약속 혹은 계약이 파기되지 않도록 하는 강제력에 있습니다. 계약에 참가한 구성원이 배신을 하여 계약을 일방적으로 파기하면 전체가 망할 수 있기 때문입니다. 계약의 내용은 단순합니다.

> "자기 복제라는 공동의 욕망을 위해 갑(생식세포)과 을(체세포)은 언제나 최선을 다해 협의한다. 갑은 번식을 거치지 않은 채 체세포로 분화하지 않으며 을은 분화된 상태에서 자기 복제를 하지 않는다."

번식의 단위가 단세포 수준까지 이르며 작으면 작을수록 유리할 것입니다. 왜냐하면 서로 다른 돌연변이를 가진 다수의 생식세포가 하나의 개체를 만들어 낸다면 개체에 해가 되는 돌연변이를 가진 세포들이 도태되기 어렵기 때문입니다. 그래서 자연선택은 단 하나의 세포로 번식하는 것을 선호하게 된 것입니다. 하나의 세포로 태어난 다세포 생명체는 돌연변이를 갖고 태어난 경우, 효율적으로 선택되거나 사라졌을 것입니다. 이런 이유로 다세포 동물 개체는 하나의 세포로 발생하며 한 개체 안의 모든 세포가 동일 유전정보를 갖는 것입니다.

위의 계약 내용이 파기된다면 어떻게 될까요? 체세포가 생식세포의 복제를 돕지 않고 자기 복제를 시작한다면 암이 됩니다. 암이라는 병은 체세포가 제멋대로 분열해서 전체 개체의 기능을 방해하여 생존을 위협하는 질병입니다. 반면에 생식세포가 정상적인 번식 과정을 거치지 않고 분화를 시작하면 기형종teratoma이 되기도 합니다. 기형종은 이빨이나 털, 연골, 심지어 태아의 형태를 띠기도 합니다. 생식세포는 모든 세포로 분화할 수 있는 전형성능totipotency을 가지고 있기 때문입니다.

장수하는 체세포의 비결은?

지금까지 우리는 생식세포와 체세포의 관계에 대해 조금 자세히 살펴보았습니다. 요점을 정리하면, 생식세포는 분화를 하지 않고 번식의 순간을 기다리며 자기 복제를 위한 일을 담당하고, 체세포는 조직의 특화된 형태로 분화하여 생식세포의 복제를 돕는 일을 하고 있습니다.

그런데 생명과학의 발전으로 체세포를 역분화해 복제양 '돌리'와 같은 완벽한 개체를 탄생시키거나, 인간 줄기세포를 이용해 돼지 몸에서 인간 장기를 만들어 내기 위한 연구가 진행되고 있습니다. 우리는 이런 상상을 해볼 수 있습니다. 만약 체세포를 자신이 영원불멸한 생식세포라고 속일 수 있다면? 즉, 생식세포와 체세포의 계약을 파기할 수 있다면 우리의 수명을 연장할 수 있지 않을까요?

2009년 〈네이처〉에 '장수하는 예쁜꼬마선충에서 관찰된 체세포의 생식세포화'라는 제목의 논문이 발표되었습니다. 이 연구에서 미국 과학자 션 쿠란Sean Curran 등 연구진은 장수 돌연변이 예쁜꼬마선충이 생식세포에만 발현되는 유전자들을 체세포에서 발현하고 있다는 것을 발견했습니다. 그리고 역으로 이 유전자들을 체세포에 발현시키면 예쁜꼬마선충의 수명이 증가한다는 것을 밝혔습니다.

이전 연구에서 밝혀진 것에 의하면 수명이 가장 크게 증가한 예쁜꼬마선충은 인슐린 신호전달 기작insulin-like signaling에 돌연변이가 일어난 돌연변이체였습니다. 인슐린 신호전달에 돌연변이가 일어난 예쁜꼬마선충의 체세포에서는 병원균에 대한 면역반응이 증가하고 RNA 간섭 현상도 증가하는 것으로 나타났습니다. RNA 간섭은 예쁜꼬마선충이 바이러스에 감염되는 것을 막아주기 때문에 인슐린 신호전달 돌연변이체에서 RNA 간섭 현상이 증가한 것은 자연스러워 보입니다. 또한 RNA 간섭 현상을 통해 생식세포가 체세포로 분화하는 것이 억제되었습니다.

생식세포만 따로 떼어놓고 생각한다면 생식세포와 장수 돌연변이는 다음과 같은 공통점을 지닙니다. 둘 다 수명이 길고, 스트레스에 저항성이 있으며, RNA 간섭 현상이 증가해 있습니다. 이런 관련성을 생각하면 장수하는 돌연변이에 나타나는 체세포의 생식세포적 특징 때문에 이들이 장수하고 있다고 생각할 수 있습니다. 만약 이 가설이 틀리다면 장수 돌연변이가 지닌 생식세포의 특징은 단지 돌연변이의 부산물일 수도 있습니다.

생식세포의 운명을 점지하는 유전자

예쁜꼬마선충에서 생식세포의 운명을 결정하는 유전자는 *pie-1*입니다. 이 유전자가 망가지면 생식세포가 될 세포들이 모두 체세포의 운명을 지니게 됩니다. 이 유전자가 망가진 돌연변이 개체는 내장intestine과 인두궁pharynx에 과도한 수의 세포를 지니게 됩니다. 그래서 이 유전자의 이름이 '내장과 인두궁 초과pharynx and intestine excess'의 영어 줄임말인 *pie-1*입니다. *pie-1*이 망가지면 세포가 체세포 운명을 갖게 되니 *pie-1*의 본래 기능은 체세포의 운명을 생식세포로 이끄는 것이라고 볼 수 있습니다. *pie-1* 유전자는 생식세포의 운명을 지닌 세포들, 즉 생식선에서 발현됩니다.

쿠란 연구팀은 야생형에서 *pie-1*의 발현 양상을 관찰했습니다. 그 결과 예상대로 야생형 예쁜꼬마선충에선 *pie-1*이 생식세포에만 발현되었습니다. 반면 장수하는 돌연변이에서는 *pie-1*이 체세포에서도 오발현misexpression되고 있었습니다. 체세포들이 자신이 생식세포라고 착각하고 있는 걸까요? 아니면 단지 오래 사는 결과로 나타나는 부산물

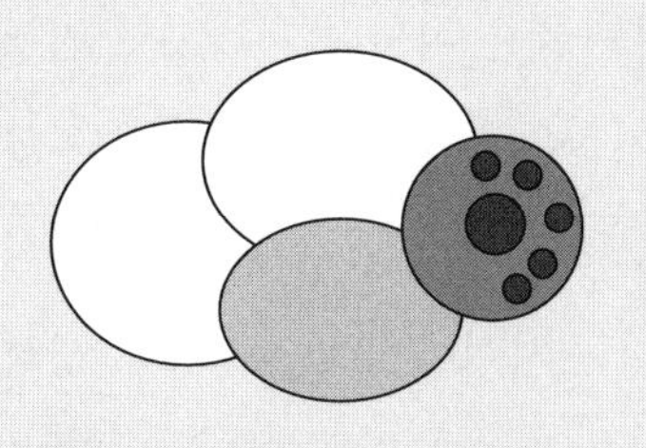
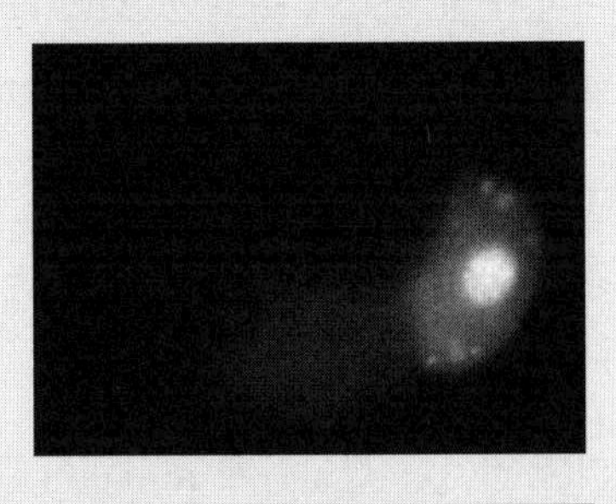

그림 1 *pie-1* 유전자는 생식선에서 발현된다. 4세포기의 난할에서 오른쪽 세포가 생식세포의 전구체다.

일까요? 아직 *pie-1*의 발현이 수명 증가에 어떤 역할을 하는지는 명확히 알 수 없습니다. 따라서 다음 실험은 장수하는 돌연변이에서 이 유전자의 기능을 억제해보는 것입니다.

장수하는 돌연변이에서 이 유전자의 발현을 억제해보니 장수하는 돌연변이의 수명이 감소했습니다. 이는 *pie-1*이 장수하는 돌연변이의 수명 증가 현상에 필요조건이라는 것을 보여 줍니다. 그렇다면 반대로 생식세포에만 발현되는 유전자를 야생형의 체세포에다 발현시킨다면 어떤 결과가 나타날까요? 쿠란 연구팀은 *cct-6*라는 유전자를 억제하면 야생형의 체세포에서 생식세포의 유전자가 발현된다는 것을 발견했습니다. 그리고 이 예쁜꼬마선충의 수명 역시 증가한다는 사실도 밝혀냈습니다. 따라서 몇 가지 유전자를 조절하여 체세포를 생식세포처럼 만들면 수명을 연장시킬 수 있다는 가설이 더욱 설득력 있게 다가옵니다.

이 연구로 장수하는 예쁜꼬마선충에서는 체세포가 생식세포의 특징을 지니고 있음이 밝혀졌습니다. 그리고 이런 특징이 단순한 부산물이 아니라 수명 증가에 필요한 요소라는 점도 밝혔습니다. 하지만 모든 생식세포 유전자들이 수명을 증가시키는 것은 아닙니다. 별도로 진행된 연구에 의하면 어떤 생식세포 유전자들은 수명을 감소시키기도 합니다. 이 논문이 발표되고 1년 뒤에 나온 초파리 연구 결과에서는 생식세포 유전자들이 암의 성장을 촉진한다는 사실이 밝혀졌습니다. 생식세포의 유전자가 정교하게 조절돼야 함을 강조하는 연구입니다. 수명 연장과 암은 아직 떼려야 뗄 수 없는 관계인 것 같습니다.

우리의 생식세포는 지금까지 한 번도 분열을 멈추지 않고 종의 생명을 유지해 오고 있습니다. 반면 체세포로 이뤄진 우리 몸과 정신은 한 번 쓰면 버려지는 일회용 삶을 살고 있습니다. 이런 계약관계가 진화한 것은 생식세포를 최대한 유리하게 복제하기 위한 방법이었습니다.

이런 계약관계가 더욱 극단적인 경우도 있습니다. 진사회성 생물인 개미나 벌이 그 예입니다. 아시다시피 개미와 벌은 번식의 분업이 체세포를 넘어 개체의 수준에 이른 종입니다. 여왕개미는 마치 거대한 생식세포처럼 번식만을 담당하며 일개미들은 거대한 체세포처럼 번식을 포기하고 묵묵히 일을 합니다. 얼마전 한 과학자가 인간도 진사회성 동물이 될 수 있는지 궁금하다고 한 적이 있습니다. 특정한 집단만이 자손을 낳을 수 있는 사회라면 인간은 진사회성 동물이라고 볼 수 있습니다. 연애, 결혼, 출산을 포기했다는 삼포세대라는 말이 나오는 지금 진사회성 사회가 사실상 도래하고 있는지도 모르겠다는 엉뚱하면서도 우울한 생각도 잠시 해봅니다.

2

'세포 타이머' 텔로미어가 개체의 타이머라고 할 수 있을까?

텔로미어 연구의 현주소

"400유로의 검진으로 당신이 얼마나 오래 살 수 있는지 알 수 있다."

이 문장은 공상과학 소설이 아니라 2011년 5월 영국 일간신문 〈인디펜던트The independent〉에 실린 기사 표제입니다. 약 60만 원만 들이면 우리 삶이 몇 년 남았는지, 즉 우리 죽음이 얼마나 가까이 있는지 밝혀준다는 것이겠지요. 이 말이 믿어지시나요?

그 기사는 어떤 '타이머'에 관한 이야기였습니다. 세포 속에는 자신의 분열 횟수를 알려주는 타이머가 내장되어 있습니다. 세포 분열이 진행될수록 타이머에 적힌 숫자가 점점 줄어들다가 결국에는 분열을 멈추게 된다는 것이죠. 세포의 입장에서 분열은 번식과 같습니다. 세포가 분열을 하지 못한다는 것은 더 이상 자신의 유전정보를 다음 세대로 전달할 수 없음을 의미합니다. 이러한 상황에 처한 세포가 자신이 감당할 수 없는 환경에 직면한다면 죽음, 즉 자신과 동일한 정보가 세상에 더 이상 남아 있지 않은 상태가 되는 것이죠.

이렇듯 남은 세포 분열 횟수의 감소는 죽음의 가능성을 증가시킵니다. 생물학에선 아직 '노화'라는 단어에 정확한 뜻이 없지만 대체로 죽음의 가능성이 증가하는 현상을 노화라고 부릅니다. 따라서 세포가 정해진 분열 횟수를 지닌다는 사실을 처음 발견한 레너드 헤이플릭Leonard Hayflick 박사는 세포가 분열을 멈춘 상태를 '세포 노화Cellular senescence'로 정의합니다. 그렇다면 세포 속에는 어떤 타이머가 내장되어 있는 걸까요? 그 타이머는 어떠한 방식으로 남은 수명을 표시하는 걸까요?

'세포 타이머' 텔로미어의 발견

세포는 분열하기 전 자신의 유전정보가 담긴 DNA를 복제하여 분열하는 세포로 나눠줍니다. DNA 복제는 DNA 중합효소Polymerase에 의해 이뤄집니다. 이 중합효소가 작동하는 데에는 복제 작업의 시작점을 지정해주는 프라이머primer(RNA 표지)가 반드시 필요합니다. 이 프라이머는 복제가 진행되는 과정에서 제거되는데 여기서 문제가 발생합니다. 완전한 DNA 복제를 위해선 제거된 프라이머 부위를 복제해야 하는데, 그 부위를 복제하기 위해선 또 다시 프라이머가 필요하다는 모순이 발

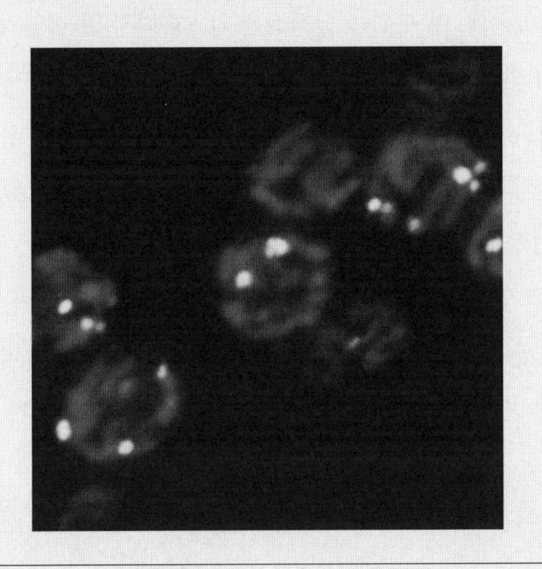

그림 1 생식세포의 텔로이어. 출처/필자 촬영.

생하는 것이지요.

만약 이 모순을 해결하지 않으면 DNA가 세포 분열을 거듭할 때마다 점점 짧아져 자신의 유전정보를 온전히 전달하지 못할 위험에 처할 겁니다. 2009년 엘리자베스 블랙번Elizabeth Blackburn, 잭 쇼스택Jack Szostak, 캐럴 그라이더Carol Greider 교수는 이 모순을 해결한 공로로 노벨 생리의학상을 수상했습니다. 이들은 DNA 끝부분에 특정 염기 서열이 반복되어 있음을 발견했습니다. 이 특이한 염기 서열은 끝부분을 뜻하는 그리스어 '텔로telo'와 부분을 뜻하는 그리스어 '미어mere'가 합쳐진 '텔로미어telomere' 라는 이름을 지니게 되었습니다.

인간의 경우 텔로미어는 6개의 염기 서열 TTAGGG가 1,000번 이상 반복되어 있는데, 이 부위는 단백질을 암호화하지 않는 염기 서열입니다. 종마다 반복되는 염기 서열이 조금씩 다르지만 텔로미어의 염기 서열은 대체로 유사한 구조를 지니며, 1,000회 이상 반복되어 있다는 점도 유사합니다. 그렇다면 단백질을 합성하지도 않는 쓸모없는 텔로미어가 왜 이렇게 많이 반복되어 있는 것일까요?

끝부분에 있는 텔로미어는 세포 분열 과정에서 자신의 유전정보 대신 짧아져 온전한 유전정보를 보존할 수 있게 하는 방어막 역할을 합니다. 그런데 만약 분열이 지속적으로 일어나 텔로미어 길이가 계속 감소하면 세포는 자신의 온전한 유전정보를 유지하지 못하게 됩니다. 그래서 텔로미어는 자신의 길이가 일정 수준 이하로 떨어지는 경우 세포의 온전한 유전정보를 보호하기 위해 세포 분열을 멈춥니다. 이것이 텔로미어가 유도하는 세포 노화입니다.

절대 반지를 지닌 생식세포

"400유로의 검진으로 당신이 얼마나 오래 살 수 있는지 알 수 있다."라는 제목의 기사는 텔로미어 측정 회사를 소개하고 있습니다. 위에서 살펴본 것처럼 텔로미어는 세포 하나 속에 존재하는 타이머입니다. 그런데 정말 세포 하나의 타이머에 불과한 텔로미어가 개체 전체의 수명을 관장하는 타이머가 될 수 있을까요?

우리 몸이 단세포의 집합체, 즉 완전히 똑같은 세포의 단순한 덩어리에 불과하다면, 가능할지도 모르겠습니다. 그러나 우리는 그런 덩어리

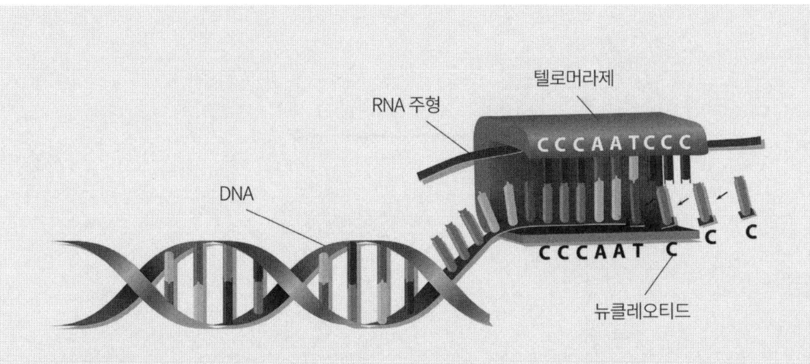

그림 2 텔로머라제의 작동 기전. 텔로머라제는 DNA 끝에 텔로미어를 붙여주는 역할을 한다.

가 아닙니다. 다세포를 구성하는 단세포들은 다양하게 분화된 각자의 기능을 수행하고 있습니다. 즉, 분화된 각각의 세포들은 자신만의 타이머를 가지고 있는 것이지요. 이뿐만 아니라 이렇게 구분된 세포들 중 일부는 타이머를 꺼버릴 수 있는 '절대 반지'를 가지고 있기도 합니다.

그 반지는 텔로머라제Telomerase라는 특별한 효소입니다. 이 효소는 DNA 끝부분에 텔로미어를 붙여주는 역할을 하는 효소입니다. 따라서 이 효소가 작동하는 세포는 텔로미어 길이를 유지할 수 있습니다. 분열을 거듭해도 타이머가 작동하지 않는, 영원히 분열할 수 있는 상태가 되는 것이지요. 영원한 분열은 자신의 유전자를 퍼뜨리고자 하는 모든 세포가 열망하는 상태일 것입니다. 그렇다면 대체 어떤 세포가 이 절대 반지를 차지한 것일까요?

답부터 말씀 드리면 그 세포는 생식세포와 줄기세포입니다. 개체 전체의 입장에서 이들이 충분한 분열 횟수를 지니는 것이 다음 세대로 자신의 유전정보를 온전하게 전달하는 데 매우 중요하기 때문입니다. 생

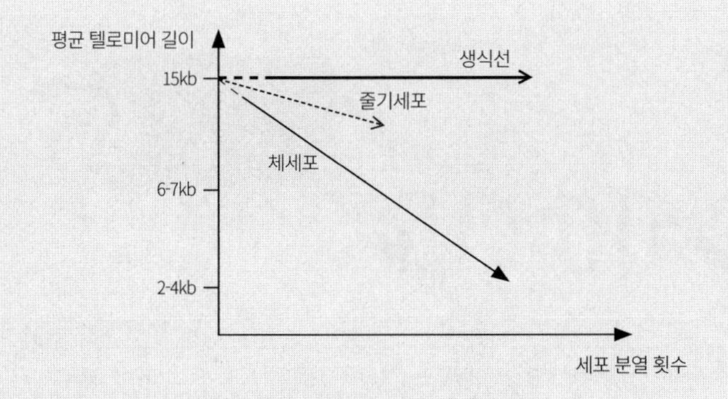

그림 3 텔로머라제 불평등으로 인한 평균 텔로미어 길이의 차이. 생식세포는 텔로머라제 발현으로 텔로미어 길이가 유지되는 반면, 텔로머라제가 발현하지 않는 체세포는 텔로미어가 점차 감소하여 6-7kb 정도의 범위에 도달하면 세포 노화에 들어가 분열을 하지 않는다. 줄기세포에서는 낮은 수준으로 텔로머라제가 발현하여 체세포보다 상대적으로 길게 텔로미어를 유지한다.

식세포는 자신의 유전정보를 다음 세대로 직접 전달하는 역할을 하기 때문에 지속적인 분열을 유지할 수 있어야 합니다. 또한 줄기세포는 온전한 개체의 능력 유지를 위해 닳아 없어진 세포를 새것으로 교체해주는 역할을 수행하므로 세포 분열 능력이 유지되는 것이 필수적입니다.

'절대 반지 불평등'은 단세포 생물이 다세포 생물로 진화하는 과정에서 발생했을 것으로 보입니다. 체세포든 생식세포든 단세포 각자의 입장에서만 보면 자신의 유전정보를 많이 퍼뜨리기 위해 계속 분열하려는 욕망을 가지고 있습니다. 그런데 유전정보를 전달하는 일을 생식세포에 맡긴 다세포 생물의 경우, 자신의 목적 달성을 위해선 직접 자신의 유전정보를 전달하기 않는 체세포들의 협력이 필수적입니다. 체세포들이 내재된 분열 욕망을 억누르고, 개체 전체의 이익을 위한 임무를 충실히 수행해야 하는 것이죠.

그런데 만약 체세포들이 통제에 따르지 않고, 계속 분열하여 이기적인 자신의 욕망을 이루고자 한다면? 다세포 생물은 이러한 상황에 대비하기 위해 몸속에 '텔로미어 타이머'를 심어 두었을 겁니다. 통제에 따르지 않고, 계속 분열하는 체세포들은 텔로미어 타이머의 숫자가 점점 감소하다가 결국에는 더 이상 분열을 하지 못하는 상태가 됩니다. 텔로미어 타이머는 개체 전체의 이익을 위해 통제에 따르지 않는 체세포를 폭파하기 위한 시한폭탄인 셈이죠.

줄기세포: 세포와 개체의 수명을 이어주는 매개자?

다세포 생물은 진화 과정에서 자신의 유전자를 잘 퍼뜨리기 위해 체세포를 통제하는 전략을 만들었습니다. 이로 인해 통제된 체세포, 즉 절대 반지가 없는 체세포는 나이가 들수록 점점 텔로미어 길이가 짧아져 더 이상 분열을 하지 못하는 세포 노화 상태가 될 운명입니다. 그렇다면 개체의 수명은 노화할 수밖에 없는 체세포에 의해 결정되는 것일까요? 가장 약한 부품에 의해 수명이 결정되는 기계들처럼 가장 짧은 텔로미어를 지닌 체세포가 개체의 남은 수명을 결정하는 것일까요?

실제로 우리가 나이가 들면서 몸을 구성하는 다양한 체세포의 기능은 저해됩니다. 그로 인해 어릴 때 가졌던 폭발적인 운동 능력이 감퇴할 뿐만 아니라 다양한 면역 능력도 떨어져 병에 취약한 상태가 됩니다. 그렇다면 체세포의 기능 저하는 체세포가 분열을 하지 못하기 때문인 것일까요?

체세포의 기능이 저하되는 이유는 기계가 작동하는 과정에서 필연적으로 발생하는 마찰과 이물질로 인해 낡을 수밖에 없다는 사실과 유사합니다. 세포 내 다양한 효소 반응은 기본적으로 어느 정도 오류가 있는 반응이기 때문에 생을 유지하는 과정에서 필연적으로 다양한 찌꺼기들이 세포 속에 쌓이게 됩니다. 이렇게 쌓인 찌꺼기들이 세포의 기능을 저해시키고 늙게 만드는 주요한 원인입니다.

흥미롭게도 영원히 산다고 알려진 대부분 단세포 생물의 경우 세포분열을 통해 이 찌꺼기들을 희석하거나, 분열 후 하나의 세포로 찌꺼기를 몰아주는 식의 방법으로 세포의 건강을 영원히 유지할 수 있습니다. 분열 과정에서 찌꺼기가 없는 건강한 세포가 탄생하기 때문에 분열만 계속 할 수 있다면 영원히 살 수 있는 것이죠. 따라서 단세포의 경우 분열 자체가 수명과 직접 관련이 있습니다.

그런데 다세포 생물의 상황은 다릅니다. 분열을 통해 탄생한 수많은 '나'의 군집으로 이루어진 단세포들과는 달리 다세포는 분화된 다양한 세포들이 하나의 유기체를 이루고 있습니다. 다세포 생물의 체세포는 분열을 할 수 없는 세포와 분열을 할 수 있는 능력을 가진 줄기세포로 나뉩니다. 분열을 할 수 없는 세포의 기능이 떨어질 경우, 그 세포를 제거하고 줄기세포를 통해 새로운 세포를 합성합니다. 다세포 생물의 수많은 체세포는 스스로 분열하여 찌꺼기를 희석하는 방식이 아니라 줄기세포를 통해 새로운 세포를 공급받는 방식을 택합니다. 그렇다면 줄기세포가 건강한 상태를 유지하면서 계속 분열할 수 있다면 다세포 생물의 체세포도 늙지 않게 되는 것 아닐까요?

실제로 노화하지 않는 다세포 생물로 알려진 히드라의 경우, 자신의 몸을 구성하는 모든 세포가 줄기세포로 이루어져 있습니다. 히드라는 일정한 세포 분열을 반복하면서 오래된 세포를 마치 각질을 벗는 것처럼 점점 몸 밖으로 밀어냅니다. 히드라의 줄기세포는 영원히 분열할 수 있을 뿐만 아니라, 찌꺼기를 쌓이지 않도록 하는 청소부가 많이 발현되어 있습니다.

그러나 우리의 줄기세포는 제한된 구역 내에서 통제된 분열을 합니다. 지속적으로 세포 분열을 할 수 없기 때문에 히드라처럼 완전하게 세포 찌꺼기를 제거할 수 없습니다. 또한 줄기세포가 텔로머라제 활성을 가지고 있기는 하지만 생식세포처럼 텔로미어 길이를 온전하게 유지할 수 있을 정도의 활성을 가지고 있지는 않습니다. 따라서 세포 분열이 거듭할수록 텔로미어 길이가 점점 짧아져 결국 세포 노화 상태에 들어가게 됩니다.

이렇듯 다세포 생물의 줄기세포는 나이가 들수록 찌꺼기가 쌓여갈 뿐 아니라 텔로미어 타이머에 적힌 숫자도 점점 감소합니다. 그렇다면 텔로미어 타이머가 단세포 생물의 수명을 결정하는 것처럼, 다세포 생물의 줄기세포에 존재하는 텔로미어 타이머가 개체의 수명을 결정하고 있는 것일까요? 나아가 줄기세포를 온전하게 계속 분열시킬 수 있는 방법이 있다면 우리도 히드라처럼 영원한 삶을 살 수 있을까요?

암, 절대 반지의 부작용

1998년 미국 텍사스웨스턴 메디컬센터의 우드링 라이트Woodring Wright 교수 연구팀은 피부 세포를 만들어 내는 줄기세포인 섬유아세포fibroblast에 텔로머라제를 과발현시키면 영원히 분열할 수 있다는 사실을 체외 실험으로 밝혔습니다. 공동 연구자 중 한 명인 제리 셰이Jerry Shay 교수는 당시를 다음과 같이 회상합니다. "사람들이 우리가 노화를 치료해줄 것이라고 생각했지."

스페인 국립암연구소의 마리아 블라스코María Blasco 교수팀은 체외 결과를 개체로 이식하기 위한 실험을 설계합니다. 그들은 유전자 조작으로 쥐의 온몸에 텔로머라제를 과발현시켰는데, 수명이 현저하게 늘어날 것이라는 기대와는 달리 쥐의 몸에 많은 암세포가 발생하는 문제가 나타났습니다.

이는 다세포 생물이 유전자를 다음 세대로 전달하려는 목표를 위해 계속 분열할 수 있는 능력을 일부 세포에 제한했을 것이라는 진화이론과 일맥상통하는 결과입니다. 즉, 줄기세포에도 충분한 절대 반지가 제공되면 암세포가 되어 개체 전체의 능력을 감퇴시키는 문제를 초래하는 것이죠.

그런데 적정한 수준의 텔로머라제를 공급하는 식으로 암은 피하면서 텔로미어를 유지할 수 있는 방법은 없을까요? 그 당시 많은 과학자가 암을 피해서 줄기세포의 텔로미어 길이를 유지할 수 있다면 개체의 수명이 현저히 증가할 것이라고 추정했습니다. 실제로 블라스코 교수팀은 강력한 암 저항성 유전자를 가진 쥐에다 텔로머라제를 과발현시키

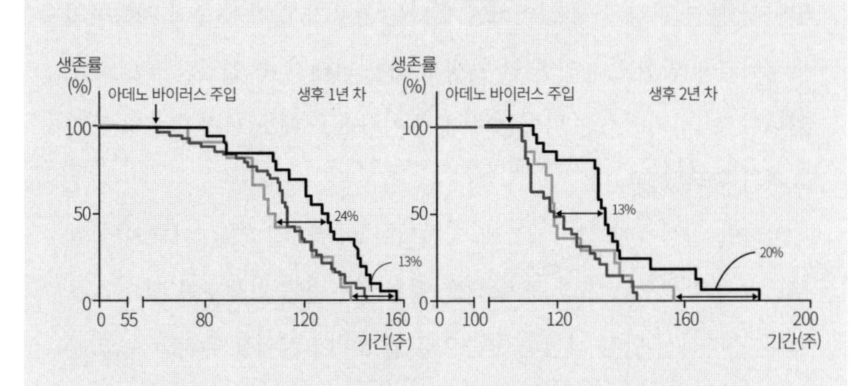

그림 4 아데노 바이러스를 이용하여 쥐에 텔로머라아제를 주입하였을 때 현저한 수명증가가 나타난다. 출처/de Jesas, Bruno Bernardes, et al. 2012.

는 방식으로 암 발생만 피할 수 있다면 수명이 현저히 증가한다는 사실을 보여 주었습니다. 암 없이 텔로머라제가 과발현된 쥐는 수명이 40% 이상 증가하였습니다.

또한 암 저항성 유전자를 가지지 않은 정상 개체에서도 텔로머라제를 일시적으로 발현시킬 경우 수명을 증가시킬 수 있다는 보고들이 속속 나왔습니다. 미국 하버드대학 다나-파버암연구소의 로널드 데피노Ronald Depinho 교수팀은 2010년 〈네이처〉에 일시적인 텔로머라제 발현으로 노화 상태에 있던 조직이 정상 수준으로 회복되었다는 결과를 발표했습니다. 그리고 블라스코 교수팀은 2012년 〈엠보분자의학EMBO Molecular Medicine〉에 바이러스를 이용해 텔로머라제를 외부에서 주입하는 유전자 치료 방법으로 쥐의 수명을 증가시킬 수 있다는 결과를 발표했습니다. 이 연구팀이 사용한 아데노 바이러스는 유전체에 끼어들어가지 않아서 분열 과정 중에 잃어버리게 되는 경우가 많기 때문에 지속적인 텔로머라제 발현으로 인한 암 발생 문제를 피해갈 수 있었던 것으로 보입니다. 이 바이러스는 나이든 쥐에 투여하였을 때도 현저한 수명 증가 효과가 나타났습니다.

이러한 실험들이 줄기세포에 국한되어 이루어진 것은 아니지만 텔로머라제 활성으로 가장 큰 수혜를 입은 세포는 줄기세포인 것으로 보입니다. 따라서 만약 적정한 수준으로 텔로미어 길이를 유지할 수 있는 기술이 개발된다면 분명 현저한 수명 증가 효과가 있을 것으로 기대할 수 있습니다.

이런 기대 속에서 수많은 회사가 텔로머라제를 활성화할 수 있는 약을 만들려고 시도하고 있습니다. 대표적으로 '텔로머라제 활성 과학 Telomerase Activation Sciences, Inc.'이라는 기업에서 허브의 일종인 황기에서 추출한 물질로 TA-65라는 약을 개발했습니다. 이 약은 몇몇 인간 세포와 쥐에서 텔로머라제 활성을 늘려 체세포의 기능을 일정 정도 증대시켰다는 결과가 있습니다. 그러나 TA-65는 아직 정확한 작용 기전과 부작용 등이 충분히 연구되지 않은 초기 약물(실제로는 건강 기능 식품으로 분류)입니다. 텔로머라제 활성이 지닌 파급 효과로 볼 때 앞으로 더 특이적인 약을 개발하려는 시도가 이어질 것으로 보입니다.

개체의 타이머라고 부를 수 있을까?

이렇듯 모델 생명체에서 텔로머라제의 활성, 즉 텔로미어 타이머의 작동을 꺼서 수명을 현저하게 증가시킬 수 있습니다. 그런데 이런 결과를 바탕으로 할 때 '세포' 타이머 텔로미어를 '개체'의 타이머라고 부를 수 있을까요? 정말로 텔로미어가 개체의 타이머라면 타이머가 꺼졌을 때 불멸의 생을 누릴 수 있어야 하지 않을까요?

앞서 언급한 것처럼 텔로미어 타이머는 다세포 생물에서 주로 줄기세포의 기능 유지에 관여할 것으로 보입니다. 그런데 줄기세포 유지는 텔로미어 타이머를 꺼버리는 것으로는 충분하지 않습니다. 줄기세포의 지속적인 분열로 영원히 살 수 있는 다세포 생물인 히드라는 지속적인 분열과 더불어 오래된 세포를 몸 밖으로 밀어내는 과정을 가지고 있지만, 대부분의 다세포 생물의 경우에는 암세포만이 이러한 분열을 합니다.

따라서 줄기세포의 텔로미어 타이머가 꺼진다고 해도 세포 안에 찌꺼기가 쌓이는 것을 피할 수는 없습니다. 그러므로 줄기세포를 온전하게 유지하기 위해서는 충분한 텔로머라제에 더해 충분한 찌꺼기 처리반이 동반되어야 합니다.

그런데 설사 줄기세포가 온전하게 유지된다 하더라도, 우리가 불멸의 생을 누리는 데 극복해야 할 또 하나의 문제가 있습니다. 우리 몸의 모든 체세포가 줄기세포에 의해 교체되는 것은 아닙니다. 대표적으로 심장과 신경세포는 줄기세포의 도움 없이 평생 자신의 힘으로 버텨야 합니다. 분열을 하지도 않고, 줄기세포의 도움을 받지 않는 이런 기관들에 텔로미어가 무슨 의미가 있을까요?

흥미롭게도 2012년 데피노 교수팀이 〈네이처〉에 발표한 연구에 따르면, 텔로머라제가 망가진 쥐를 살펴보니 세포 분열과 별 관계없는 기관도 텔로미어 감소의 영향을 받는다는 결과가 나왔습니다. 이뿐만 아니라 위 연구팀에서 수행한 텔로머라제를 과발현시켜 쥐의 수명을 증가시킨 연구에 따르면 텔로머라제 활성으로 심장과 신경의 기능도 회복되는 것이 관찰되었습니다. 이렇듯 텔로미어가 분열을 하지 않는 체세포에도 영향을 준다는 결과가 있지만, 이들의 수명에 텔로미어가 결정적인 역할을 한다고 주장하기는 어렵습니다.

다세포 생물은 단순한 세포의 집합체가 아니기 때문에 다양한 층위가 존재합니다. 분화된 세포들이 각자의 조직을 형성하고, 그 조직들의 유기적인 결합으로 개체가 만들어집니다. 분명 전체는 부분의 합보다 큽니다. 세포의 타이머인 텔로미어가 개체에서도 수명 조절에 중요한 역할을 수행한다는 사실은 분명합니다. 그러나 텔로미어를 개체의 타이머라고 부를 수는 없습니다.

약 드시겠습니까?

지난해에 실제로 텔로미어를 이용해 개체의 남은 생을 추정할 수 있다고 주장하는 몇 가지 연구 결과가 나왔습니다. 영국 글레스고대학교의 패트릭 모나한Patrick Monaghan 교수팀은 금관조를 이용한 연구에서 태어난 지 25일째 되는 날에 측정한 텔로미어 길이가 실제 수명과 가장 큰 상관관계가 있음을 보고했습니다. 또한 블라스코 교수팀은 지난해 〈셀리포트Cell Reports〉에 발표한 논문에서 짧은 텔로미어 길이의 증가율로 쥐의 수명을 예측할 수 있다고 주장했습니다.

그러나 텔로미어 길이와 수명이 직접적인 상관관계가 없다는 논문도

그림 5 노화의 9가지 특징

많습니다. 영국 케임브리지병원의 알렉산더 교수팀이 2013년 〈헤파톨로지Hepatology〉 저널에 보고한 결과에 따르면, 간세포에서 텔로미어 길이의 감소 패턴이 나타나지 않았습니다. 또한 상관관계를 보인다고 주장하는 논문의 경우에도 나이 많은 사람 가운데 텔로미어 길이가 충분히 긴 사람들도 다수 존재하는 것을 확인할 수 있습니다.

현재 상당히 많은 노화 연구들이 축적되어 있습니다. 2013년에 이러한 연구 결과들을 잘 종합한 '노화의 특징Hallmarks of Aging'이라는 제목의 리뷰 논문이 〈셀Cell〉에 발표되었습니다. 이 논문에 따르면 노화는 9개

특징으로 정리될 수 있고, 그중의 한 꼭지를 텔로미어 타이머가 차지하고 있습니다. 텔로미어가 노화에 영향을 주는 중요한 한 가지 요소인 것은 분명합니다. 그러나 하나의 요소인 텔로미어의 길이로 정확한 수명을 예측하는 것은 불가능할 것입니다.

다시 〈인디펜던트〉의 기사로 돌아가 봅시다. 이 기사는 블라스코 교수가 수석 과학자문으로 참여하는 '라이프 랭스Life Length, Inc.' 기업에 대한 보도입니다. 이 회사는 블라스코 교수가 쥐에서 발표한 결과를 근거로 짧은 텔로미어 길이의 증가율을 측정하기 위해 정기적으로 텔로미어 길이를 측정할 것을 권장합니다.

그러나 블라스코 교수는 영국 신문의 보도와는 달리 자신들이 수행하는 텔로미어 검진이 아직은 실제 남아 있는 수명을 예측할 수 없다고 인정합니다. 그렇지만 텔로미어는 개체의 상태, 특히 몇 가지 질환이 걸릴 위험성을 알려주는 중요한 표지로 쓰일 수 있다고 주장합니다. 나아가 이 결과를 바탕으로 사람들이 좀 더 건강한 생활 습관을 갖도록 동기를 부여하는 효과가 있을 것이라고 주장합니다. 또한 노벨상 수상자 중 하나인 블랙번 교수는 콜레스테롤 수치를 측정하는 건강검진처럼 텔로미어 검진도 일반화되어야 한다고 주장합니다.

하지만 이것이 텔로미어 연구자들의 일반적인 관점은 아닙니다. 대표적으로 또 다른 노벨상 수상자인 그라이더 교수는 텔로미어 측정법을 판매하는 것은 아직 시기상조라고 주장합니다. 텔로미어와 다양한 질병 간에 아직 인과관계가 입증된 바가 없으며, 타액이나 혈액을 이용한 텔로미어 측정이 얼마나 대표성을 가지는지 과학적 근거가 별로 없다는 의견입니다.

이렇듯 텔로미어와 수명의 관계는 상업적으로 과잉 홍보되고 있습니다. 설사 텔로미어 측정을 통해 텔로미어 길이가 짧다는 결과가 나온다고 해도 우리가 별달리 할 수 있는 것도 없습니다. 아마 규칙적인 운동과 적절한 영양 섭취와 같은 건강에 좋다는 생활 습관 정도일 것입니다. 그런데 이미 이런 생활 습관이 건강에 좋다는 것 정도는 잘 알려져 있는데 굳이 텔로미어 측정을 할 필요가 있을까요?

'노벨의학상이 찾아낸 불로장생의 비밀'이라는 부제가 붙은《텔로미어》에 보면 텔로미어 나이를 알려 준다는 자가 건강 체크리스트와 '텔로미어 신선도'를 높여 준다는 다양한 물질들(블루베리, 오메가3 등)에 대한 이야기가 쓰여 있습니다. 저에게 이 책에서 소개하는 다양한 물질들이 실제 건강에 어떠한 영향을 미치는지에 대한 지식은 없습니다. 그러나 분명한 것은 이러한 물질들이 직접 텔로미어에 영향을 끼치며 텔로미어 길이가 모든 건강의 척도인 것처럼 주장하는 데에는 아직 과학적 근거가 부족하다는 점입니다. 과학은 상품에 권위를 부여하기 위한 도구가 아닙니다.

3

불협화음의 미스터리

미토콘드리아와 핵의 불균형이 수명을 증가시킨다

여러분은 B형 간염 항체를 가지고 계신가요? 저는 얼마 전에 실시된 건강 검진에서 'B형 간염 항체 없음' 결과를 통보받았습니다. 뒤늦게 백신을 접종하기 위해 보건소로 향한 저는 새로운 고민에 빠집니다. A형 간염 항체는 있던가? 파상풍 예방 접종은 했던가? 수많은 백신 목록을 보고 있노라니 어디까지 비용을 투자해서 대비해야 하는지 혼란이 생긴 것입니다.

'젊을 때 고생은 사서도 한다'라는 말이 있습니다. 이 말을 모든 삶에 얼마나 적절히 적용할 수 있을지와는 별개로, 일단 이 말이 백신의 경우에는 잘 맞는 구절 같습니다. 돈을 주고 백신을 맞아 두면 미래에 언젠가 도움이 될 테니까요. 감염 확률이 낮더라도 발병했을 때의 심각도가 크거나 백신의 비용이 지나치게 많이 들지 않는다면 기본 접종은 두루 하는 것이 좋을 것입니다. 그러면 우리가 짊어서 살 수 있는 고생은 백신 말고 또 어떤 게 있는지 생각해 보신 적 있나요?

예쁜꼬마선충을 이용한 재미있는 실험 결과가 〈셀〉이라는 유명한 생물학 저널에 발표되었습니다. 단적으로 말하면 '젊은 시절에 미토콘드리아를 고생하게 하면 수명이 늘어난다'는 내용입니다. 귀가 번쩍 뜨일 만한 얘기네요. 그렇다고 미토콘드리아를 마구잡이로 고생시켜서는 안 됩니다. 도움이 될 수 있는 적절한 고생이어야 하겠지요. 과연 '적절하고 좋은 고생'이란 어떤 것일까요?

활성산소 노화가설 떴다가 지는가

세포 안에 있는 소기관 중에서 수명에 강한 영향을 끼치는 것을 꼽으라면 단연 미토콘드리아가 상위권에 꼽힙니다. 그만큼 미토콘드리아는 중요한 기능을 두루 관장합니다. 널리 알려진 역할은 세포의 '발전소'로서 화학적 에너지의 기본 화폐라 할 수 있는 '아데노신 3인산ATP: Adenosine Triphosphate'을 만드는 일입니다. ATP는 대부분 대사 과정에 화학적 에너지로 쓰입니다. 다양한 효소나 구조 단백질이 생합성 과정을 비롯해 다양한 화학 반응을 진행할 수 있도록 함으로써 우리가 성장하고 움직이고 생각할 수 있게 하지요. ATP를 가장 많이 생산하는 방법이 미토콘드리아에 의한 '**산화적 인산화**'입니다.

산화적 인산화

미토콘드리아가 영양소 분해를 통해 얻어진 에너지를 이용해 ATP를 생산하는 대사과정을 말합니다. 유산소 호흡을 하는 대부분 개체는 산화적 인산화를 이용해 ATP를 생산하는 데, 아마도 무산소 과정으로 에너지를 생산하는 것보다 훨씬 효율이 좋기 때문일 것으로 예상합니다.

산화적 인산화 과정에서 전자는 전자 주개로부터 전자 받개로 연속적인 산화-환원 반응을 통해 이동합니다. 산화-환원 반응에서 방출되는 에너지가 ATP를 합성하도록 돕는 것입니다. 진핵생물에서는 산화-환원 반응을 미토콘드리아 내막에 박혀 있는 단백질 복합체들이 수행합니다. 이 복합체를 통틀어 전자전달계electron transport chain라고 부르기도 합니다.

전자가 전자전달계를 따라 흐를 때 방출되는 에너지는 수소이온(양성자)을 미토콘드리아 막간 공간으로 퍼내는 데 쓰입니다(미토콘드리아는 이중막 구조입니다). 이때 수소이온의 농도 기울기(농도 높낮이)로, 화학적인 에너지가 저장됩니다. 막을 기준으로 해서, 한쪽 수소이온 농도가 높고 반대쪽 수소이온 농도가 낮다면, 높은 쪽에서 낮은 쪽으로 수소이온이 돌아가려는 에너지가 생기는 것입니다. 그러나 수소이온은 미토콘드리아의 내막을 자유롭게 투과해 이동할 수는 없고, 오로지 한 통로로 다시 미토콘드리아 내부로 들어갈 수 있습니다. 바로 ATP 합성효소가 그 통로 구실을 합니다. ATP 합성효소는 수소이온이 미토콘드리아 내막 안으로 다시 돌아오려는 에너지를 이용해 ADP를 인산화시켜서 ATP를 제조할 수 있습니다.

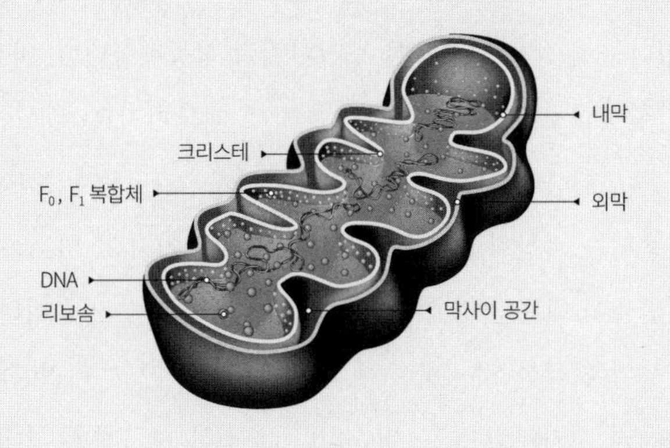

그림 1 미토콘드리아 구조.

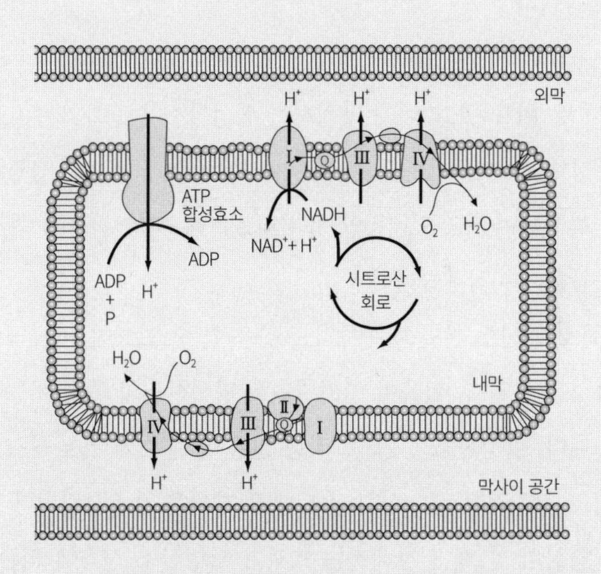

그림 2 미토콘드리아의 전자전달계의 구조. 전자전달계는 총 4개의 단백질 복합체로 구성된다. Ⅰ, Ⅱ, Ⅲ, Ⅳ로 표시되어 있는 단백질 복합체들은 미토콘드리아의 내막에 박혀 있다. 전자가 이동하면서 만들어 낸 양성자(H^+) 기울기는 ATP 합성효소에 의해 ATP를 생산하는 에너지로 사용된다.

미토콘드리아가 에너지를 생산하는 '방식' 때문에 세포에 해를 끼칠 수 있다는 주장은 오랫동안 도그마처럼 작동했습니다. 바로 이름도 유명한 '활성산소ROS: Reactive Oxygen Species' 때문이지요. 활성산소는 산소 원자를 포함하면서 화학적 반응성이 매우 높은 분자입니다. 소독약으로 사용되는 과산화수소가 활성산소의 일종이지요. 미토콘드리아는 ATP를 만들어 내는 과정에서 활성산소도 생성할 수 있습니다. 세포 내에서 생성된 활성산소는 DNA에 손상을 줄 수 있고, 지질이나 단백질을 산화시켜 망가뜨릴 수도 있습니다. 소소한 망가짐은 고칠 수 있지만, 일정 수준 이상의 손상은 세포뿐만 아니라 개체에도 치명적 위협이 될 수 있습니다.

1970년대 미국노화협회American Aging Association를 설립한 데넘 하먼Denham Harman은 미토콘드리아가 생성하는 활성산소가 노화의 주요 원인이라고 주장했습니다. 이 주장은 처음 제시된 1970년대부터 상당히 그럴듯하게 받아들여졌고 오랫동안 유지되었는데 거의 최근에 와서야 반론이 등장하기 시작했습니다.

활성산소가 신호 전달 매개자의 구실을 할 수 있으며, 스트레스에 대한 저항성을 높일 수 있음이 알려지면서 활성산소의 좋은 기능이 밝혀진 것입니다. 활성산소 증가는 '적응 반응'을 일으켜 스트레스 저항성을 높이고 장기적으로는 산화 스트레스 자체를 감소시킵니다. 실제로 운동을 열심히 할 때 건강해지는 효과가 활성산소 신호에 의존한다는 연구 결과도 발표되면서 활성산소의 긍정적 역할이 다시 조명되고 있습니다. 활성산소의 양과 수명의 관계를 단순한 상관관계로 놓기에는 난해한 점이 있습니다.

미토콘드리아 기능 감소와 수명 증가

2011년에 〈셀〉에 발표된 앤드류 딜린Andrew Dillin의 연구는 예쁜꼬마선충의 전자전달계 기능이 망가질 때 수명이 증가한다는 실험 결과를 보고했습니다. 실제로 효모나 초파리, 쥐의 연구에서도 전자전달계를 암호화하는 세포핵 내 유전자의 기능을 감소시켰을 때 노화가 늦춰지는 현상이 보고된 바 있습니다. 선충은 성체가 되기 직전에 일어나는 전자전달계의 변화를 인지하고 대처함으로써 나머지 생애 동안의 노화 과정을 결정한다고 딜린은 주장했습니다.

이 연구의 핵심은 활성산소를 끌어들이지 않고서도 미토콘드리아와 수명의 연관성을 보여 줄 수 있다는 점이었습니다. 활성산소가 영향을 줄 수 있는 범위는 자신이 만들어진 장소인 세포 내부로 한정됩니다. 그런데 딜린의 연구에서는 일부 세포에서 전자전달계를 망가뜨렸을 때 개체 수명이 변화할 수 있음을 보고한 것입니다.

한 가지 흥미로운 사실은 전자전달계 단백질 중 어떤 것의 기능을 조절하느냐에 따라 수명이 늘어나기도, 줄기도 했다는 점입니다. 따라서 단순히 '전자전달계를 망가뜨리면 수명이 늘어난다' 식의 명제는 참이 될 수 없습니다. 진실에 다가가려면 전자전달계의 오묘한 설계도를 잘 살펴봐야 합니다.

대부분의 세포내 소기관은 전적으로 세포핵이 생산하는 단백질로 구성됩니다. 오직 미토콘드리아만이 단백질을 놓고 핵과 협상을 벌일 수 있는 힘을 가집니다. 핵을 제외하고 동물 세포에서 유전물질인 DNA를 지니고 있는 소기관은 미토콘드리아가 유일하기 때문입니다. 미토콘드리아는 자신을 구성하는 단백질을 만드는 DNA를 가지고 있습니다. 하지만 흥미롭게도 미토콘드리아가 자신을 만드는 '모든' 정보를 가지고 있지는 않습니다. 미토콘드리아 설계도의 대부분은 세포핵 안의 유전체에 담겨 있습니다. 미토콘드리아는 세포 내 공생을 시작한 이후로 자기 태생의 비밀을 숙주인 세포에 많이 넘겨준 셈이지요. 하지만 미토콘드리아의 핵심 기능을 담당하는 유전자들만은 자신한테 남겨두었습니다. 아무리 궁핍해져도 절대 팔 수 없는 가보와 같은 것이었을까요? 그 유전자들은 바로 ATP를 생산하는 데에 중요한 전자전달계 구성 단백질을 암호화하고 있습니다.

전자전달계를 구성하는 여러 단백질 복합체는 핵과 미토콘드리아가 각각 일정 부분을 맡아 생산하고 있습니다. 〈그림 2〉를 보면 Ⅰ,Ⅲ, Ⅳ번 복합체의 크기가 Ⅱ보다 살짝 크다는 것을 알 수 있습니다. Ⅱ번 복합체는 오로지 핵의 정보에서 생산되는 단백질로 구성되는 데 반해, 나머지 복합체는 핵과 미토콘드리아에서 각각 일정 부분을 나누어 생산하고 있습니다.

'전자전달계를 망가뜨리면 수명이 늘어난다'가 참인 명제가 될 수 없는 이유를 눈치채신 분이 있나요? 사실 아주 살짝 힌트를 드렸기 때문에 쉽지 않을 겁니다. 이제부터 자세히 소개할 연구를 차근차근 살펴보면 금방 무릎을 치게 될 것이라 믿습니다.

미토콘드리아와 세포핵 '따로 또 함께'

2013년에 〈네이처〉에 발표된 요한 아우베르스Johan Auwerx 팀의 연구가 진행된 과정을 들여다보면, 최초의 목표는 수명에 영향을 끼치는 유전자를 쥐에서 찾는 것이었습니다. 자세한 이야기는 다루지 않겠습니다만, 결과적으로 쥐 유전체의 아주 좁은 영역에 수명을 늘릴 것으로 예상되는 유전자가 분포하고 있는 것으로 밝혀졌습니다. 후보 유전자 중 특히 관심을 끈 유전자가 *mrps*라는 유전자입니다. 미토콘드리아의 단백질을 생산하는 리보솜 공장을 암호화하는 유전자였습니다.

미토콘드리아가 전자전달계를 만드는 설계도의 일부를 스스로 지닌다고 말씀드렸는데, 실제 설계도를 따라 단백질을 생산하는 공장은 핵이 제공합니다. 흥미롭게도, 또는 다행스럽게도 *mrps* 유전자는 여러 생물 종에 잘 보존된 것으로 드러났으며 예쁜꼬마선충에도 비슷한 유전자가 존재했습니다. 그래서 서로 다른 생물 종을 대상으로 한 연구가 협력할 가능성이 생깁니다. 쥐 연구를 통해 수명 조절 유전자의 후보들을 추려내는 데 성공했지만 쥐는 수명이 수개월에서 수년에 이르러 직접 수명을 측정하고자 한다면 장기 실험 연구를 각오해야 합니다. 그래서 최대 수명이 20일 정도 되는 예쁜꼬마선충에서 문제의 유전자를 시험하는 연구가 이뤄집니다.

예쁜꼬마선충 실험에서는 *mrps* 유전자의 기능을 줄이니 수명이 60%가량 늘어나는 놀라운 현상이 관찰되었습니다. 수명이 증가한 것뿐 아니라 나이가 들면서 생기는 여러 가지 퇴행성 변화들이 늦게 일어났습니다. 입 근처 근육이 그 기능을 더 오래 수행했으며, 이동성이 더 좋아졌고, 근육섬유 구조도 더욱 튼실했습니다. 또한 수명 증가를 위해서는 *mrps* 유전자의 기능 감소가 유충 시기에 일어나야 한다는 점도 관찰됐습니다.

현상이 명백하고 흥미롭지만 아직 수명이 증가하고 건강해진 '이유'가 분명하게 드러나지 않았습니다. 다음으로 연구해야 할 부분은 그렇다면 대체 '어떻게' *mrps* 유전자의 기능 감소가 수명 증가로 이어졌는지 구체적인 작용 방식을 밝히는 것입니다.

그 해답은 *mrps*의 정상 기능을 자세히 들여다보는 과정에서 발견되었습니다. 핵에 위치하고 있는 *mrps* 유전자는 미토콘드리아 전용 단백질 생산 공장을 만듭니다. 미토콘드리아는 설계도를 가지고 있지만 생산 공장을 스스로 만들지 못하므로 핵의 도움에 의존할 수밖에 없습니다. 그런데 만약 그 공장이 망가진다면 어떻게 될까요? 전자전달계 Ⅰ, Ⅲ, Ⅳ 번의 복합체를 이루는 단백질 중 미토콘드리아가 담당하는 부분의 수급에 큰 문제가 생깁니다.

결과적으로 핵이 생산해서 보내주는 단백질은 남아돌고 미토콘드리아가 생산할 단백질은 모자라므로 전자전달계는 제대로 완성될 수가 없겠지요. 이처럼 핵과 미토콘드리아의 생산품 사이에 양적인 균형이 깨지는 것을 저자들은 '미토콘드리아-핵 불균형'이라고 부릅니다.

미토콘드리아-핵 불균형과 수명 증가의 상관관계

미토콘드리아-핵 불균형과 수명 사이의 상관관계는 아주 중요한 의미를 담고 있습니다. 딜린의 논문에 나온 '미토콘드리아의 기능 감소가 항상 수명 증가로 이어지지는 않는다'라는 점을 설명해 줄 개념이 될 수 있기 때문입니다.

미토콘드리아의 기능 감소는 이런 불균형을 일으킬 수 있느냐 없느냐 하는 측면에서 나눠 생각할 수 있습니다. *mrps* 유전자 기능이 줄어들면 불균형이 일어납니다. 한편으로 전자전달계 Ⅰ, Ⅲ, Ⅳ를 구성하는 단백질을 개별적으로 망가뜨리더라도 불균형이 일어날 수 있습니다. 딜린의 논문에서 사용된 *cco-1*은 Ⅳ번 복합체 단백질을 암호화하고 있는 핵에 위치한 유전자인데, 그 기능을 줄이면 핵에서 생산되는 단백질이 미토콘드리아가 제공하는 짝에 비해 모자라 불균형이 생깁니다.

그런데 똑같이 핵에 암호화되어 있고 전자전달계를 구성하는 단백질을 만드는 데도, 기능이 줄면 수명도 줄어들게 하는 유전자가 있습니다. 유전자 *mev-1*은 핵의 생산품으로만 구성되는 Ⅱ번 복합체를 암호화합니다. *mev-1*의 기능이 망가지면 Ⅱ번 복합체가 망가지기는 하지만, 짝을 이뤄야 할 미토콘드리아 쪽 단백질이 없기 때문에 불균형이 생기지 않는 것입니다. 미토콘드리아의 기능 감소와 수명 증가는 단순하게 연관 지을 수는 없지만, 미토콘드리아-핵 불균형이 생기면 수명이 증가한다는 것은 현재까지는 참인 명제로 받아들여집니다.

혹시 주변에서 불균형이 긍정 효과로 작용하는 사례를 보신 적이 있나요? 개인적으로 그런 효과를 꼽자면, 사춘기 시절의 반항적인 자식과 부모님 간의 갈등이랄까요. 부모님은 나름대로 인생의 과정에서 얻은 경험을 통해 아이에게 바라는 바가 있고, 아이는 머리가 굵어지면서 혼자만의 세계를 만들고 싶은 과정에서 소소한 마찰이 발생합니다. 겉

보기엔 갈등, 긴장, 마찰의 관계로 보일 수 있지만, 그 시기를 현명하게 풀어나가는 것도 아이가 제대로 성장하기 위한 과정의 일부입니다. 서로의 생각이 다르다고 해서 대화를 통해 소통하려는 노력이 없었다면 아름다운 마무리가 되지 않았겠지요. 미토콘드리아-핵 불균형도 아름다운 추억이 되기 위해서는 그것을 해결하기 위한 노력이 필요합니다.

미토콘드리아-핵 불균형이 발생하면 분쟁조절자로서 특수한 세포내 반응이 활성화합니다. 바로 '미토콘드리아 미접힘 단백질 반응MT-UPR: Mitochondria Unfolded Protein Response'라는 긴 이름의 반응입니다. 한글로는 축약해서 표현하기가 어려우니 여기에서는 편의상 '해결사'라고 줄여서 부르겠습니다.

출동한 '해결사'의 역할은?

불균형의 상황에 발생하면 등장하는 이른바 이 '해결사'는 본래 미토콘드리아 내에 잘못 접혀 기능을 잃은 단백질이 많이 축적되거나 단백질들끼리 서로 엉겨 붙었을 때 활성화하는 반응입니다. 정상 기능을 수행할 수 없는 단백질을 계속 가지고 있는 것은 자원 낭비일 뿐더러 다른 단백질 기능에도 악영향을 줄 수 있기 때문에 해결사 반응이 등장하는 것입니다. 반응의 결과, 핵 내에서 다양한 치료용 단백질이 만들어집니다. 2부에서 설명한 유능한 수선공인 '샤페론' 단백질이 대표적입니다. 아마도 샤페론 단백질이 많이 생산되어 미토콘드리아 내의 단백질 불균형을 해결하는 도중에 여유가 생긴다면 세포 내 다른 지역에서의 문제들도 살펴볼 수 있을 겁니다.

이는 마치 강도 사건이 발생해 경찰이 출동하면 한때 출동 지역 근방의 치안이 좋아지는 현상과 비슷하다고 보면 될 것 같습니다. 경찰이 수사 영역을 사건 발생지 주변으로 확대하면 그 시간만큼은 유사한 사건이 재발할 확률이 상당히 낮아지게 됩니다. 마찬가지로 미토콘드리아 내에서 불균형이 발생하면 치료 또는 방어 반응으로서 해결사 반응이 등장하게 됩니다. 해결사 반응으로 생산된 수선공들은 불균형을 조정함과 동시에 세포 내의 전반적인 복지에 이바지하게 됩니다. 그 결과로 개체의 건강이 좋아지고 수명도 길어질 수 있는 것입니다.

해결사 반응이 일어나는 단계까지는 아우베르스 팀의 연구가 명확히 밝히고 있지만, 해결사 반응에서 수명 증가로 이어지는 연결고리는 사실 제가 제시하는 가설일 뿐입니다. 전반적인 수명 연구 분야에서 해결해야 할 큰 문제 중 하나는 세포 내에서 일어나는 특정한 현상이 어떻게 개체 전체의 수명을 증가시킬 수 있는가 하는 점입니다. 미토콘드리아-핵 불균형에 뒤따르는 해결사 반응도 세포 내에서 일어나는 일이기 때문에 세포가 건강해지는 것과 개체 전체가 건강해지는 것 사이의 연결을 명확히 밝히는 것이 중요합니다.

해결사 반응이 얼마나 강력하게 일어나는가와 수명의 증가량 사이에 강력한 상관관계가 있음을 연구가 보여 주고 있습니다만, 원인과 결과를 파악하기 위해선 추가적인 실험이 필요합니다. 우선 불균형 자체는 배제하고 해결사 반응만을 유도해주었을 경우에 수명이 증가하는지 관찰함으로써 해결사 반응이 수명 증가의 원인이 될 수 있는지 보아야 합니다. 그리고 해결사 반응으로 일어나는 여러 가지 변화 중 어떤 것이 수명을 직접 증가시키는지 구체적으로 실험해야 합니다.

젊을 때 균형은 사서도 깨뜨린다?

위의 연구 결과를 지지해주는 후속 연구들이 많이 쌓여 미토콘드리아-핵 불균형이 수명을 증가시킨다는 지식이 확립되었다고 가정해 봅시다. 심지어 이런 현상은 인간에게도 보존되어 있고 미토콘드리아-핵 불균형을 유발할 수 있는 약물까지 제조되었다고 해볼까요?

여러분은 수명을 늘리고자 이 약을 드시겠습니까? 이때의 결정은 질병 대비를 위해 백신을 맞을 것인가 말 것인가의 결정보다 훨씬 어렵습니다. 백신을 맞을 때 들어가는 비용은 대부분 금전의 지출로 끝이 납니다. 면역계를 인위적으로 활성화하는 것이기 때문에 일순간 몸이 피곤하다거나 할 수는 있겠지만, 그마저도 드물게 일어나는 일입니다. 그러나 수명 약물의 경우 미토콘드리아-핵 불균형을 유발하고 그에 대한 방어 체계를 끌어올림으로써 수명이라는 관점에서는 긍정 효과를 줄 수 있지만, 어떤 부정적 효과가 비용으로 지급되어야 할지는 아직 완전히 알 수 없습니다. 진화적인 관점에서 본다면 인간 수명이 특정한 정상분포를 이루는 현상에는 나름의 이유가 있을 것입니다. 자연선택으로 다듬어진 결과가 현재 상황이라면 인위적인 조작을 가해 불균형을 유도하는 것이 종합적으로 긍정적일지는 미지수입니다.

불균형이 유발되었을 때 적극적으로 해결하기 위한 노력의 중요성도 다시 한번 새겨야 하겠습니다. 미토콘드리아-핵 불균형은 해결사 반응이라는 세포 내 방어 체계를 통해 수명을 증가시킬 수 있었습니다. 이때 불균형이 일어나는 현장은 미토콘드리아고, 그것을 해결하기 위한 수선공들은 핵에서 출동합니다. 비단 이번 장에서 소개한 수명의 경우뿐 아니라 살아가면서 마주치는 불균형들이 나중에 아름다운 추억이 되려면 불균형에 뒤따르는 해결 노력이 꼭 필요하지 않을까요?

4

거세당한 남성의 장수 비결

번식과 수명의 상관관계

동서고금을 막론하고 큰 관심사인 '무병장수'의 꿈은 그 열망의 세월에 걸맞게 다양한 신화와 속설 그리고 예술 작품을 낳았습니다. 그중 오래된 속설 하나는 성 기능이 없거나 거세당한 사람이 장수한다는 것입니다. 이 속설은 과학자들이 만들어 낸 노화 이론에 의하더라도 어느 정도 신빙성이 있는 것으로 보입니다. 한정된 자원을 지닌 개체가 유전정보를 다음 세대에 전달하는 생식세포에다 자원을 많이 투자하다 보니 한번 쓰고 버려질 체세포를 유지하는 데 충분한 자원이 배분되지 않아서 노화가 발생한다는 이른바 '일회용 체세포Disposable Soma' 이론으로 보면 그렇습니다.

최근 이 이론의 흥미로운 사례가 될 만한 결과를 국내 연구진이 발표했습니다. 고려대학교 이철구 교수 연구팀은 조선시대에 거세당한 환관들의 족보인 양세계보와 조선왕조실록, 승정원일기 등의 기록을 살펴보니 환관의 수명이 양반보다 평균 14년 넘게 긴 것으로 나타났다고 밝혔습니다. 심지어 조사 대상이 된 81명의 환관 중 3명(약 4%)의 수명은 100세 이상이었습니다. 2012년 기준으로 OECD 대상국 중 가장 높은 100세 비율을 지닌 프랑스에서도 그 수치가 0.04% 정도에 불과한 것과 비교하면 이것이 얼마나 높은 비율임을 알 수 있습니다.

이런 사실로 미루어 보면 번식과 수명에는 강한 상관관계가 있는 것으로 보입니다. 그렇다면 번식과 수명은 어떤 방식으로 서로 연관되는 것일까요? 어떤 물질이 이들 사이에서 연결 고리를 만들어 내는 것일까요? 한 예쁜꼬마선충 연구팀이 이 연결 고리를 규명하는 연구에 뛰어들었습니다.

번식과 수명의 상관성에 관한 연구

무언가의 기능을 알고 싶을 때 쉽게 쓸 수 있는 방법은 그 부분을 제거하고 나타나는 변화를 관찰하는 것입니다. 예를 들어 어떤 유전자의 기능을 알고 싶다면 그 유전자가 기능하지 못할 때 어떤 변화와 차이가 나타나는지 관찰하는 식으로 접근할 수 있습니다. 그러므로 번식과 수명의 관계를 규명하는 연구에서도 가장 먼저 해볼 실험은 다른 모든 것이 같은 상황에서 번식능력만을 완전히 제거했을 때 수명에 어떤 변화

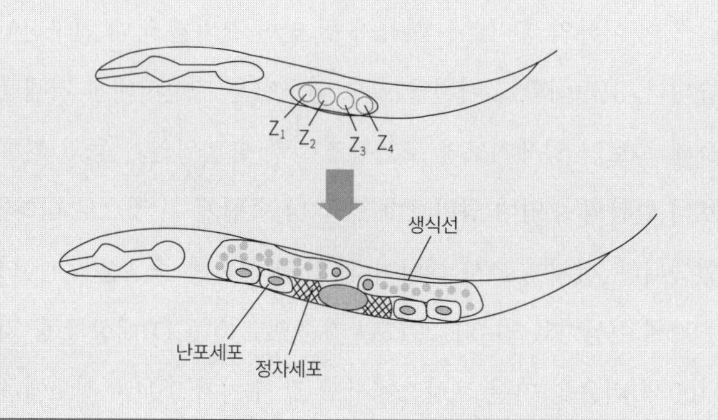

그림 1 예쁜꼬마선충의 생식기관. 생식선 전구체인 Z_2와 Z_3을 제거했을 때 수명 증가 현상이 나타난다.

가 있는지 관찰하는 일입니다. 1993년 미국 샌프란시스코 캘리포니아 대학교의 신시아 케니언Cynthia Kenyon 교수 연구팀은 예쁜꼬마선충의 번식능력을 완전히 제거하는 실험을 수행하였습니다.

예쁜꼬마선충의 경우에, 네 개의 생식 전구 세포에서 완전한 생식기관과 생식세포(정자, 난자)가 만들어집니다. 즉, 불과 4개의 세포가 기하급수적인 성장을 거듭해 수많은 세포로 구성된 생식기관을 만들어 냅니다. 예쁜꼬마선충은 1mm밖에 안 되는 작은 크기이기 때문에 생식기관만 외과적으로 적출하기 매우 힘듭니다. 그래서 이 연구팀은 생식기관의 시작점인 4개의 전구 세포를 발생 초기 단계에서 레이저로 제거하는 실험을 고안하게 됩니다. 그 결과 생식기관이 온전히 제거된 개체를 만들어 낼 수 있었습니다.

그런데 이 개체는 예측과 달리 수명의 변화를 전혀 보이지 않았습니다. 왜 이런 결과가 나온 것일까요? 연구팀은 생식기관이 통째로 제거된 상황이 개체에 좋지 않은 어떤 영향을 끼쳤을 가능성이 있다고 보았습니다. 따라서 그들은 생식기관은 온전히 유지하면서 번식능력만 제거된 개체가 필요하다고 생각했습니다. 생식 전구 세포 중 2개는 생식기관을, 나머지 2개는 생식세포를 만든다는 연구 결과가 이미 나와 있었기 때문에, 이들은 레이저를 이용해 4개의 생식 전구 세포 중에서 생식세포를 만들어 내는 2개의 세포만 제거한 후 수명의 변화를 관찰하였습니다. 그 결과 생식세포만 제거된 개체의 수명이 무려 60%가량 늘어났습니다.

이렇게 모든 생식세포를 제거하면 그 개체는 더 이상 자손을 남길 수 없게 됩니다. 그렇다면 수명 증가는 자손을 포기하는 방식을 통해서만 얻을 수 있을까요? 이 연구팀은 혹시 생식세포 중에서도 특정한 세포만을 제거해 수명이 증가하는지 알고 싶었습니다. 그래서 우선 정자를 만들지 못하는 개체와 난자를 만들지 못하는 개체를 대상으로 수명을 각각 측정해 보았습니다. 하지만 정상적인 개체와 별다른 차이가 없었습니다.

다시 한 걸음 더 나아가서 생각해 보지요. 생식세포는 정자와 난자만으로 구성되는 것은 아닙니다. 이미 발생이 끝난 정자와 난자 이외에도 지속적인 분열로 정자와 난자 세포를 만들어 내는 세포 공급 담당자인 생식 줄기세포가 따로 존재합니다. 흥미롭게도 정자, 난자는 남겨 두고, 생식 줄기세포만을 제거했을 때 수명 증가가 관찰되었습니다. 반대로 생식 줄기세포의 분열이 과도하게 일어나면 도리어 수명이 감소하는 현상도 나타났습니다. 또한 이미 정자와 난자가 충분히 생성된 성체시기에 생식 줄기세포를 제거하더라도 수명 증가 효과가 나타났습니다.

따라서 예쁜꼬마선충에서는 생식기관이 온전히 존재하는 상태에서 생식 줄기세포가 제거되었을 때 수명이 증가하는 것으로 보입니다. 또한 자손을 완전히 포기하지 않고도 수명을 늘릴 수 있음을 알 수 있습니다. 그렇다면 왜 하필 정자, 난자가 아니라 생식 줄기세포가 사라졌을 때 수명이 증가하는 것일까요? 그리고 생식 줄기세포는 어떠한 정보를 개체에 제공하고 있는 것일까요?

젊음을 유지하는 '청춘 호르몬'

그 옛날 모든 것을 가지고 있던 수많은 권력자도 결국 늙을 수밖에 없는 자신의 몸을 한탄하는 경우가 많았습니다. 진시황이 불로초, 알렉산더 대왕이 청춘의 샘을 찾아 헤맸다는 유명한 일화는 이런 생각을 대변할 것입니다. 이렇게 청춘을 되돌리는 물질을 찾아 헤매는 행동의 바탕에는 자신의 늙음이 '청춘을 유지하는 물질의 상실'에서 비롯된다는 생각이 있었을 겁니다.

이러한 생각 가운데 젊음을 유지하기 위해 소녀의 피를 마셨다는 클레오파트라의 이야기가 현대에 들어와 생물학 실험으로 재탄생했습니다. 2005년 〈네이처〉에 실린 연구에 의하면 이 이야기가 과학적으로 어느 정도 신빙성을 가지고 있는 것으로 보입니다. 이 논문에서는 나이든 쥐와 젊은 쥐의 혈관을 외과적 접합으로 이어 두 쥐의 피가 서로 통하게 만들었습니다. 그 결과 나이든 쥐의 근육과 피부 세포가 젊음을 되찾았습니다. 흥미롭게도 혈관이 연결된 젊은 쥐의 세포가 노화하는 현상은 나타나지 않았습니다. 이러한 결과로 미루어 보면 나이가 들수록 노화 물질이 많아지는 것이 아니라 젊음을 유지하는 물질이 사라지고 있는 것으로 보입니다.

그렇다면 혈액에서 사라진 '젊음 유지 물질'은 무엇일까요? 유력한 물질은 혈액을 따라 흐르는 호르몬입니다. 호르몬은 우리 몸의 한 부분에서 분비되어 혈액을 타고 표적기관으로 이동하는 일종의 화학물질입니다. 예쁜꼬마선충의 몸에도 나이가 듦에 따라 양이 감소하는 호르몬이 존재하는데, 그것은 DA Dafachronic Acid라는 호르몬입니다.

예쁜꼬마선충은 네 단계의 유충기를 거쳐 성체가 됩니다. 각 단계를 넘어가기 위해서는 단계에 맞는 적절한 유전자의 스위치가 켜지고, 꺼지는 것이 중요합니다. 이러한 조절은 요즘 주목받고 있는 마이크로 RNA에 의해 이루어집니다. 마이크로 RNA는 20~25개의 핵산으로 구성된 단일 가닥의 RNA 분자로 특이적인 염기 서열을 가집니다. 이 마이크로 RNA는 상보 결합 가능한 다른 RNA(전령 RNA 등)를 표적으로 삼아 결합하여 이중 가닥을 형성합니다. 이렇게 형성된 이중 가닥의 RNA는 대부분 분해되어 표적 RNA가 단백질로 번역되지 못하게 합니다. 이런 마이크로 RNA는 다양한 유전자를 시기와 상황에 따라 껐다 키는 데 주로 사용됩니다.

네 단계의 유충기 중 특히 두 번째에서 세 번째 유충기로 넘어가는 선택은 선충의 생존을 좌지우지할 정도로 중요합니다. 그 이유는 두 번째 유충기가 환경에 대한 정보를 취합해 대안적 유충 단계인 '다우어 dauer'로 들어갈지를 결정하는 단계기 때문입니다. 대안적 유충 단계로 들어가면 길게는 6개월가량 먹지 않고 버틸 수 있기 때문에 충분한 먹이가 없는 야생에서 생존하는 데는 매우 중요한 대안입니다. 만약 두 번째 유충이 환경을 좋은 상태로 인지하면 DA 호르몬이 합성됩니다. DA호르몬은 특정 마이크로 RNA들(miR-84와 miR-241)의 발현을 유도해 예쁜꼬마선충이 세 번째 유충기로 들어가도록 합니다.

세 번째 유충기에 최대치를 보이는 DA 호르몬은 점차 감소하여 선충의 번식이 끝날 때쯤이면 몸에서 완전히 사라집니다. 나이가 듦에 따라 점점 사라지게 되는 것이죠. 그렇다면 혹시 이 호르몬이 바로 진시황과 클레오파트라가 찾아 헤매던 '청춘을 유지하는 물질'이 아닐까요?

예쁜꼬마선충의 청춘 호르몬

다시 예쁜꼬마선충의 수명 연구로 돌아가 봅시다. 생식 줄기세포가 제거된 개체에는 대체 어떤 변화가 일어난 것일까요? 독일 막스플랑크 연구소의 아담 안테비Adam Antebi 교수 연구팀이 〈사이언스〉에 발표한 연구를 보면 정상 개체에서 세 번째 유충기 이후에 점점 감소하는 DA 호르몬의 양이 생식 줄기세포가 제거된 개체에서는 세 번째 유충기 이후에도 급격히 증가하는 경향을 보입니다. 증가한 호르몬은 성체가 된 첫날 정점을 찍고, 점차 떨어지기 시작합니다. 그러나 생식 줄기세포가 제거된 개체는 성체가 된 지 10일이 지난 뒤에도 정상 개체에서 가장 높은 시기, 즉 세 번째 유충기에 나타나는 수준의 호르몬 양을 유지합니다.

따라서 생식 줄기세포가 제거되면 원래 감소해야 하는 DA 호르몬이 오히려 증가하고, 나이가 들어서도 그 양을 유지한다는 것이지요. 또한 DA 호르몬을 합성하는 유전자가 망가지면 생식 줄기세포가 제거되어도 수명이 증가하지 않는 것으로 보아, DA 호르몬이 수명을 늘리는 데 반드시 필요한 물질입니다.

개체에게 DA 호르몬의 양이 증가한다는 것은 무슨 의미일까요? DA 호르몬은 벌레가 두 번째에서 세 번째 유충기로 성장하도록 해주는 호르몬입니다. 따라서 나이가 들어서 DA 호르몬의 양이 증가한다는 것은 성장기에만 일어나던 일이 나이든 개체에서도 나타나고 있음을 의미합니다. 흔히 성장기에는 몸을 성장시키는 유전자뿐만 아니라 번식 가능한 시기까지 몸을 건강하게 유지하는 데 관여하는 유전자의 발현도 증가합니다. 그렇다면 성장기에 작용하던 호르몬이 다 자란 성체에도 작용한다면 어떤 일을 하게 될까요? 성체는 더 이상 성장을 할 수 없으므로 아마 DA 호르몬이 주로 몸을 건강하게 유지하는 유전자의 발현을 증가시키는 방향으로 작동하지 않을까요?

예상대로 성체에서 증가한 DA 호르몬은 예쁜꼬마선충의 몸을 건강하게 유지하는 데 핵심적인 기능을 하는 전사인자인 DAF-16을 조절합니다. DAF-16은 영양분이 충분한 환경에서는 세포질에 머물다가 불충분한 영양분 때문에 인슐린의 양이 줄어들면 세포핵으로 들어가 다양한 스트레스 저항 유전자의 발현을 증가시켜 몸이 그 환경을 버틸 수 있도록 도와주는 중요한 구실을 합니다.

여기에 흥미로운 사실이 하나 더 있습니다. DA 호르몬이 DAF-16을 조절하기 위해 새로운 단백질을 발현시키는 것이 아니라 세 번째 유충기로 성장하는 데 스위치로서 작용했던 마이크로 RNA들을 이 대목에서 다시 이용합니다. 성장기에 중요한 기능을 했던 마이크로 RNA들이 성체에서는 다른 기능을 수행하는 것입니다. 성체에서 다시 발현된 마이크로 RNA들은 DAF-16이 세포핵으로 들어가는 것을 막는 AKT-1이라는 단백질의 발현을 저해합니다.

종합해보면 나이가 늘어나면서 줄어드는 DA 호르몬이 생식 줄기세포가 제거된 조건에서는 다시 증가하고, 이 호르몬에 의해 DAF-16이 핵 안으로 들어가 다양한 스트레스 저항 유전자의 발현을 유도해 개체가 좀 더 오래 살 수 있게 돕는다는 것입니다.

DA 호르몬이 클레오파트라가 그토록 원하던 젊음을 유지해주는 물질일까요? 안타깝게도 정상적인 예쁜꼬마선충에게 DA 호르몬만 먹인다고 해서 수명이 증가하지는 않았습니다. 그러므로 생식 줄기세포의 제거로 말미암은 수명 증가에는 여러 물질이 복합적으로 작용하고 있을 것으로 보입니다. DA 호르몬과 아직 알지 못하는 다른 물질의 작용이 동반되어야 수명 증가 효과가 나타날 것으로 예측할 수 있습니다.

사람도 DA 호르몬을 가지고 있을까?

어찌되었든 DA 호르몬이 예쁜꼬마선충에서 번식과 수명을 연결하는 데 중요하게 작용하는 물질인 것은 분명해 보입니다. 그렇다면 인간에게도 DA 호르몬과 같은 호르몬이 있을까요? 사실 인간은 이름부터 생소한 DA 호르몬을 가지고 있지는 않습니다.

그러나 아직 실망하기는 이릅니다. 성호르몬으로 잘 알려진 에스트로겐, 프로게스테론 그리고 테스토스테론은 DA 호르몬과 상당히 유사한 구조를 가지고 있으며, 번식과 밀접한 관계를 지니는 호르몬입니다. 흥미롭게도 이 호르몬들도 젊은 나이에 정점을 찍고, 나이가 듦에 따라 감소하는 경향성을 보입니다. 남성호르몬인 테스토스테론은 30대 초반까지 높은 수준을 유지하다가 점차 떨어지고, 여성호르몬인 에스트로겐과 프로게스테론은 생리 주기에 따라 오르락내리락을 반복하다가 폐경 이후에 낮은 수준을 유지합니다.

또한 DA 호르몬이 성장에 필수적인 호르몬인 것처럼 테스토스테론과 에스트로겐도 성장에 중요한 역할을 하는 호르몬입니다. 실제로 남성의 갱년기나 여성의 폐경이 초래하는 근육량 저하, 신체 기능 저하와 같은 증상들은 성호르몬이 수행하던 성장 관련 기능의 저하와 관련이 깊습니다. 따라서 이러한 증후군들에 대해서는 성호르몬이 치료제로 쓰이기도 합니다. 이와 같은 사실들로 미루어보면 성호르몬이 DA 호르몬처럼 수명을 늘릴 수 있을 것이라는 기대가 생깁니다.

그러나 이들 호르몬이 지닌 성장 촉진 기능은 민감한 특정 기관에서는 암 발생률을 올린다는 보고도 있습니다. 또한 모델 동물을 이용한 연구에서 남성호르몬이 수명을 감소시킨다는 보고가 있으며, 여성보다 남성의 수명이 짧은 이유가 남성호르몬 때문이라는 주장도 있습니다. 이러한 보고에 따르면 성호르몬, 그중에서도 남성호르몬은 수명에 악영향을 끼치는 것으로 보입니다. 따라서 이런 논쟁적인 상황으로 미루어 보면 성호르몬이 인간의 수명에 어떠한 영향을 끼치는지 결론을 내리기는 아직 어려워 보입니다. 그러나 인간의 성호르몬은 예쁜꼬마선충의 DA 호르몬과 비슷한 점을 많이 지니고 있고 비슷한 기작을 이용하고 있을 가능성도 물론 있습니다.

그래도 우리는 늙는다

이처럼 미세한 유전적 변화로 더 오래 살 수 있는 잠재력이 있는데도 예쁜꼬마선충은 왜 딱 그 정도의 수명을 가지도록 진화하였을까요? 무한한 젊음을 누릴 수는 없을까요?

우선 우리가 흔히 생각하는 고정관념 하나를 깰 필요가 있습니다. 여러분은 '죽음'하면 어떤 이미지를 떠올리시나요? 병상에 누운 노인의 이미지가 떠오르나요? 흔히 우리의 고정관념에 노화와 죽음은 서로 연관돼 혼재하는 이미지로 존재합니다. 그러나 잠깐만 생각해보면 알 수 있듯이 노화가 죽음의 전제조건은 아닙니다. 우리나라에서 우연한 교통사고로 사망하는 사람의 수만 해도 한 해 5,000명 가까이 된다고 합니다.

물론 지금은 의학의 발전으로 자연 수명을 다하지 못하고 젊은 나이에 우연히 사망하는 비율이 낮아져 평균 수명이 80세에 육박하는 시대가 되었습니다. 그러나 이런 변화가 일어난 최근 100년은 진화의 시간으로 비추어 보면 매우 짧은 순간입니다. 인류의 긴 역사에서 우연한 죽음은 매우 흔했습니다. 인간뿐 아니라 야생의 많은 생물도 같은 운명에 처해 있습니다. 그렇다면 이렇게 죽음이 흔한 상황에서 지금까지 자신의 유전자를 전달할 수 있었던 개체들은 어떠한 전략을 취했던 것일까요?

아마도 자신이 죽을 확률이 높아지기 전에 자신의 유전자를 될수록 다음 세대로 많이 전달하기 위해 발버둥 쳤을 겁니다. 생존경쟁 속에서 조금은 더 건강하고, 번식을 잘하는 개체가 선택되는 과정이 반복되었을 것입니다. 그 결과 다음 세대로 자신의 유전자를 전달하는 데 긍정적인 영향을 끼치는 유전자들만 지속적으로 선택되었을 겁니다.

그런데 우리가 무한한 삶을 살기 위해서는 번식 이후의 시기에도 좋은 유전자로 잘 조절되어야 할 것입니다. 하지만 유전자에게는 자신을 다음 세대에 성공적으로 전달한 이후의 삶은 그다지 큰 의미가 없습니다. '이기적 유전자'의 표현을 빌리자면, 이미 복제를 통해 자신의 이기적 욕망을 채웠기 때문에 운반자에 불과한 몸은 더 이상 필요가 없는 것입니다. 따라서 자신의 유전자를 성공적으로 전달한 이후에 발생하는 변화는 자연선택의 철저한 무관심 속에서 무작위적인 선택을 받게 됩니다. 무작위적인 선택의 결과, 몸에 나쁜 영향을 끼치는 유전자들도 같이 선택되어 몸이 점점 닳는 노화가 나타나게 됩니다.

이렇듯 노화는 야생의 높은 사망률 속에서 자신의 유전자를 다음 세대로 잘 전달하기 위한 사투에서 빚어진 필연적인 산물입니다. 우리는 언젠가 늙습니다. 지금은 항-노화의 홍수 속에서 인생의 한 시기에 불과한 젊음이 과도하게 칭송되며 늙음이 마치 질병처럼 여겨지고 있습니다. 영화 〈은교〉에서 "너희 젊음이 노력으로 얻은 상이 아니듯, 내 늙음도 잘못으로 받은 벌이 아니다."라는 유명한 대사처럼 늙음을 늙음 그 자체로 받아들일 때 우리는 자신의 유한성과 정면으로 마주할 수 있을 겁니다. 이렇게 유한한 우리기에 이 순간 하나하나가 소중한 것은 아닐까요.

5

홀아비가 여자보다 오래 살 수 있을까?

남성과 여성의 행동과 수명 차이

세계보건기구가 2009년에 발표한 자료를 보면, 한국 남성의 기대 수명은 76.8세로 83.3년인 여성의 기대 수명보다 6.5세가 낮다고 합니다. 남성의 수명이 여성의 수명보다 낮은 것은 오랫동안 알려진 사실이지만 그 이유는 분명치 않습니다. 생물학적으로 이미 태어날 때 정해져 있다는 주장이 있는가 하면 스트레스나 음주, 흡연 습관 같은 후천적 요인을 원인으로 지목하는 주장도 있습니다. 동물의 경우 성별에 따른 수명 차이가 있는 경우 주로 수컷의 수명이 짧은 편입니다. 성별에 따른 수명 차이는 초파리, 집파리, 예쁜꼬마선충 등에서 보고되었습니다. 노화 연구계에서 수명의 성별 차이를 일으키는 원인을 밝혀내는 것은 중요한 연구입니다. 그렇다면 예쁜꼬마선충의 성에 따른 수명 차이는 어떨까요?

우선 예쁜꼬마선충의 성에 대해서 알아보겠습니다. 예쁜꼬마선충에는 두 가지 성이 있습니다. 암수한몸과 수컷이 있습니다. 예쁜꼬마선충의 암수한몸은 근본적으로 암컷에 가까운 성입니다. 암수한몸은 스스로 정자와 난자를 모두 만들어 낼 수 있어서 교배할 필요 없이 자가 수정으로 자손을 퍼뜨립니다. 이것은 멘델의 실험에서 봤던 완두콩의 자가수분과 같은 것입니다. 자가 수정 혹은 자가수분은 교배를 하지 않고도 자손을 퍼뜨릴 수 있기 때문에 예쁜꼬마선충과 완두콩이 유전학 연구에 활발히 이용될 수 있었습니다. 또한 암수한몸은 수컷과 교배도 가능합니다. 반면 수컷은 오직 정자만 만들 수 있어서 암수한몸을 찾아 자신의 정자를 전달해 난자와 수정시켜야 합니다. 다행히 암수한몸 외에 수컷이 존재하기 때문에 때때로 실험을 위해 교배도 가능하다는 장점이 있습니다.

꼬마선충의 두 가지 성

예쁜꼬마선충의 암수한몸과 수컷의 생김새를 비교해 보겠습니다(예쁜꼬마선충 해부도 32~33쪽 참조). 암수한몸은 전체적으로 수컷보다 통통하고 두 개의 생식선을 갖습니다. 각 생식선에는 난자가 될 생식세포가 자라고 있습니다. 그리고 양쪽 생식선의 끝에는 정자주머니가 있어 이곳에 난자가 지나갈 때 정자와 난자가 만나 알이 수정됩니다. 수정란은 암수한몸의 몸에서 난할을 하다가 음문vulva이라는 구멍을 통해 밖으로 배출됩니다. 참고로 예쁜꼬마선충이 먹이가 없어서 굶으면 어미의 몸 안에서 알이 부화하여 유충이 어미 내부에서 어미 몸을 먹고 자라는 벌레주머니worm bag 현상도 존재합니다. 예쁜꼬마선충을 연구하면서 본 가장 무서운 장면입니다.

수컷은 암수한몸보다 늘씬합니다. 크기도 더 작고 날렵한 생김새를 띄는데 실제로 움직이는 속도도 암수한몸보다 더 빠른 편입니다. 수컷의 가장 큰 특징은 꼬리에 있습니다. 날렵하게 생긴 암수한몸의 꼬리와 달리 수컷의 꼬리에는 빗자루를 닮은 교미 기관이 있습니다. 이 부채를 닮은 기관은 굉장히 섬세하게 생겼습니다. 수컷은 암수한몸의 음문을 찾아 그곳을 통해 정자를 전달합니다. 따라서 교미 기관에는 암수한몸의 음문을 찾는 데 필요한 신경세포가 골고루 분포하고 큐티클 층(표피를 보호하는 물질)으로 보호받고 있습니다.

예쁜꼬마선충의 성은 어떻게 결정될까요? 암수한몸은 전형적인 이배체입니다. 성을 결정하는 성염색체인 X염색체와 나머지 보통 염색체를 한 쌍씩 갖고 있습니다. 그런데 수컷은 보통 염색체 수는 같지만 X염색체를 하나만 갖고 있습니다. 아주 드물게 X염색체가 하나 없는 정자나 난자가 수정되면 수컷으로 발생하게 됩니다. X염색체가 하나 없어지는 현상은 매우 예외적이므로 실험실에서는 자연스럽게 수컷을 관찰하기는 어렵습니다. 수컷을 얻기 위해 암수한몸에 죽지 않을 정도로 덥게 만드는 열충격을 주어 인위적으로 수컷을 만들어냅니다. X염색체의 수에 따라 어떤 알은 암수한몸으로, 다른 알은 수컷으로 발생하게 됩니다.

마음 급한 수컷과 무심한 암수한몸

앞에서 설명해드린 암수의 차이를 조금 어려운 말로 성적 이형성sexual dimorphism이라고 합니다. 성적 이형성은 같은 종이지만 수컷과 암컷이 서로 다른 형질을 갖는 것을 의미합니다. 그 형질은 형태, 크기, 외모, 색상, 행동을 포함합니다. 성적 이형성이 도드라진 종의 예로 공작이나 사슴, 꿩 등이 있습니다. 공작의 수컷은 화려한 색상과 모양의 깃털 암컷에 뽐내지만 암컷은 그에 비해 수수한 외모를 갖고 있습니다. 수사슴은 암컷에 비해 크고 공격적인 뿔을 가지고 있습니다. 이런 뿔을 갖게 된 이유는 암컷에게 과시하거나 수컷끼리 경쟁할 때 필요했기 때문일 것입니다.

크기는 작지만 예쁜꼬마선충의 성적 이형성도 무시하지 못할 정도입니다. 현미경으로 잠깐만 봐도 알 수 있을 정도로 수컷과 암수한몸의 모양이 다릅니다. 지금까지는 주로 눈에 보이는 형질을 말씀드렸습니다만 예쁜꼬마선충의 행동과 수명에도 성적 이형성이 존재합니다.

예쁜꼬마선충의 수컷과 암수한몸은 형태 차이만큼이나 짝짓기 중에 행동 차이를 보입니다. 아마도 짝짓기는 동물 행동 중 가장 중요하면서도 원시적인 형태의 행동일 것입니다. 예쁜꼬마선충에서 짝짓기는 대부분 수컷이 도맡아서 진행합니다. 암수한몸은 행동 측면에서는 아주 수동적인 태도를 보입니다. 예쁜꼬마선충은 대부분의 삶을 움직이고 먹는 데 소비합니다. 그래서 행동 측면에서 그렇게 흥미롭지는 않습니다. 그러나 짝짓기 행동을 보고 나면 이 작은 생명체가 이렇게 복잡한 행동을 할 수 있는지 놀라게 됩니다.

수컷은 주위에 암수한몸이 없는 경우 굉장히 빠른 속도로 암수한몸을 찾으러 다닙니다. 수컷이 암수한몸을 발견하면 꼬리를 암수한몸의 몸에 붙이고 후진을 합니다. 그리고 꼬리가 암수한몸의 머리나 꼬리에 다다르면 몸을 돌려 꼬리로 반대쪽 암수한몸의 몸을 훑습니다. 이 행동은 꼬리의 촉각으로 음문을 탐색하기 위한 것입니다. 이 행동은 음문을 찾을 때까지 반복됩니다. 수컷의 꼬리가 음문에 닿으면 수컷은 침골spicule이라는 정자를 주입하는 기관을 음문에 삽입하여 사정합니다. 예쁜꼬마선충의 짝짓기 행동을 직접 관찰하면 암수한몸은 짝짓기에 별로 관심이 없는 듯 끊임없이 움직입니다. 그러나 수컷이 얼마나 집요한지 암수한몸의 조그마한 움직임도 뒤따라가 음문을 끊임없이 탐색합니다. 이 광경은 마치 공중 급유기가 비행 중에 전투기에 급유하는 것을 떠올리게 합니다.

뭉쳐 있는 수컷들... 동성애적 짝짓기일까

이제 본격적으로 다루게 될 성적 이형성은 바로 '예쁜꼬마선충 수컷과 암수한몸의 수명 차이'입니다. 여기에서 소개할 연구는 2000년에 미국의 데이비드 젬스와 도널드 리들Donald Riddle이 발표한 〈예쁜꼬마선충 수컷의 장수〉라는 제목의 논문입니다.

우선 〈그림 1〉을 볼까요? 그래프에서 뚜렷하게 차이가 나는 두 곡선이 있습니다. 수컷이 암컷보다 수명이 아주 짧다는 것을 알 수 있습니다. 암수한몸은 25일 정도에도 서서히 죽어가지만 수컷은 불과 15일 근

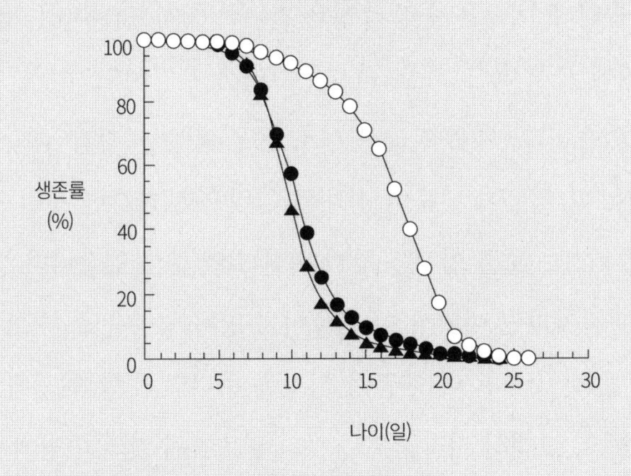

그림 1 예쁜꼬마선충의 성별에 따른 수명. 빈원은 암수한몸, 검은 원과 삼각형은 수컷. 출처/Gems, David, and Denald L. Riddle. 2000.

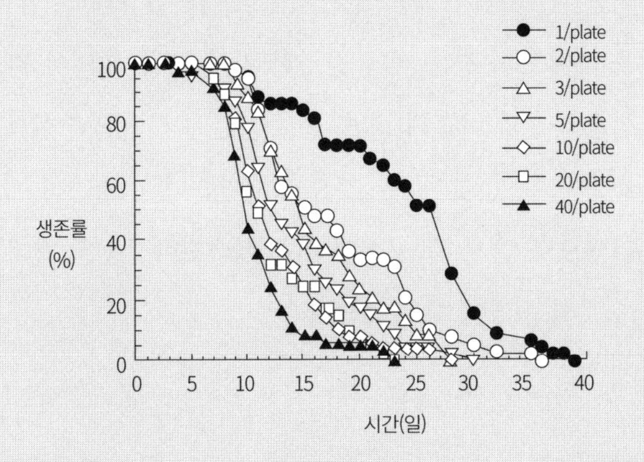

그림 2 밀도에 따른 수컷의 수명. 출처/Gems, David, and Denald L. Riddle. 2000.

처에서 거의 다 죽습니다. 그런데 이 실험에서 연구자들은 재미난 광경을 목격했습니다. 이들은 수명 측정을 간편하게 하도록 여러 마리의 수컷을 한 집에 모아 놓고 키웠습니다. 그래서 우연히도 수컷들이 서로 뭉치게 되었습니다. 이 수컷들은 서로 몸을 훑는 짝짓기 행동을 하고 있었습니다. 이 행동이 단순히 상대를 암컷으로 착각한 것일 수도 있고, 혹시 있을지도 모를 암컷을 찾기 위한 것일 수도 있습니다.

예민한 과학자라면 여기서 이 행동이 수명에 영향을 줄 수도 있으리라고 추정할 것입니다. 이 행동이 영향을 준다면 수명 연구에 방해될 수 있으니까요. 그래서 저자들은 수컷의 밀도가 수컷의 수명에 어떤 영향을 끼치는지 조사해봤습니다.

〈그림 2〉를 보면 한 집plate에 몇 마리씩 키웠는가에 따라 수명이 달라진다는 것을 알 수 있으실 것입니다. 홀로 키울 때 수명이 가장 길었고 40마리를 키울 때 수명이 가장 짧은 것으로 나타났습니다. 심지어 2마리만 키웠을 때에도 수명은 꽤나 감소한 것이 보입니다. 이 결과를 암수한몸의 생존 곡선과 비교해 보면, 홀로 늙은 수컷은 암수한몸보다 놀랍게도 평균 수명이 20%나 높은 것으로 나왔습니다. 굉장히 예리한 관찰력과 추리력으로 알게 된 사실입니다. 예쁜꼬마선충은 기대와 달리 홀로 사는 수컷의 수명이 더 길었습니다.

홀로 사는 수컷, 암수한몸보다 장수

그렇다면 이 예쁜꼬마선충들은 실제로 동성애적인 짝짓기를 하고 있었던 것인지 궁금해집니다. 원래 야생의 예쁜꼬마선충은 짝짓기 뒤에 한 가지 행동을 더 합니다. 수컷은 사정 이후에 일종의 정조대 역할을 하는 짝짓기 마개mating plug를 암수한몸의 음문 위에 형성합니다. 자신과 짝짓기한 암수한몸이 다른 수컷과 짝짓기하는 것을 방해하려는 방편입니다.

예쁜꼬마선충의 연구는 모두 영국에서 발견된 브리스톨이라는 종에서 채집한 N2 예쁜꼬마선충을 표준으로 삼고 연구합니다. 그런데 위 실험에 쓰인 N2 예쁜꼬마선충은 짝짓기의 흔적을 남기지 않습니다. 왜냐하면 앞의 실험에서 쓰인 N2 예쁜꼬마선충은 실험실에서 오랫동안 배양되었기 때문에 야성을 잃고 짝짓기 마개를 만드는 능력을 상실했기 때문입니다. 따라서 N2 예쁜꼬마선충으로는 짝짓기를 실제로 했는지 여부는 알 수가 없습니다.

이 문제점을 해결하기 위해 연구자들은 여전히 짝짓기 마개를 만들 수 있는 또 다른 야생형인 AB2 예쁜꼬마선충을 이용해 수컷끼리 짝짓기를 하는지 알아보았습니다. 수컷들이 뒤엉켜 지내게 한 뒤 나중에 보니, 엉뚱하게도 수컷의 머리에 있는 분비관excretory pore에 짝짓기 마개가 형성되어 있는 게 관찰되었습니다. 이 결과를 보면 AB2 수컷 예쁜꼬마선충은 수컷 분비관을 암수한몸의 음문으로 착각한다고 생각할 수 있습니다. 재미있는 것은 AB2와 N2 수컷을 섞어 놓더라고 AB2끼리만 짝짓기 마개를 형성했다는 점입니다. AB2 수컷은 N2에게는 끌리지 않고 AB2 수컷에만 끌린다고 볼 수 있는 것이지요.

현재까지 실험 결과를 종합하면 예쁜꼬마선충 수컷은 혼자 있을 때 암수한몸보다 장수한다는 것입니다. 그 원인은 무엇일까요? 아마도 그

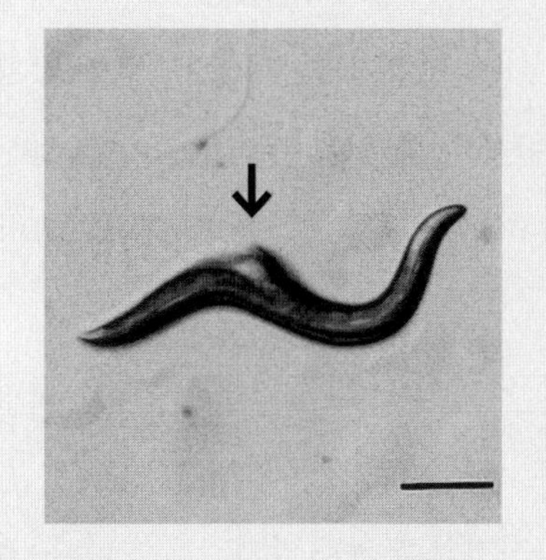

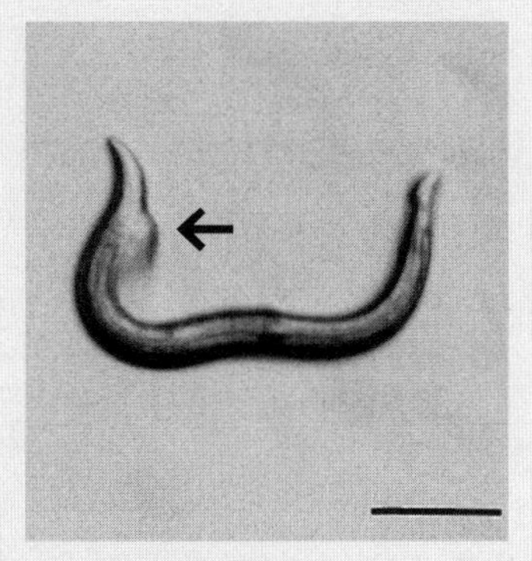

그림 3 AB2 야생형 예쁜꼬마선충. 암수한몸의 음문에 짝짓기 마개 형성(왼쪽). 수컷의 머리에 있는 분비관에 짝짓기 마개 형성(오른쪽). 출처/Gems, David, and Donald L. Riddle. 2000.

원인을 행동에 의한 것과 아닌 것으로 나누어 생각해 볼 수 있을 것입니다. 행동에 의한 경우 수컷들끼리 있을 때 일어나는 행위들 때문에 수명이 감소할 수 있습니다. 혹은 행동과는 상관없이 수컷들끼리 있을 때 서로 주고받는 페로몬 같은 화학물질 때문일 수도 있습니다. 이 두 가지를 구분하려면 어떻게 해야 할까요? 수컷들끼리 상호작용을 할 수 없는 조건에서 수명을 연구해 보면 어떨까요?

몸의 움직임이 수명과 연관 있을까

저자들은 몸을 잘 움직이지 못해서 수컷들끼리 상호작용을 하지 못하는 돌연변이 개체들을 사용했습니다. 이 돌연변이는 근육이나 신경 등

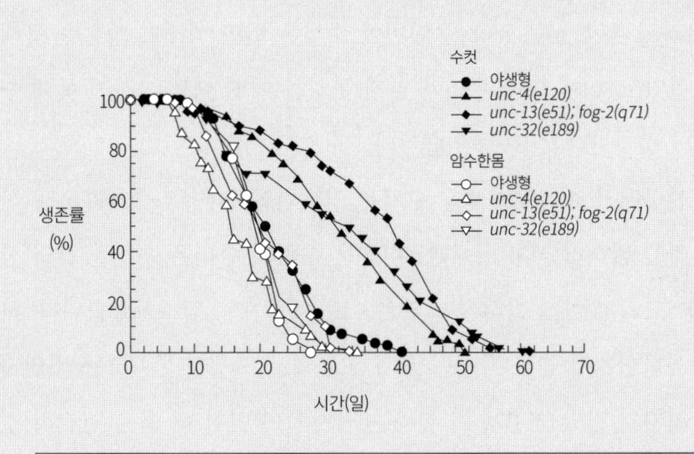

그림 4 *unc* 돌연변이 수컷의 수명 변화. 출처/Gems, David, and Donald L. Riddle. 2000.

에 문제가 생겨 운동의 조화가 깨져 제대로 움직이지 못하는 *unc* 돌연변이입니다. *unc* 돌연변이는 심한 경우 마비되는 경우도 있습니다. 또 이 돌연변이들은 짝짓기 행동뿐 아니라 다른 여러 움직임에도 문제를 갖고 있습니다. 〈그림 4〉를 보시면 움직임에 문제가 있는 *unc* 암수한몸은 야생형보다 수명이 짧거나 비슷합니다. 이는 *unc* 돌연변이 자체는 수명에 영향을 별로 끼치지 않는다는 것을 의미합니다.

unc 돌연변이 수컷의 수명은 혼자 사는 야생형 수컷보다 증가했습니다. 혼자 사는 야생형 수컷은 이미 수명이 증가한 상태였습니다. 그렇다면 왜 *unc* 돌연변이 수컷에게 추가적인 수명 증가가 있었을까요? 이 결과를 통해 우리는 짝짓기 행동 외에 수명을 감소시키는 또 다른 행동이 있을 수 있다는 것을 유추할 수 있습니다. 이미 말씀드렸듯이 *unc* 수컷들은 짝짓기 행동뿐 아니라 다른 움직임에도 문제가 있습니

다. 따라서 홀로 사는 *unc* 돌연변이 수컷은 일단 짝짓기 행동을 못해 오래 살았고, 이에 더해 우리가 알지 못하는 어떤 행동을 하지 못해 수명이 더 증가했다고 볼 수 있습니다.

이 연구에서 예쁜꼬마선충 수컷은 암수한몸보다 1.7-2.2배 오래 산다는 것이 밝혀졌습니다. 예쁜꼬마선충 수컷의 수명은 수컷들 간의 상호작용 그리고 아직 밝혀지지 않은 어떤 행동으로 감소하였습니다. 하지만 실험실에서 연구된 이런 효과가 실제로 야생에 존재하는 것인지는 알려지지 않았습니다. 이 결과는 남자의 수명이 더 짧은 인간의 경우와 맞지 않는 결과였습니다. 하지만 최근 들어 남녀의 기대 수명 차이가 점점 줄어들고 있다고 합니다. 어쩌면 먼 미래에 남자 수명이 여자 수명보다 증가할지도 모르는 일입니다.

남녀간 수명 차이와 행동 차이의 상관성은?

한편으로 이 연구에서 AB2 야생형 수컷은 서로 머리에 짝짓기 마개를 형성하는 것이 밝혀졌습니다. 아마도 다른 야생형에도 충분히 가능할 것으로 유추할 수 있습니다. AB2 수컷은 N2 수컷에 짝짓기 마개를 형성하지 않았습니다. 이 결과는 이 수컷들이 다른 수컷에 늘 끌리는 것이 아니라 암수한몸을 닮은 특징을 가진 수컷에만 끌릴 수 있다는 것을 의미합니다. N2 수컷들도 수컷들과 짝짓기를 했을 수 있지만 N2 수컷들은 짝짓기 마개를 형성할 수 없으므로 그 여부를 알 수 없습니다.

몸을 잘 움직이지 못하는 *unc* 돌연변이 수컷은 홀로 사는 야생형 수컷보다도 더 오래 살았습니다. 단순히 짝짓기를 못 해서 오래 살았다는 것으로 이 현상을 잘 설명할 수 없습니다. 아마 관찰된 적이 없는 행동이 짝짓기 행동과 함께 억제되어 수명이 증가한 것으로 추정됩니다. 예를 들면 예쁜꼬마선충 수컷은 가끔 자신의 꼬리로 자신의 머리를 쫓아가 혼자 빙글빙글 도는 행동을 합니다. 이것이 짝짓기 연습인지 자기 자신을 다른 암수한몸으로 착각한 것인지는 알 수 없습니다. 어쨌든 이 행동은 수명 증가보다는 감소의 원인이 될 수 있을 것입니다. 마지막으로 이런 수컷들의 행동은 대사율을 높여서 수명을 증가시켰을 수 있습니다. 혹은 수컷들이 하는 행동이 기계적인 손실을 일으켜 수명이 단축됐을 수 있습니다.

예쁜꼬마선충 연구가 우리가 궁금해 하는 모든 질문에 답을 줄 수는 없을 것입니다. 그러나 남녀 수명의 차이와 같이 우리가 막연히 품는 질문에 대해 완벽하지는 않지만 신속한 답을 줄 수 있는 것이 예쁜꼬마선충인 것 같습니다. 이 연구를 통해 행동이 수명에 끼치는 영향이 예상보다 크다는 것을 알았습니다. 우리는 흔히 남녀 차이를 그저 육체적인 차이로만 받아들입니다. 그러나 남녀 차이가 행동 차이를 일으키고 그 행동 차이가 다시 수명에 영향을 끼치는 인과관계는 쉽게 생각할 수 없을 것입니다. 아마도 인간 수명 연구에서도 행동이 큰 영향을 끼친다는 가능성을 열어놓는 것이 더 큰 그림을 그리는 데 도움이 될 것 같습니다.

6

소식을 할까, 간헐적 단식을 할까?

소식과 간헐적 단식의 수명 연장 효과

요즘 저는 햇빛 쨍쨍한 날에 외출할 때에는 자주 선크림을 바릅니다. 그런데 선크림을 바르고 특유의 냄새를 맡는 순간, 저는 곧이어 바닷가 민박집이 있는 추억의 방으로 전송되곤 합니다. 그동안 선크림을 바닷가 민박집에서만 발라 봤고, 수영하기 전에만 발라 봤기에, 선크림 냄새와 민박집, 바다, 수영의 기억이 한꺼번에 연결되나 봅니다. 선크림 냄새를 맡고 문을 열고 밖으로 나서면 깻잎이 핀 논두렁길이 나오고, 살짝 덥지만 비릿한 바다 냄새가 나는 바람이 제 얼굴에 스칠 것 같습니다. 아주 오래전에도 비슷한 느낌이 있었습니다. 막걸리는 언제나 제게 축제 때의 흥분되는 느낌과 풀밭의 까칠한 촉각을 전해줍니다. 동네

가게에서 사와 혼자 자취방 이불 위에서 홀짝거려도 꼭 오월의 풀밭 위에 있는 느낌입니다. 저는 막걸리를 주로 대학 축제 때 학교 잔디밭에서만 먹어 봤기 때문입니다. 도대체 왜 냄새가 이렇게 강한 인상을 주는 것일까요?

음식 냄새가 부르는 진한 추억

프랑스 소설가 마르셀 프루스트Marcel Proust는 이런 현상을 자신의 소설에서 아주 통찰력 있게 묘사했습니다. 그래서 현대 과학자들은 이 현상을 프루스트 이름을 따, 후각이 일으키는 강렬한 기억 반응을 '프루스트 효과'라 부릅니다. 프루스트 효과는 인간 뇌의 해부학적 구조 때문에 발생한다고 합니다. 다른 모든 감각 신호들은 시상으로 전송돼 처리되는 반면에, 후각은 특이하게도 인간 감정을 조절하고 기억을 저장하는 대뇌 변연계로 바로 이어져 있습니다. 이 때문에 후각은 별다른 여과 과정을 거치지 않고서 즉각 처리됩니다. 그래서 후각은 특별히 노력을 기울이지 않아도 저절로 기억을 생생하게 떠오르게 합니다. 아마도 먹는 것이 우리의 생존과 밀접하게 연관돼 있기 때문에 인간에게 이런 현상이 있는 것 같습니다.

먹는 것이 정말 중요한 이유는 또 있습니다. 먹는 것은 동물의 수명을 직접 조절할 만큼 강력한 영향을 줍니다. 효모, 예쁜꼬마선충, 초파리, 쥐 등 거의 모든 생명체에서 식이 제한을 하면 수명이 늘고 건강에 좋은 효과가 있는 것으로 알려져 있습니다. 음식 섭취를 아예 끊으면 당연히 굶어 죽겠지만 영양 결핍이 일어나지 않을 만큼 음식 섭취를 줄이면 수명이 늘어난다니 직관으로는 잘 이해되지 않습니다. 많이 먹으면 에너지도 많이 비축해둘 수 있으니까 수명도 증가할 것 같지 않나요?

예쁜꼬마선충에선 식이 제한을 하면 수명이 늘어나는 대신에 자손 수가 줄어드는 것으로 알려져 있습니다. 즉 자손을 줄이는 대신 그만큼 에너지를 자기 체세포 유지에 쓴다는 것입니다. 복제자의 관점에서 식이 제한은 굉장한 비상사태입니다. 그저 목숨만 연명하는 상태에서 자식을 낳는다면 자식도 생존하기 어려울 것입니다. 복제를 하고 다 망하느니, 이럴 때에는 차라리 자기 목숨을 부지하면서 상황이 좋아지길 기대하는 것이 현명한 전략일 것입니다. 그래서 수명 연구자들은 식이 제한 뒤 수명이 증가하고 자손이 감소하는 현상을 성공적인 번식을 위한 장기 전략이라고 생각하고 있습니다.

주목받는 '간헐적 단식의 효과'

얼마 전 한 텔레비전 방송에서 '1일 1식'과 '간헐적 단식'이 건강에 좋다는 내용이 방영되면서 요즘에 이런 식이 제한 방법이 유행을 타는 것 같습니다. 저는 방송을 보진 않았지만 많은 시청자가 몸매 관리나 건강 관리를 목적으로 간헐적 단식에 관심을 가지는 것 같습니다. 그런데 쥐 실험의 결과는 몸매 관리를 위해 간헐적 단식을 선택하는 분께는 실망스러울 것 같습니다. 쥐에서 간헐적 단식은 하루 굶기고 하루 밥을 주는 '2일 1식' 방법을 이용합니다. 이 방법을 썼을 때 쥐의 체중은 줄어들지 않았습니다. 이틀에 한 번 밥을 먹되 밥 먹을 때 거의 두 배를 먹었기 때문에 실질적으로 섭취한 열량은 감소하지 않았기 때문입니다. 아쉽지만 몸매 관리 목적으로는 간헐적 단식에서 크게 덕 볼 일이 없어 보입니다. 날씬한 몸매를 원하십니까? 그럼 빼고 싶은 만큼 칼로리 섭취량을 줄이십시오. 배부른 단식은 방송사의 섹시한 홍보 문구일 뿐입니다.

그러나 간헐적 단식을 한 쥐는 체중에 변화를 보이지 않았지만, 수명이 늘고 건강 척도로 쓰이는 혈당량과 인슐린 수치에서는 건강한 쪽으로 개선되었다고 보고됐습니다. 따라서 간헐적 단식이 체중 감량에는 도움이 되지 않지만 수명과 건강에는 좋은 효과가 있는 것으로 알려집니다. 달리 말하면 뚱뚱해도 건강할 수 있고, 말랐다고 건강함을 보장받는 것은 아니라는 얘기가 됩니다. 또 이 결과는 인간이 1일 1폭식을 하더라도 섭취하는 총 열량이 증가하지만 않는다면, 같은 열량을 골고루 먹는 식단보다 더 건강해질 수 있는 가능성도 열어줍니다. 그렇다고 1일 1폭식을 권장하지는 않습니다.

수명이 증가한 꼬마선충

간헐적 단식으로 수명이 증가하는 것은 쥐에서 '현상적으로만' 밝혀졌을 뿐 실제로 어떤 분자들이 관여하며 일반 식이 제한과 질적으로 어떻게 다른지는 알려진 바 없었습니다. 그래서 자연스럽게 수명 연구의 해결사인 예쁜꼬마선충을 이용한 연구가 나오게 된 것 같습니다. 2009년 '예쁜꼬마선충에서 간헐적 단식에 의한 수명 증가가 RHEB-1을 통해 매개된다'는 제목의 논문이 〈네이처〉에 발표됐습니다. 이상한 제목처럼 상당히 이상한 결과를 담은 논문이었습니다.

일본 교토대학교의 에이스케 니시다Eisuke Nishida 교수 연구팀은 예쁜꼬마선충에 간헐적 단식을 적용했더니 수명이 56.6% 증가했다고 밝혔습니다. 이들은 예쁜꼬마선충을 이틀 간격으로 굶겼다가 밥을 주는 방법을 이용했습니다. 이 방법으로 예쁜꼬마선충의 열 저항성, 산소 스트레스 저항성도 증가했습니다. 나이에 따른 운동능력 감소율도 개선되었기 때문에, 간헐적 단식 덕분에 노화가 감소했다고 볼 수도 있었습니다. 그런데 이는 이미 일반 식이 제한에서도 알려진 바와 크게 다르지 않았기 때문에, 그다지 새롭거나 흥미로울 것은 없었습니다. 늘 적게 먹든CR: chronic restriction, 이틀에 한번 먹어 적게 먹든IF: intermittent fasting, 두 방법이 현상적으로 큰 차이를 보이지 않는다면 그건 주목을 끌 만한 정도는 아닙니다.

두 방법의 차이를 보여 주기 위해서는 두 방법을 혼용해보는 것이 좋습니다. 예를 들어 5학년 청개구리반 학생들의 성적을 올리기 위해 다음의 몇 가지 방법을 쓴다고 가정해 봅시다. (1) 쪽지 시험에서 10개 이상 틀린 학생은 운동장을 시계 방향으로 10바퀴 돈다, (2) 10개 이상 틀린 학생은 운동장을 시계 반대 방향으로 10바퀴 돈다, (3) 시험에서 만점 받은 학생은 따뜻하게 안아 준다. 이렇게 세 방법을 쓴다고 해봅시다. (1)과 (2)를 혼용한 경우〔(1)+(2)〕가 (1)〔또는 (2)〕만 쓴 경우와 별반 차이가 없는데, (1)과 (3)을 혼용한 경우에선 성적이 많이 오르는 시너지 효과가 나타난다고 가정해 보죠. 이런 경우에 (1)과 (2)는 본질적으로 별 차이가 없는 것이라고 추론할 수 있겠지요.

마찬가지로 간헐적 단식과 만성적 식이 제한을 혼용했는데 수명이 '추가로' 증가하지 않는다면 두 방법이 근본적으로 다르지 않음을 암시한다고 추론할 수 있습니다. 예쁜꼬마선충에게 만성적 식이 제한을 하기 위해서는 예쁜꼬마선충의 먹이인 대장균을 멀건 죽처럼 희석해 공급하면 됩니다. 5×10^8개/ml의 농도가 식이 제한을 일으키는 농도로 알려져 있습니다. 이런 농도의 대장균을 간헐적 단식 방법으로 공급한다면, 이건 두 가지 식이 제한 방법을 혼용한 경우가 되겠지요. 그런데 그렇게 했을 때에 수명은 정상적인 간헐적 단식 방법만을 쓴 경우와 비교해 그리 다르지 않았습니다.

달리 말하면 예쁜꼬마선충 실험에서 간헐적 단식에 만성적 식이 제한을 추가하더라도 수명이 더늘지는 않았다는 것입니다. 이는 간헐적 단식과 만성적 식이 제한이 무언가 겹치는 효과를 지닌다는 것을 의미할 것입니다. 한편으로는 간헐적 단식이 만성적 식이 제한과 수명 증가 효과에서는 비슷하지만 간헐적 단식이 훨씬 더 탁월함을 보여준다 할 것입니다. 그런데 조금 깊이 생각하면 이런 질문도 할 수 있을 겁니다. 그럼 지금까지 만성적 식이 제한은 예쁜꼬마선충을 너무 살살 굶긴 것은 아닐까? 간헐적 단식이야말로 예쁜꼬마선충을 화끈하게 굶기는 방법이었을까?

음식섭취 줄면, 체세포 수선·유지에 에너지 투자

사고실험을 하나 해봅시다. 우리는 별다른 추론 없이도 눈이 빛을 받아들이는 신체 기관이라고 생각합니다. 이런 생각은 말하기 민망할 정도로 뻔하지만, 다음의 추리과정을 거쳐 내리는 결론입니다. "귓구멍에 이어폰을 꽂아도, 콧구멍에 새끼손가락을 넣어도, 배꼽은 뱃살에 접혀 있어도 빛이 느껴진다. 그런데 눈을 뜨면 빛이 느껴지고 눈을 감으면 빛이 느껴지지 않는다. 따라서 빛을 느끼는 감각 기관은 눈인 것 같다." 그리고 생물학자들은 결론적으로 이렇게 정리합니다. "빛을 느끼기 위해서는 눈이 필요하다. 빛은 눈 의존적으로 감지된다."

현재 'TORtarget of rapamycin'라는 단백질이 다양한 생물 종에서 식이 제한(적게 먹기)에 의한 수명 증가 현상을 매개한다고 추정되고 있습니다. TOR는 영양분을 감지하는 신호를 전달해 식이 제한의 수명 증가 현상에서 주된 스위치로 작동합니다. TOR는 본래 단백질 합성을 촉진하고 자가 포식을 억제하는 역할을 해 노화를 촉진합니다. 그런데 음식 섭취가 줄어 영양분 공급이 감소하면 TOR는 억제되고, 따라서 단백질 합성이 저해되며, 자가 포식이 활성화해 수명이 증가합니다. 단백질 합성이 억제되면 번식에 쓰일 에너지가 체세포를 유지하는 곳에 투자된다고 여겨집니다. 그리고 자가 포식 작용은 세포 안의 손상된 단백질이나 구조물을 재활용하고 세포 죽음을 억제해 수명을 증가시킨다고 추정됩니다.

TOR는 평상시 노화를 촉진하기 때문에 TOR가 억제돼야 수명이 증가한다는 것을 잘 기억해두시기 바랍니다. TOR가 억제되면 마치 식이 제한이 되는 것처럼 신호가 잘못 전달되어 수명 증가에 필요한 유전자들이 활성화합니다. 니시다 교수 연구팀은 TOR를 활성화하는 *rheb-1* 유전자도 함께 조사했습니다. 예쁜꼬마선충에서 *rheb-1*과 TOR를 억제하면 충분한 먹이 섭취를 하는데도 마치 식이 제한을 받은 것처럼 수명이 증가하고, 식이 제한을 병행한 조건에서는 추가적인 수명 증가는 보이지 않습니다. 따라서 이 결과는 기존에 알려진 지식을 재확인하는 셈입니다.

그렇다면 간헐적 단식에 의한 수명 증가에서 TOR는 어떤 역할을 할까요? 정말 이상한 결과가 나옵니다. *rheb-1*이나 TOR가 억제됐을 때 간헐적 단식의 수명 증가 효과가 사라졌습니다. 원래는 이 단백질들이 없어야 마치 식이 제한이 작동한 것처럼 수명을 증가시켰는데 간헐적 단식 상황에서는 정반대의 결과를 보인 것입니다. 아까 눈을 빛 인지 기관으로 추론하는 방법을 그대로 적용한다면, 이렇게 말할 수 있습니다. "간헐적 단식으로 수명이 늘어나려면 *rheb-1*과 TOR가 필요하다. 간헐적 단식의 수명 증가 신호는 *rheb-1*에 의존해 전달된다." 원래는 TOR가 억제되어야 식이 제한으로 수명이 증가하는데, 오히려 간헐적 단식에서는 *rheb-1*과 TOR가 필요한 상황이라니 모순적인 상황 같습니다.

이제 헷갈리기 시작합니다. 정신 바짝 차리고 정리해 보겠습니다. 다음의 사실을 나열해 보지요. 첫째 만성적 식이 제한과 간헐적 단식의 수명 증가 효과는 서로 겹친다. 둘째 *rheb-1* 유전자가 억제돼야 만성적 식이 제한만큼 수명이 증가할 수 '있다'. 셋째 *rheb-1*이 억제되면 간헐적 단식으로 수명이 증가할 수 '없다'.

저는 위 세 가지를 모두 만족하는 상황을 쉽게 상상할 수 없습니다. 그래서 연구자들은 다음과 같이 정리하고 있습니다. "만성적 식이 제한과 간헐적 단식의 효과가 겹치기는 하지만, 간헐적 단식은 단지 극단적인 칼로리 제한만으로 이뤄지는 효과가 아니다. 또한 만성적 식이 제한과 간헐적 단식의 신호는 서로 다른 분자들이 매개할 것이다."

적게 먹기와 굶기의 차이

그렇다면 만성적인 식이 제한과 간헐적 단식은 전혀 다른 상황인 것일까요? 다른 연구에서 이에 대한 힌트를 좀 더 얻을 수 있을 것 같습니다. 2008년 미국 워싱턴대학교 맷 캐벌린Matt Kaeberlein 연구팀은 예쁜꼬마선충의 '먹이를 박탈하는' 극단적인 식이 제한 방법을 썼습니다. 이 연구에서는 이미 번식이 끝난 성충을 죽을 때까지 굶겨도 먹이를 계속 섭취하는 예쁜꼬마선충에 비해 수명이 증가하는 것이 밝혀졌습니다.

그런데 재미있게도 연구팀은 그런 예쁜꼬마선충이 먹잇감인 대장균의 냄새가 남아 있는 환경에서는 수명이 절반 정도만 증가하는 것을 발견했습니다. '먹이 박탈'을 할 때 칼로리뿐 아니라 냄새도 같이 없애야 수명이 완전히 증가할 수 있다는 것입니다. 이는 선충이 식이 제한 조건에서 수명이 증가할 때, 칼로리와 냄새를 독립된 방법으로 인지함을 의미합니다. 따라서 *rbeb-1*의 이중적인 기능도 이런 맥락에서 이해해야 할 것 같습니다. 굶을 때 칼로리만 없어지는 것이 아니라 냄새도 같이 사라지므로 예쁜꼬마선충은 식이 제한과 간헐적 단식을 구분해 두 가지 상황에서 전혀 다른 반응을 하는 것이라고 추측할 수 있습니다.

이들의 연구에서 또 주목할 점은 간헐적 단식의 수명 증가 효과에 단백질 합성 저해가 필요 없었다는 것입니다. 수명 관련 스위치에 해당하는 *rbeb-1*과 TOR는 단백질 합성을 촉진해 체세포 유지 기능을 촉진

합니다. 그래서 과학자들은 이들을 억제하면 단백질 합성이 감소하니까 단백질 합성 억제가 수명 연장에 필요하다고 생각했습니다. 이는 영양분이 감소하는 상황에서 충분히 그려볼 수 있는 추론입니다. 하지만 재미있게도 이 연구에서 단백질 합성을 저해해도 간헐적 단식의 수명 증가 효과가 여전히 유지됐습니다. 간헐적 단식이 수명을 늘리는 현상에 단백질 합성 저해가 관여하지 않는다는 뜻입니다. 이를 통해 간헐적 단식은 일반적인 식이 제한(적게 먹기)과는 다른 현상이라는 것이 한 번 더 뒷받침됩니다.

한편 *rheb-1*과 TOR 같은 스위치 유전자가 실제로 일을 하지는 않습니다. '스위치'는 말 그대로 신호를 종합해 명령을 내리는 역할만을 하기 때문이지요. '항-노화 코엔자임 큐10', '수명 연장의 꿈, 항산화효소 글루타시온', '불로장생의 *SOD* 유전자.' 화려한 수식어를 달고 다닐 만한 주목받는 이름들입니다. 이 물질들이 스위치의 명령을 받아 실제로 수명을 늘려주는 일을 하는 '일꾼' 유전자들입니다. 이 물질들은 우리 몸의 스트레스 저항성을 키워주고 활성산소를 줄여줍니다(아쉽게도 이들은 불로장생의 막중한 임무를 띠고 구매되지만, 우리 위 속에 들어가 소화 분해되거나 상피세포 위에 도포돼 장렬히 산화합니다.). 그렇다면 간헐적 단식이 수명을 늘리는 데에 필요한 일꾼 유전자들은 무엇일까요?

수명 관련 일꾼 유전자 찾기, 모래밭에서 바늘 찾기

일꾼 역할을 하는 수명 유전자를 찾는 일은 4대강에서 퍼올린 모래에서 바늘 찾기와 비슷하지만 에이스케 교수는 집요했던 것 같습니다. 에이스케 교수 연구팀은 2년 만에 일꾼 유전자를 찾는 후속 연구의 결과를 올해 〈셀리포트Cell report〉에 발표했습니다. 제목은 다음과 같습니다. '예쁜꼬마선충에서 수명을 증가하는 단식 반응성 신호 전달 체계.'

이들은 단식이 어떤 일꾼 유전자들의 활성을 일으키는지 궁금했습니다. 그래서 예쁜꼬마선충을 굶겼을 때 활성이 증가하는 유전자들을 측정했습니다. 활성이 증가하는 유전자 중 일부분에 수명과 무관하게 우연히 증가한 것도 있겠지만, 수명을 늘리는 유전자도 포함되어 있을 것입니다. 이들은 통이 크게도 예쁜꼬마선충의 2만 개 유전자의 발현 양상을 한꺼번에 볼 수 있는 이른바 마이크로어레이microarray 실험을 시간대별로 무려 11번이나 되풀이 했습니다. 마이크로어레이 실험을 한 번 하는 데 200만 원 정도의 비용이 든다고 하니 한 실험에 2,000만 원 넘는 돈을 들인 셈입니다. 그래서 이 논문에는 엄청난 양의 빅데이터가 실려 있습니다. 그만큼 돈이 많이 들고 분석에도 애를 먹었음을 추정할 수 있겠습니다.

이들은 모래밭에서 바늘을 찾는 데 성공합니다. 단백질을 선택적으로 분해하는 *cul-1* 유전자가 간헐적 단식을 통한 수명 연장에 필요한 것으로 밝혀졌습니다. *cul-1*이 간헐적 단식에 의한 수명 증가에 필요하다는 사실은 단백질의 분해도 또한 합성만큼 중요하다는 단서를 제시해줍니다. 아마도 손상을 받아 몸에 해로운 단백질을 분해하거나 재료가 모자란 단식 상황에서 새로운 단백질을 만들기 위해 필요한 아미노산을 얻기 위해 단백질 분해가 필요할 것이라고 추정됩니다.

영장류에선 갑론을박 중인 적게 먹기와 수명 연장의 관계

지금까지 간헐적 단식에 대한 궁금증을 예쁜꼬마선충 연구를 통해 살펴보았습니다. 예쁜꼬마선충에서 간헐적 단식 방법은 만성적 식이 제한보다 더 효과적으로 수명을 늘렸습니다. 하지만 인간에게 이 방법을 적용한다는 것을 아직 상상할 수 없습니다. 첫째로 사람이 간헐적 단식을 하면 예상치 못한 부작용이 있을지 모릅니다. 저라면 배고픔을 참지 못해 오히려 폭식증에 걸릴 것 같습니다. 둘째로 사람마다 간헐적 단식에 의한 반응이 다를 가능성이 있습니다. 간헐적 단식에 의한 연구에 의하면 같은 쥐라도 유전적 배경에 따라 수명 연장 효과가 달랐기 때문입니다.

마지막으로 영장류에서도 적게 먹기, 즉 식이 제한이 수명을 늘리는지는 논란의 대상이 되어 왔습니다. 그러나 아쉽게도 장수하는 원숭이에 대한 두 연구에서 서로 상반된 결론이 나왔습니다. 미국 위스콘신 국립영장류연구센터와 미국 국립노화연구소가 레서스원숭이의 수명을 측정했습니다. 국립영장류연구센터는 만성적 식이 제한에 의해 원숭이의 수명이 증가했다고 보고했지만, 미국 국립노화연구소는 수명 증가를 관찰하지 못했다고 보고했습니다. 게다가 연구가 끝나는 10년 뒤에도 차이가 날 확률도 희박하다고 했습니다. 그러나 아직 최대 수명은 보고되지 않은 상태이므로 이에 희망을 걸어볼 수는 있겠습니다. 따라서 현재로서는 1일 1식을 통한 무병장수는 조금 성급한 꿈일지도 모르겠습니다.

7

많이 빛나는 당신, 위험합니다

미토콘드리아 섬광과 수명의 상관관계

쏟아져 나오는 수명에 관한 연구들을 보고 있자니 우리가 과연 무병장수의 길로 잘 가고 있는 것인지 한번쯤 생각하게 됩니다. 무엇보다 논쟁적인 이론과 주장을 훑어 내려오다 보면, "그래서 결국 이렇다는 거야? 저렇다는 거야?" 하고 혼란스러울 때가 많습니다. 개별 연구가 드러내는 현상이 실제로 '사실'의 수준에 오르는 것은 지난하고 힘든 과정입니다. 반증 가능성이 열려 있기 때문이기도 하지만 여러 실험 결과가 서로 반박하는지 아니면 더 높은 차원에서 통합되는지도 알기 어려울 때가 있습니다.

수명 연구가 겪는 또 하나의 어려움은 인간에게 직접 적용 가능하지 않을 법한 지식을 얻을 때가 많다는 것입니다. 예를 들면 동물 실험에서 생식세포를 제거해 수명이 늘어나는 과정을 이해했다고 하더라도 그걸 스스로 경험하고 싶은 사람이 있을까요? 공상 속의 불로초와 달리, 수명 늘리기에 뒤따르는 비용은 대부분 상당히 큰 편입니다. 번식력을 잃거나 활력이 줄어들어 '가늘고 길게' 살아야 하는 경우가 많습니다. 간단한 생물학적 조작으로 흔히 말하는 건강하게 오래 사는 인생을 얻기란 아직 힘들다고 볼 수 있습니다.

이런 어려움을 피하면서 인간에게 좀 더 실용적일 수 있는 다른 방향의 연구는 '수명의 표지'를 찾는 것입니다. 나의 수명이 얼마나 남았는지 예상할 수 있게 해주는 무언가가 있다면 큰 도움이 되지 않을까요? 단순히 수명을 예상하는 것뿐 아니라 인생에서 전반적인 건강 전략을 짜고 그 효과를 직접 확인하는 데에도 유용할 것입니다. 물론 수명 표지는 나의 생활에 따라서 역동적으로 변한다는 전제가 있지만 말입니다. 일전에 소개한 텔로미어의 경우 세포의 분열에 대한 타이머 기능을 하기 때문에 노화와 수명의 표지로도 사용할 수 있지 않을까 하는 기대가 컸습니다. 하지만 사실 아직까지는 이를 이용한 직접적인 수명 예측은 없다고 봐도 무방합니다. 그러던 중 눈독 들일만 한 다른 후보가 등장했습니다!

우연한 발견과 새로운 출발점

의외의 발견이 중요한 전환점이 된 사례는 과학사에 많이 있습니다. 수명 표지와 관련해 어떤 사건이 있었는지 한번 보실까요.

헤핑 청Heping Cheng이라는 중국인 과학자는 미토콘드리아와 칼슘 신호에 대해 연구하고 있었습니다. 미토콘드리아는 세포의 에너지를 생산하는 발전소 역할을 담당하고 있기 때문에 세포의 생존과 죽음에 깊이 관여합니다. 당연하게도 미토콘드리아가 정상적이지 않으면 여러 가지 질병이 발생할 수 있는데, 심혈관계 질환, 퇴행성 신경 질환과 암도 발생할 수 있습니다. 또한 칼슘 이온은 생리대사의 신호전달에서 매우 중요한 구실을 합니다.

세포에서 칼슘 이온을 가장 많이 저장하는 곳은 소포체Endoplasmic Reticulum지만 미토콘드리아도 또한 일시적으로 칼슘을 빠르게 저장했다가 나중에 방출할 수 있어 칼슘 신호 조절에서 중요한 역할을 합니다. 이때 미토콘드리아의 칼슘 양을 측정하는 데 쓰는 유전학적 실험 수단인 탐침 단백질probe protein이 페리캄pericam이라는 단백질입니다.

페리캄은 칼슘과 결합하면 특정 파장대의 형광을 내도록 고안되어 있는 단백질입니다. 그런데 연구진은 페리캄에서 칼슘과 결합하는 부분을 제거해도 형광 신호가 발생하는 것을 우연히 관찰해 이를 예의주시했고, 이 신호가 무엇에 의해 유발되는지 궁금해 하기 시작했습니다. 그 결과 특정 활성산소에 대해 높은 선택성과 민감성으로 반응해 형광을 낸다는 것이 밝혀졌습니다. 칼슘을 쫓기 위해 제작된 탐침 단백질을 쪼개 보니 거기에는 활성산소를 관찰할 수 있는 기능도 있었던 것입니다. 칼슘 탐지 단백질이 이젠 활성산소 탐지 단백질로도 쓰일 수 있다는 것입니다.

더욱 놀라운 사실은 활성산소 탐침으로 설계된 새로운 버전의 단백

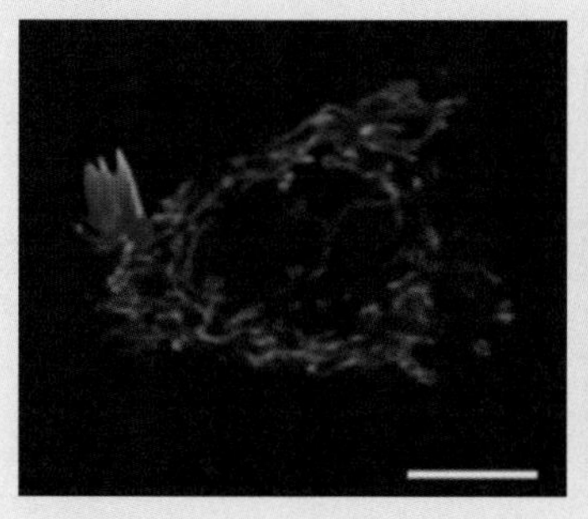
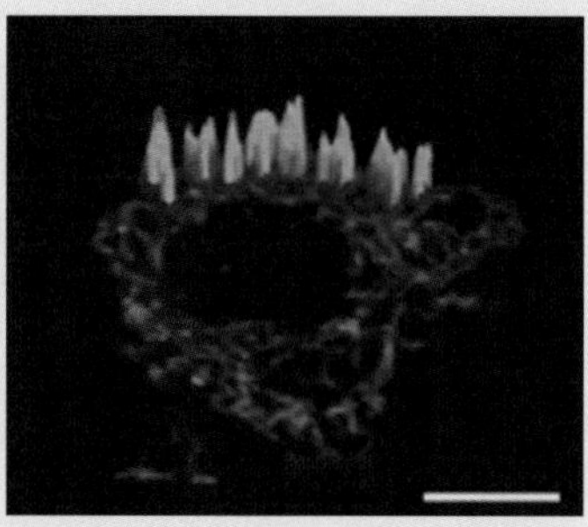

그림 1 인간의 배양 세포 중 가장 널리 쓰이는 헬라 세포. 이 암세포에서의 미토 섬광은 산화적 스트레스의 양을 반영하며 세포 자살의 전조가 된다. 출처/Ma, Qi, et al. 2011.

질을 쥐의 심장 세포 내부에서 발현하도록 했더니, 쉬고 있는 줄 알았던 고요한 세포의 미토콘드리아에서 순간적인 형광 신호가 강하게 반짝거린다는 것이었습니다. 게다가 하나의 세포만 떼어놓고 관찰하면 수천 개의 미토콘드리아 중에서 개별 미토콘드리아 단위로 반짝임이 관찰되었습니다. 연구진은 이 반짝임을 '활성산소 섬광superoxide flash' 또는 '미토 섬광mitoflash'이라고 부르기로 했습니다.

미토 섬광은 시공간적으로 불규칙하고 우연적으로 발생하는 것처럼 보였습니다. 100초 정도 관찰하면 수천 개 중 단지 1% 정도만의 미토콘드리아에서 미토 섬광이 발생했기 때문에 전반적으로 발생하고 있는 활성산소에 비해서는 무시할 만한 수준일 것으로 추측했습니다. 게다가 세포의 종류로는 심장 세포, 근육세포, 신경세포, 섬유아세포, 암세포를 가리지 않았고 생물 종으로는 쥐와 제브라피시, 사람의 세포에서 모두 미토 섬광이 관찰되었습니다. 연구자들은 이 독특하고 섬세한 반짝임이 생물학적으로 의미가 있는 것인지 아니면 관찰 과정에서 얻어진 인위적인 신호인지 알고 싶어 했습니다. 여러 실험실에서 지속적으로 조사한 결과 미토 섬광은 보편적이고 근본적이며 생리학적으로 의미 있는 미토콘드리아 활동의 반영일 것이라는 데 의견이 모아졌습니다.

미토 섬광에 담긴 암호를 풀어라

미토콘드리아는 어떤 메시지를 전하려고 반짝이는 걸까요? 마치 이진법 신호 같은 암호를 해석하면 어떤 비밀이 풀릴까요?

한 가지 접근 방식은 '어떻게' 미토 섬광이 발생하는지를 추적하는 것입니다. 사실 아직까지는 그 정답을 알지 못합니다. 다만 다양한 증거로 볼 때 미토콘드리아 투과성 조절 구멍mtPTP: mitochondrial Permeability Transition Pore이 그 원인으로 지목됩니다. 이 독특한 구멍에 대해선 많은 부분이 수수께끼로 남아 있지만 핵심 기능은 알려져 있습니다. 미토콘드리아 안의 칼슘 농도, 활성산소, 높은 수소이온 농도 등에 반응할 때 이 구멍이 일시적으로 열립니다. 이때 각 성분의 농도 차이에 따라 미토콘드리아 안팎으로 물질이 이동하는 현상이 일어날 수 있습니다.

문제는 이런 물질 이동이 막을 경계로 한 안팎의 균형을 맞추기 위한 것인지, 특정 신호로 작동하는지는 잘 모른다는 것입니다. 다만 외부 스트레스에 의해 전자전달계에서 만들어지는 활성산소가 과도해질 경우에 조절 구멍이 과하게 열리고, 세포의 자살이 유발된다는 것이 알려져 있습니다. 이때 세포 자살의 전조로서 미토 섬광이 반짝거리며 등장했습니다. 그래서 다양한 스트레스가 누적돼 세포 자살을 할 것이냐 말 것이냐의 결정을 내리게 되는데, 미토 섬광은 자살로 진행한다는 결정의 초기 신호가 아닌가 하는 추측이 나왔습니다.

우연히 발견한 탐침 단백질을 통해 원리를 이해하려는 시도가 이어지고 있지만, 넘어야 할 비밀의 산들은 높습니다. 실마리들을 정리해 보면, 어찌되었든 간에 미토 섬광은 미토콘드리아의 기능(에너지 생산, 스트레스 반응, 세포 운명 조절, 칼슘 항상성 조절 등)과 강력하게 연관되어 있을 것이라는 것이 첫 번째입니다. 두 번째는 대사과정에서 발생하여 세포의 산화 환원 상태를 결정하며 주변에 손상을 주기도 하는 전반적인 활성산소와 달리, 미토 섬광은 짧고 빠르게 특정 지역에서만 일어나는 '신호'라는 점입니다. 이 두 가지 단서를 통합해서 의미 있는 결론을 이끌어낸 연구가 예쁜꼬마선충을 이용해서 진행되었습니다.

'많이 빛나는 당신, 위험합니다'

결론부터 말하자면 미토 섬광은 예쁜꼬마선충의 수명을 예측할 수 있게 하는 지표였습니다! 단, 미토 섬광의 빈도와 세기는 수명과 음의 상관관계를 보였습니다. 즉, 미토 섬광이 적게 관찰되는 개체일수록 오래 사는 것입니다. 예쁜꼬마선충에서 미토 섬광은 인두, 장, 표피 세포, 번식 세포 등에서 관찰되었는데 인두에서 강력하고 뚜렷하게 보였습니다. 인두 조직은 대장균을 빨아들여 분쇄하는 역할을 담당하기 때문에 규칙적이고 강한 수축 운동을 합니다. 강한 힘을 내기 위해서는 많은 에너지를 소비해야 하므로 미토콘드리아의 에너지 생산 작용이 활발할 것으로 생각됩니다. 쥐 심장 세포에서 얻은 결과와 마찬가지로 단일 미토콘드리아 수준에서 미토 섬광이 잘 보였습니다.

미토 섬광이 단순한 모양새뿐만 아니라 생리학적 관점에서 예쁜꼬마선충에서 잘 보존된 현상이라는 것도 체계적으로 확인되었습니다. 주목할 만한 것은 개체의 수명이 늘어난다고 알려져 있는 조건에서 미토 섬광이 감소했다는 점입니다. 미토콘드리아 전자전달계의 기능이 일부 망가져 호흡 기능이 감소한 개체나 식이 제한으로 굶주리고 있는 개체(수명이 증가하는 조건)는 낮은 미토 섬광을 보였습니다. 반대로 고농도의 포도당을 먹이거나 산화 스트레스를 유발하는 화학 물질을 처리해주었을 때(수명이 감소하는 조건)는 미토 섬광이 증가했습니다. 따라서 예쁜꼬마선충의 미토 섬광은 포유류 세포 실험에서와 마찬가지로 세포의 대사 수준이나 산화 스트레스 정도를 반영할 뿐 아니라 수명을 직접 반영하고 있을 가능성이 커졌습니다.

몇 가지 대표적인 수명 돌연변이들과 미토 섬광이 상관관계를 보이자, 연구자들은 이때까지 알려진 대부분의 수명 관련 인자들을 시험해 보기 시작합니다. 여기에는 특정 유전자의 돌연변이 또는 RNA 간섭에 의해 수명이 달라진 29가지 경우와 수명을 변화시키는 환경적인 조건 26가지가 포함되었습니다. 그리고 동일한 유전자와 환경 조건을 가지지만 수명이 우연히 달라진 개체군에 대해서도 미토 섬광을 조사했습니다. 이만큼 다양한 조건을 실험했던 것은 수명 자체가 너무나 유연하고 복잡한 표현형이기 때문입니다. 노화의 과정과 얽개는 유전체에 프로그램되어 있지만 개체 외부의 환경적인 요인의 영향도 강력합니다. 한 발 더 나아가, 유전자와 환경을 동일하게 해준다 하더라도 서로 다른 개체의 노화가 동일한 속도와 방식으로 진행된다는 보장은 없습니다. 발생과 성장 중에는 확률적인 사건들이 반드시 포함되기 때문입니다.

모든 경우를 통틀어 미토 섬광이 적게 보이는 개체일수록 수명이 길었습니다. 이 결과가 놀라운 것은 수명 변화가 어떤 요인에 의해 유발된 것인지에 상관없이 하나의 척도로 환원될 수 있다는 것을 보여 주기 때문입니다. 이론적으로는 특정한 시점에서 미토 섬광을 측정하기만 하면 해당 개체의 수명을 예측할 수 있습니다. 이런 종류의 수명 예지자는 여태까지 있었던 어떤 것보다 더 편리하고 강력한 힘을 가지고 있습니다. 전체 생활사 중 삼분의 일 정도만 지났을 때 측정 가능하기 때문에 상당히 이른 시기에 예측 능력을 제공할 뿐만 아니라 측정 자체도 형광의 세기와 빈도를 재기만 하면 되는 간단한 것이기 때문입니다.

미토 섬광의 변화가 개체의 생활사 전체에 걸쳐서 나타나는 것은 아닙니다. 집중해서 관찰해야 할 시기는 예쁜꼬마선충이 가장 활발하게 알을 낳으며 번식을 하는 시기(성체가 된 지 3일째)입니다. 연구자들도 왜 하필 이 시기의 미토 섬광이 수명과 상관관계를 보이는지 정확히 파악하지는 못했습니다. 설득력 있는 가설은 번식 자체가 물질 대사적으로 비용이 많이 드는 활동이기 때문에 높은 호흡량이 반영되어 미토 섬광이 강하게 나타난다는 것입니다. 실제로 생식세포를 만들지 못하며 오래 사는 내시 돌연변이에서는 3일째 미토 섬광이 거의 억제되었습니다.

불완전한 초보 예언가

그러면 인간의 세포를 떼어내어 미토 섬광을 관찰할 수 있도록 유전학적으로 조작한 뒤 신호를 살펴보면 우리의 수명도 알 수 있을까요? 개인적인 생각으로는 '상당히 어렵다'고 여겨집니다. 현재까지 나온 결과를 거칠게 요약하면, '예쁜꼬마선충이 오래 살수록 특정 조직과 특정 시점에 미토 섬광이 감소해 있는 경향이 있다' 정도입니다. 우선 기술적인 문제는 인간의 미토 섬광을 언제 어디에서 측정할지에 대한 기준을 찾기 힘들다는 것입니다. 예쁜꼬마선충의 경우에는 인두에 나타난 섬광 신호가 우연히(?) 수명과 상관관계를 보였지만, 훨씬 다양하게 분화되어 있고 구조적으로도 복잡한 인간 세포 중 무엇이 수명을 반영할지는 미지수입니다.

또한 '3일째의 성충'이라는 시간 기준도 인간으로 치환하기 어려울 것입니다. 예쁜꼬마선충이 더 나이가 들면 미토콘드리아의 기능 자체가 퇴행적으로 그리고 예측 불가능하게 감소하기 때문에 미토 섬광과 수명 간의 연결은 깨지게 됩니다. 기본적으로 수명이 긴 인간에게서 미토콘드리아의 기능이 가장 정상적이면서도 다양한 요인들에 의한 좋고 나쁜 영향이 반영되어 미토 섬광이 나타나는 좁은 시간대를 찾기란 어려운 일일 것입니다.

설령 기술적인 문제를 해결한다 하더라도 수명 예측의 정확도는 그리 높지 않을 가능성이 큽니다. 예쁜꼬마선충의 결과를 모델링 해보면 미토 섬광 단독으로 수명의 변이를 설명할 수 있는 비율은 50%에서 70% 정도라고 합니다. 이 수치를 거칠게 수명을 예측하는 정확도로 환산하여 고려한다면, 제법 높다고 볼 수도 있고 그럭저럭 이라고 볼 수도 있을 애매한 숫자로 느껴집니다. '재미로 보는 수명 예언' 정도가 되려나요?

엄청나게 커다란 퍼즐 맞추기

결국 과학에서 기초적인 지식의 힘은 당장 실용적인 도구를 생산할 수 없더라도 진실에 가까워지는 징검다리를 놓는 데 있는 것이 아닐까 합니다. 유전학적, 환경적, 우연적 요소들이 모두 미토콘드리아의 기능을 변화시켜 수명을 조절한다는 것은 그만큼 미토콘드리아가 노화 과정의 핵심 영역에 놓여 있다는 의미입니다. 미토 섬광이라는 단일한 출력값으로 수명 변화의 총합을 예상할 수 있다는 것은 완전하지는 않을지라도 전에 없던 생체 지표의 발견인 것은 틀림없습니다.

아직까지는 여러 가지 실험 모델들이 저마다의 상대 우위를 가지고 각개약진 하고 있습니다. 세포 배양을 통해 특정 신호를 관찰하기 좋은 모델이 있고, 그 신호와 수명 사이의 연관을 풀어내는 데 유용한 모델이 있습니다. 새로운 기술이 개발되고 기초적인 지식이 충분히 쌓이고 나면, 훨씬 복잡한 인간에 대해서 이해를 시도할 때도 나름대로 직관적인 결론을 내릴 수 있을 것입니다. 그때까지는 노화 프로그램의 비밀을 이해하기 위해 한걸음씩 나아가야 합니다.

개인적으로 노화라는 현상은 생명의 본질이라고 부를 만하다고 생각합니다. 인간이 노화 퍼즐을 어디까지 풀 수 있을지, 얼마만 한 퍼즐인지 감을 잡을 수는 있을지 항상 흥미를 가지고 공부하고 있습니다. 미토 섬광을 전체 퍼즐을 해결해 줄 만능 해결사로 생각하지는 않지만, 퍼즐에 재미를 더해주고 새로운 관점에서 풀이를 시도하게 해줄 중요한 조각인 것은 틀림없다고 봅니다.

배고프면 춤추는 꼬마선충의 비밀

'닉테이션', 다우어 유충의 춤사위

《꽃들에게 희망을》이라는 동화에서 애벌레들은 서로를 타고 넘으며 거대한 탑을 만들어 냅니다. 애벌레들은 탑 꼭대기에 무언가 있을 것이라는 희망을 품고 처절하게 꼭대기를 향해 기어오르죠. 실제로 야생에서 꼬마선충들이 이처럼 애벌레탑을 만드는 모습이 관찰되었습니다. 정확히 말하면 굶주린 채 몸을 세워 춤추는 꼬마선충, 즉 '다우어'들이 만들어 낸 탑입니다. 실험실에선 어쩌다 두세 마리 다우어들이 서로 몸을 기대며 춤추는 장면을 보이곤 하지만 자연에서는 수백 마리 다우어들이 한 몸체를 이루어 거대한 군무를 추는 경우가 왕왕 발견된다고 합니다. 저희는 다음과 같은 질문을 던졌습니다. 굶주린 꼬마선충은 왜,

어떻게 춤사위를 펼치는 걸까요?

예쁜꼬마선충의 생활사와 다우어 유충

이 책의 주인공인 예쁜꼬마선충은 실험실에서 제공해주는 풍요롭고 안전한 환경에서 약 3일이면 알에서 성체로 완전한 성장을 해냅니다. 한 개체가 태어나서 성장하고 번식을 통해 다음 세대를 생산해내는 전체 과정을 생활사life cycle라고 하는데, 꼬마선충의 생활사는 3~4일 정도로 아주 짧습니다(예쁜꼬마선충의 생애주기 95쪽 참조). 즉 성체가 낳은 알이 네 번의 유충 단계를 거쳐 다시 알을 낳을 수 있는 성충이 될 때까지 며칠밖에 걸리지 않는다는 이야기입니다. 심지어 예쁜꼬마선충은 정자와 난자를 한 몸에 가지고 있는 자웅동체이기 때문에 단 한 마리의 벌레만 키워도 금세 수만 수억 마리로 번식할 수 있습니다.

하지만 꼬마선충들이 살아가야 하는 자연은 그리 호락호락한 곳이 아닙니다. 계속해서 먹이가 주어지는 것도 아니고, 계절은 바뀌고 날씨는 들쑥날쑥합니다. 꼬마선충이 먹고사는 미생물들이 늘 풍부하게 제공될 수는 없는 조건 속에서 꼬마선충은 어떻게 삶을 버텨내는 것일까요. 흥미롭게도 열악한 환경에 놓인 예쁜꼬마선충의 군집에서 '삼포세대'의 청년들과 비슷한 유충이 발견되었습니다. 1975년에 랜들 캐사다Randall Cassada와 리처드 러셀Richard Russell은 예쁜꼬마선충 중에서 먹이가 제한되면 다우어라고 하는 특수한 유충이 발생한다는 사실을 보고하였습니다. 다우어dauer는 독일어로 '견디다'라는 뜻입니다. 의미심장한 이름을 지닌 다우어 유충은 먹을 것이 없는 열악한 환경에서 몇 달이나 생존해낼 뿐 아니라 고온 상태나 각종 화학물질 등 다양한 물리적·화학적 스트레스를 이겨내기도 합니다. 다우어가 아닌 보통 벌레들은 이런 스트레스에 금방 죽어버리거나 스트레스가 없어도 겨우 한 달 남짓한 기간 밖에 살지 못합니다.

열악한 환경을 견뎌내는 강인함을 얻는 대신에 다우어 유충은 번식의 유보라는 비싼 대가를 치러야 합니다. 삼포세대처럼 생존을 위해 번식을 무기한 연기하는 것이지요. 충분한 먹이가 주어진 우호적인 환경에서 꼬마선충은 알에서 태어나 네 단계의 유충단계와 다섯 번의 탈피를 통해 다시 알을 낳을 수 있는 완전한 성체가 되는데, 다우어는 세 번째 유충단계에 정지되어 있는 상태입니다. 이런 점에서 다우어는 발생이 멈춘 상태라는 의미로 '휴면 유충'이라고 불리기도 합니다(실제로 다우어들은 활발히 움직이는 다른 유충들과 달리 가만히 쉬고 있는 경우가 많습니다).

다우어는 여러 가지 면에서 일반 유충과 구분됩니다. 우선 다우어는 섭식 활동을 전혀 하지 않습니다. 먹이를 씹고 삼키는 인두의 활동이 정지되고 소화관도 수축됩니다. 먹이가 없는 환경에서 만들어진 특수한 유충이기 때문에 섭식 활동에 드는 에너지를 아끼는 것은 현명한 선택이겠죠. 대신 꼬마선충은 다우어가 되기 직전까지 미리 지방을 몸에 가득 쌓아두었다가 고난의 행군 시기에 조금씩 지방을 태워 에너지로 사용합니다.

또 보통 일반적인 꼬마선충들은 끊임없이 꼼지락거리는 모습이 관찰되는 데 비해, 다우어 유충들은 최대한 오랜 동안 버텨내기 위해서인지 꼼짝도 하지 않고 가만히 자고 있는 모습이 자주 관찰됩니다. 피부도 두

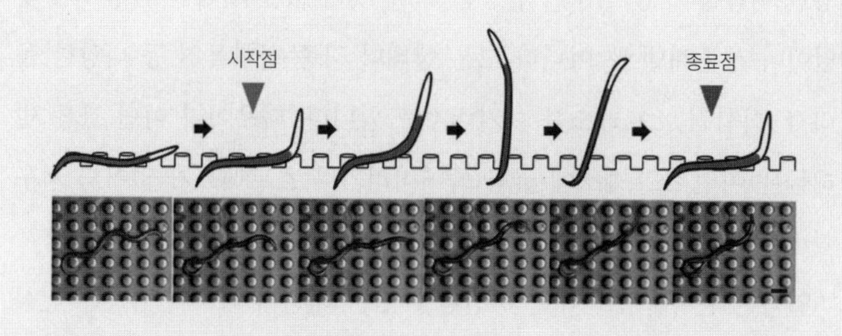

그림 1 닉테이션하는 선충의 모식도(상단)와 실제 이미지. 출처/Lee, Harksun, et al. 2012.

꺼워져 외부의 각종 유해물질로부터 몸을 보호하기도 합니다. 각종 신경세포의 모양이 변하기도 하고, 몸의 신진대사도 완전히 뒤바뀝니다.

닉테이션, 굶주린 선충의 절박한 몸짓

다우어 유충은 열악한 환경에서 생존하는 것에 최적화되어 있습니다. 밥을 먹지 않아도 움직임을 최소화하며 몇 달을 버텨내고, 두꺼운 피부로 각종 외부의 해로운 것들로부터 자신을 보호합니다. 그런데 이런 다우어 유충은 언뜻 이해하기 힘든 매우 특이한 행동을 나타냅니다. 종종 움직이다가 기회가 되면 가냘픈 몸을 세워 격렬하게 흔드는 신비로운 춤을 추는 것입니다. '닉테이션'이라고 불리는 이 몸짓은 먹이가 풍족한 환경에서 자란 일반 꼬마선충에서는 관찰되지 않는 다우어만의 춤사위로 알려져 있습니다.

예쁜꼬마선충은 형제자매들이 굶어 죽어나가는 절박한 환경에서 왜 이런 처절한 춤을 추는 것일까요? 그리고 왜 꼭 절박한 처지에 놓인 다우어 유충들만이 이런 춤을 추는 것일까요? 닉테이션이라는 흥미로운 몸짓의 비밀은 저희가 직접 연구하고 있는 핵심 주제이기도 합니다.

생물학자들은 어떤 생명 현상이 일어나는 원인을 설명하고자 할 때 크게 두 가지 관점에서 접근합니다. 하나는 '근접 원인'을 설명하는 것이고, 다른 하나는 '궁극 원인'을 설명하는 것입니다. 근접 원인이란 '어떻게'에 대한 대답이며, 궁극 원인은 '왜'에 대한 대답이라고 할 수 있습니다.

예를 들어 보겠습니다. 한 젊은 청년이 타워펠리스 펜트하우스를 털다가 현장에서 체포되었다고 합시다. 이 사건에 대한 근접 원인이란 청년이 어떻게 타워펠리스를 털 수 있었느냐에 대한 대답이 되겠습니다. 알고 보니 이 청년이 전직 국정원 직원 출신이며, 불법적으로 카톡을 감청해 집이 비는 날과 집으로 들어가는 비밀번호를 알아낸 뒤 현직 국정원 요원으로 신분을 속이고 건물로 들어가 집에 침입했다는 수사 결과가 바로 이 사건의 근접 원인을 제공한다고 할 수 있습니다.

이에 반해 궁극 원인이란 왜 국정원까지 다니던 청년이 절도범이 되어야 했느냐에 대한 대답이 되겠습니다. 온갖 스펙 쌓기와 폭풍 경쟁을 뚫고 국정원에 합격했으나 댓글만 달고 있는 자신의 신변을 비관한 나머지 국정원을 나왔고, 그러다가 생활고에 시달려 범행을 결심하게 되었다는 청년의 진술이 바로 궁극 원인에 해당한다고 할 수 있습니다.

이와 비슷하게 생물학자들이 생명 현상의 근접 원인을 찾을 때는 그 일이 '어떻게' 일어났나, 즉 자세한 '메커니즘'을 알아내는 것을 목표로

합니다. 닉테이션의 경우에는 그저 바닥을 기어다니기만 하던 꼬마선충이 어떻게 다우어 시기에만 격렬한 춤을 출 수 있게 되는지에 대한 생물학적인 기작을 탐구하는 것이 바로 닉테이션의 근접 원인에 접근하는 것입니다.

반대로 궁극 원인을 찾을 때는 그 일이 '왜' 일어났나에 대한 해답을 구하고자 하는 것인데, 생명 현상에서는 이 과정에서 진화적 관점이 작동하게 됩니다. 닉테이션을 예로 들자면 밥도 안 먹는 다우어 유충이 엄청난 에너지를 소비하면서 이 춤을 추는 데엔 분명 뭔가 벌레에게 도움이 될 만한 이유가 있다고 추측하는 것이 합리적인 추론일 겁니다. 여기서 도움은 바로 벌레의 '생존과 번식', 즉 유전자를 퍼뜨리는 데 유리하게 된다는 의미이며, 이는 생물학 용어로 흔히 '적응'이라고 표현합니다. 특정 행동의 궁극 원인을 좇는 다는 것은 다른 말로 표현하면 그 행동이 무엇에 대한 어떤 '적응'인가를 알아내는 것과 밀접히 관련이 있다고 할 수 있겠습니다.

꼬마선충은 굶으면 왜 춤추는가

선충하면 많은 사람들이 대개 기생충을 떠올립니다. 하지만 꼬마선충은 다른 많은 기생성 선충들과 달리 제 한 몸 어디 빌붙지 않고 혼자 벌어먹는 어엿한 '자유생활형' 동물입니다. 그런데 흥미롭게도 닉테이션 행동은 기생충과 자유생활형 선충을 가리지 않고 많은 선충에서 발견됩니다. 심지어 어떤 선충들은 닉테이션에 응용 동작을 가미해 '점프'

를 하기도 합니다. 몸을 동그랗게 만 뒤 반동으로 튀어 오르는 겁니다. 기생충들이 이런 닉테이션 행동을 하는 이유는 쉽게 생각할 수 있습니다. 바로 자신이 기생하는 숙주에 '들러붙기' 위해서이죠. 흥미롭게도 기생충들은 닉테이션 행동을 숙주에 감염하는 기생형 유충 단계에서만 보이는데, 바로 이 기생형 유충 단계는 꼬마선충의 다우어 시기와 정확히 일치합니다. 닉테이션이라는 선충계에서 보편적으로 발견되고 응용되는 특징적인 행동이라 할 수 있겠습니다.

그렇다면 기생충이 아닌 꼬마선충은 왜 닉테이션을 하는 걸까요? 힌트는 역시 자연에 있었습니다. 오래 전부터 생물학자는 꼬마선충이 달팽이나 딱정벌레, 쥐며느리 같은 다른 동물에 붙어 있는 경우를 종종 발견했습니다. 꼬마선충은 이런 동물들을 전혀 먹지도, 먹을 수도 없는데 말이죠. 먹이로서 가치가 없다면 꼬마선충은 왜 이런 동물들 위에 올라타 있는 것일까요?

한 가지 확실한 사실은 꼬마선충보다 이런 동물들이 속도가 훨씬 빠르다는 겁니다. 심지어 달팽이조차도 말이죠. 꼬마선충이 한 나절 꼬박 이동할 거리를 쥐며느리는 순식간에 달려갈 수 있으니까요. 그렇다면 꼬마선충은 이런 동물들을 교통수단으로 이용하는 것은 아닐까요? 만약 그것이 사실이라면 꼬마선충이 달팽이 택시를 타는 것과 닉테이션 춤 사이에는 어떤 관련이 있을까요?

갑자기 물도 먹을 것도 없는 사막 한 가운데에 떨어졌다고 상상해 봅시다. 며칠을 굶주리며 떠돌아다니다 마침내 사막 한 가운데에 쭉 뻗어 있는 도로와 그 위를 달리는 차들을 발견했습니다. 그 상황에서 아마 많은 사람이 손을 흔들어 차를 태워달라는 몸짓을 펼치지 않겠습니까.

그림 2 닉테이션을 추는 다우어 유충. 출처/필자 촬영.

히치하이킹을 하기 위해서 말이죠. 히치하이킹에 성공한다면 차를 타고 한참을 달려 젖과 꿀이 흐르는 휴게소에서 인간다움을 회복할 수 있을 겁니다.

그런데 먹을 것이 없는 서식처, 지나다니는 벌레들 속에서 꼬마선충이 몸을 세워 흔드는 저 춤사위가 혹시 이와 마찬가지로 히치하이킹 댄스는 아닐까요? 다른 벌레에 탑승하는 데 성공한 히치하이커들은 벌레가 더 좋은 서식처를 찾으면 재빨리 하차하여 새로운 삶을 시작하는 것은 아닐까요?

닉테이션을 연구하는 저희 실험실에서는 닉테이션이 히치하이킹 댄스라는 가설을 입증하기 위해 재미있는 실험을 진행했습니다. 플라스틱 통 안에 한쪽에는 굶어서 다우어가 생긴 플레이트를 놓고 닉테이션을 할 수 있게 거즈를 덮어 주고, 다른 한쪽에는 아무 선충도 없지만 풍족한 먹이가 있는 플레이트를 넣어 준 후, 초파리 실험실에서 초파리를 분양받아서 20여 마리를 통 안에 넣어 주었습니다. 다른 가능성들을 배제하기 위해서 초파리를 넣지 않은 통, 플레이트에 거즈를 덮어 주지 않은 통과 함께 약 하루 정도 내버려 두었습니다.

그 결과 오직 초파리를 넣어 주고 거즈를 붙여둔 통 안에서만 새로운 플레이트에서 꼬마선충이 발견되었습니다. 꼬마선충 다우어가 닉테이션 댄스를 통해 초파리 헬기를 타고 풍족한 가나안 땅으로 히치하이킹에 성공한 것이지요. 꼬마선충이 닉테이션을 통해 다른 동물에 히치하이킹 할 것이라는 추측은 다른 과학자들도 한 적이 있었지만, 저희는 그것을 실험을 통해 입증한 것이었습니다. 이를 통해 '왜 닉테이션을 하는가'에 대한 적응적 설명, 즉 궁극 원인에 대한 설명의 실험적 근거를 마련할 수 있었습니다.

춤추는 유전자

닉테이션 댄스가 왜 꼬마선충에게 도움이 되는지는 어느 정도 알게 되었지만, 옆구리로 바닥에서만 기어 다니던 친구들이 어떻게 벌떡 일어나 이런 격렬한 춤사위를 보이는지에 대해서는 아직 밝혀진 바가 거의 없습니다. 달리 말하자면 닉테이션 행동에 대한 근접 원인이 무엇인지 잘 알지 못하는 상황이라고 할 수 있습니다. 닉테이션의 기작이 무엇인지 정확히 모르니까요.

닉테이션에 대한 근접 원인을 밝히기 위해 저희 연구팀은 핵심적인 가설을 세웠습니다. 바로 이 춤은 '꼬마선충의 유전체 안에 유전적으로 프로그램 된 행동'이라는 것입니다. 쉽게 표현하자면 닉테이션은 유전자에 의해 빚어지는 선천적인 댄스라는 가설이지요. 세상에는 열심히 배우고 익혀야만 출 수 있는 멋진 춤도 있지만, 누구나 자신의 신체 부위를 제각기 흔들며 출 수 있는 막춤도 있습니다. 춤을 출 수 없는 인간을 떠올리기란 정말 쉽지 않고, 저희는 춤이 없는 문화권에 대해서는 들어본 적이 없습니다. 저희는 인간이 틀림없이 춤 유전자를 갖고 있다고 봅니다. 꼬마선충의 막춤, 닉테이션도 마찬가지입니다.

저희 연구실은 기본적으로 '유전학'을 하는 연구실입니다. 유전자를 이리저리 다루는 일을 주된 업무로 하고 있지요. 닉테이션이 '꼬마선충의 유전적 춤 프로그램'의 결과물이라고 보는 것도 바로 저희가 유전학적 관점을 채택하고 있기 때문이라고 할 수 있습니다. 유전학자들이 이러한 관점에서 접근하는 가장 일반적인 방법은 유전자를 망가뜨려 그 기능을 없애 보는 것입니다. 일명 '돌연변이 연구'입니다. 특정 유전자가 특정 형질에 중요하다면 그 유전자가 망가졌을 때 바로 그 형질도 문제가 생길 게 분명하다는 논리지요.

닉테이션은 꼬마선충의 여느 행동과 마찬가지로 300여 개로 이루어진 신경 회로의 작동을 통해 일어납니다. 신경전달물질은 바로 이 신경 회로를 이루는 신경세포들 간의 소통을 매개하는 핵심 인자입니다. 꼬마선충의 유전체 안에는 다양한 신경전달물질의 유전자가 들어 있는데, 각각의 신경세포는 자신이 이용하는 신경전달물질은 이 유전자로부터 합성해 냅니다. 저희 연구팀은 신경전달물질을 합성하는 유전자가 망가진 다양한 돌연변이를 연구하는 데서 닉테이션 행동을 풀기 위한 힌트를 찾아냈습니다.

꼬마선충의 신경전달물질은 도파민, 세로토닌, 아세틸콜린 등으로 인간의 신경이 이용하는 신경전달물질과 매우 비슷합니다. 저희는 여러 신경전달물질 중에서도 아세틸콜린을 만들어 내는 유전자가 망가졌을 경우에만 닉테이션 행동에 장애가 발생한다는 사실을 알아냈습니다. 이는 특정 신경세포에서 만들어진 아세틸콜린이 닉테이션 행동을 조절한다는 것을 의미합니다. 아세틸콜린 유전자는 다우어가 춤추는 데 꼭 필요한 유전자였던 것이죠.

'춤 유전자'를 찾아낸 저희는 다음 단계로 춤을 추는 데 필요한 신경세포를 찾아 나섰습니다. 아세틸콜린 유전자가 망가진 돌연변이에 특정 신경세포에서만 아세틸콜린 유전자를 도입해주는 형질전환 동물들을 만들었습니다. 연구자들이 '구조rescue'라고 부르는 실험 방법입니다. 저희는 IL2라고 불리는 6개의 신경세포 꾸러미에서 아세틸콜린 유전자를 '구조'했을 때 아세틸콜린 돌연변이의 닉테이션 장애가 회복된다는 사실을 확인했습니다.

IL2 신경세포들이 닉테이션 춤을 조절하는 핵심 기능을 담당하고 있는지를 확실히 확인하기 위해 저희는 몇 가지 실험을 더 수행하였습니다. IL2 신경세포들을 제거한 실험과 반대로 IL2 실험을 인위적으로 활성화한 두 가지 실험이 결정적 증거를 제공하였습니다. 닉테이션을 조절하는 IL2 신경세포들을 제거한 형질전환 꼬마선충은 정상 꼬마선충에 비해 닉테이션 행동의 현저한 결함을 보였습니다. 반대로 광유전적 방법을 이용해 IL2 신경을 인위적으로 활성화시켜주자 다우어의 닉테

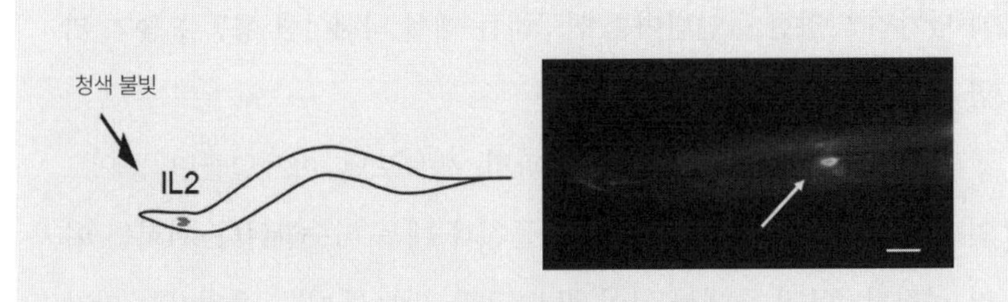

그림 3 IL2 신경세포의 활성이 닉테이션을 유도한다. 광유전학 기법을 이용한 IL2 신경세포 활성 모식도와 실제 이미지. 출처/Lee, Harksun, et al. 2012.

이션 춤이 유도되는 것을 관찰할 수 있었습니다.

저희 연구실은 2011년 이런 연구 결과를 담아 〈네이처뉴로사이언스〉에 예쁜꼬마선충의 닉테이션 행동에 대한 깊이 있는 논문을 발표하였습니다. 저희 논문은 다윈이 《종의 기원》을 참고문헌으로 인용하기도 했는데, 다윈도 역시 히치하이킹을 통한 종의 분산 행동에 주목한 바가 있었기 때문입니다. 저희는 종의 분산 행동을 세포 수준의 메커니즘까지 규명한 거의 최초 사례라는 자부심을 갖고 있습니다.

벌레에게 희망을

트리나 폴러스의 《꽃들에게 희망을》이라는 동화에서 애벌레들은 서로를 타고 넘으며 거대한 탑을 만들어 냅니다. 애벌레들은 탑 꼭대기에 무언가 있을 것이라는 희망을 품고 처절하게 꼭대기를 향해 기어오르죠. 그 끝에는 아무 것도 없는데, 그 끝에 올라간 애벌레들이 아무것도 없다고 증언하는데도, 애벌레들은 아집에 가까운 희망을 붙들고 꼭대기를 기어 올라갑니다.

그런데 실제로 야생에서 꼬마선충들이 이처럼 애벌레탑을 만들어 내고 있는 모습이 관찰되었습니다. 정확히 말하면 닉테이션 하는 다우어들이 만들어 낸 다우어탑입니다. 실험실에선 어쩌다 두세 마리의 다우어들이 몸을 기대며 부비부비 닉테이션을 하는 광경을 마주치게 되지만, 자연에서는 수백 마리의 다우어들이 한 몸체를 이루어 거대한 군무를 추는 경우가 왕왕 발견된다고 합니다. 1mm도 채 되지 않는 다우어들이 눈으로도 보일만한 구조물을 이루어 흔들거리는 이유는 아마 지나가는 동물들에 더 잘 히치하이킹하기 위함일 겁니다.

이런 집단 닉테이션 현상을 비롯해 아직 닉테이션에 대해서는 알고 있는 것보다 알지 못하는 것이 압도적으로 많습니다. 왜 다른 상태가 아니라 다우어 상태에서만 춤을 출 수 있는지, 자연에서는 어떤 자극에 반응해 닉테이션 춤을 추게 될지, 닉테이션 춤은 어떻게 진화했는지 아는 바가 거의 없습니다. 연구를 하고 있는 저희 입장에선 아직 갈 길이 한참 멀고, 멀고도, 멉니다.

어쩌면 닉테이션 춤은 누군가에겐 작은 벌레의 별 의미 없는 몸짓으로 보일지 모르지만, 바로 그 작은 벌레들에게는 가녀리지만 생명을 이어 나가게 해주는 희망의 몸짓입니다. 궁핍하고 어려울 때일수록, 장가도 못가고 아이 낳을 생각도 못하는 핍진한 상태일수록, DNA 깊은 곳에 새겨진 댄스 프로그램에서 실행되는 이 춤에 저는 매혹을 느낍니다. 아니, 굶으면 춤추는 꼬마선충이라니요. 어찌 사랑하지 않을 수 있겠습니까.

들어가면서 히치하이커 예쁜꼬마선충, 코스모폴리탄이 되다

Andersen, Erik C., et al. "Chromosome-scale selective sweeps shape Caenorhabditis elegans genomic diversity." *Nature Genetics* 44.3 (2012): 285-290.

Félix, Marie-Anne, and Christian Braendle. "The natural history of Caenorhabditis elegans." *Current Biology* 20.22 (2010): R965-R969.

Félix, Marie-Anne, and Fabien Duveau. "Population dynamics and habitat sharing of natural populations of Caenorhabditis elegans and C. briggsae." *BMC biology* 10.1 (2012): 1.

Kiontke, Karin C., et al. "A phylogeny and molecular barcodes for Caenorhabditis, with numerous new species from rotting fruits." *BMC Evolutionary Biology* 11.1 (2011): 339.

1부 마음은 어떻게 작동하는가: 신경에서 행동까지

1. 마음의 작동을 눈으로 본다

Prevedel, Robert, et al. "Simultaneous whole-animal 3D imaging of neuronal activity using light-field microscopy." *Nature Methods* 11.7 (2014): 727-730.

White, John G., et al. "The structure of the nervous system of the nematode Caenorhabditis elegans." *Philosophical Transactions of the Royal Society B: Biological Science* 314.1165 (1986): 1-340.

2. 시간을 느끼는 신경

Chen, Lizhen, and Andrew D. Chisholm. "Axon regeneration mechanisms: insights from C. elegans." *Trends in Cell Biology* 21.10 (2011): 577-584.

Hammarlund, Marc, et al. "Axon regeneration requires a conserved MAP kinase pathway." *Science* 323.5915 (2009): 802-806.

Nix, Paola, and Michael Bastiani. "Heterochronic genes turn back the clock in old neurons." *Science* 340.6130 (2013): 282-283.

Ramachandran, Vilayanur S., M. Stewart, and D. C. Rogers-Ramachandran. "Perceptual correlates of massive cortical reorganization." *Neuroreport* 3.7 (1992): 583-586.

Sokol, Nicholas S. "Small temporal RNAs in animal development." *Current Opinion in Genetics &Development* 22.4 (2012): 368-373.

Wu, Zilu, et al. "Caenorhabditis elegans neuronal regeneration is influenced by life stage, ephrin signaling, and synaptic branching." *Proceedings of the National Academy of Sciences* 104.38 (2007): 15132-15137.

3. 마음의 설계도는 어떻게 유지되는가?

Clarke, Laura E., and Ben A. Barres. "Glia Keep Synapse Distribution under Wraps." Cell 154.2 (2013): 267-268.

Edelman, Gerald M. *Bright Air, Brilliant Fire: On The Matter of the Mind*. Basic books, 1992. 제랄드 에델만 지음. 황희숙 옮김. 《신경과학과 마음의 세계》. 범양사. 2006.

Mehlen, Patrick, Celine Delloye-Bourgeois, and Alain Chedotal. "Novel roles for Slits and netrins: axon guidance cues as anticancer targets?." *Nature Reviews Cancer* 11.3 (2011): 188-197.

Shao, Zhiyong, et al. "Synapse Location during Growth Depends on Glia Location." *Cell* 154.2 (2013): 337-350.

4. 빛으로 인간의 마음을 조작할 수 있을까?

Hegemann, Peter, and Georg Nagel. "From channelrhodopsins to optogenetics." *EMBO Molecular Medicine* 5.2 (2013): 173-176.

Lee, Harksun, et al. "Nictation, a dispersal behavior of the nematode Caenorhabditis elegans, is regulated by IL2 neurons." *Nature Neuroscience* 15.1 (2012): 107-112.

Nagel, Georg, et al. "Channelrhodopsin-1: a light-gated proton channel in green algae." *Science* 296.5577 (2002): 2395-2398.

Nagel, Georg, et al. "Channelrhodopsin-2, a directly light-gated cation-selective membrane channel." *Proceedings of the National Academy of Sciences* 100.24 (2003): 13940-13945.

Nagel, Georg, et al. "Light activation of channelrhodopsin-2 in excitable cells of Caenorhabditis elegans triggers rapid behavioral responses." *Current Biology* 15.24 (2005): 2279-2284.

Olds, James, and Peter Milner. "Positive reinforcement produced by electrical stimulation of septal area and other regions of rat brain." *Journal of Comparative and Physiological Psychology* 47.6 (1954): 419.

Stirman, Jeffrey N., et al. "Real-time multimodal optical control of neurons and muscles in freely behaving Caenorhabditis elegans." *Nature methods* 8.2 (2011): 153-158.

5. 잠자는 꼬마선충, '꿈'이라도 꾸는 걸까?

오철우, "'잠은 뇌에 쌓인 노폐물을 씻는 과정' - 쥐실험", 사이언스온 기사 (2013. 10. 22)

Cho, Julie Y., and Paul W. Sternberg. "Multilevel Modulation of a Sensory Motor Circuit during C. elegans Sleep and Arousal." *Cell* 156.1 (2014): 249-260.

Cirelli, Chiara. "The genetic and molecular regulation of sleep: from fruit flies to humans." *Nature Reviews Neuroscience* 10.8 (2009): 549-560.

Driver, Robert J., et al. "DAF-16/FOXO Regulates Homeostasis of Essential Sleep-like Behavior during Larval Transitions in C. elegans." *Current Biol-*

ogy 23.6 (2013): 501-506.
Hobson, J. Allan. "Sleep is of the brain, by the brain and for the brain." *Nature* 437.7063 (2005): 1254-1256.
Lewis, Sian. "Sleep: A rude awakening." *Nature Reviews Neuroscience* 15.3 (2014): 136-137.
Nelson, Matthew D., and David M. Raizen. "A sleep state during C. elegans development." *Current Opinion in Neurobiology* 23.5 (2013): 824-830.
Raizen, David M., et al. "Lethargus is a Caenorhabditis elegans sleep-like state." *Nature* 451.7178 (2008): 569-572.
Weiner, Jonathan. *Time, Love, Memory: a Great Biologist and His Quest for the Origins of Behavior*. Vintage, 2014. 조너선 와이너 지음. 조경희 옮김. 《초파리의 기억》. 이끌리오. 2007.
Zimmerman, John E., et al. "Conservation of sleep: insights from non-mammalian model systems." *Trends in Neurosciences* 31.7 (2008): 371-376.

6. 큐피드의 화살은 어디서 날아올까?

Bartels, Andreas, and Semir Zeki. "The neural correlates of maternal and romantic love." *Neuroimage* 21.3 (2004): 1155-1166.
Beets, Isabel, et al. "Vasopressin/oxytocin-related signaling regulates gustatory associative learning in C. elegans." *Science* 338.6106 (2012): 543-5.
Emmons, Scott W. "The Mood of a Worm." *Science* 338.6106 (2012): 475.
Fisher, Helen E., Arthur Aron, and Lucy L. Brown. "Romantic love: a mammalian brain system for mate choice." *Philosophical Transactions of the Royal Society B: Biological Sciences* 361.1476 (2006): 2173-2186.
Garrison, Jennifer L., et al. "Oxytocin/vasopressin-related peptides have an ancient role in reproductive behavior." *Science* 338.6106 (2012): 540-3.
Grewen, Karen M., et al. "Effects of partner support on resting oxytocin, cortisol, norepinephrine, and blood pressure before and after warm partner contact." *Psychosomatic Medicine* 67.4 (2005): 531-538.

7. 영국서 온 고독한 솔로와 하와이에서 온 파티광

Coates, Juliet C., and Mario de Bono. "Antagonistic pathways in neurons exposed to body fluid regulate social feeding in Caenorhabditis elegans." *Nature* 419.6910 (2002): 925-929.

De Bono, Mario, and Cornelia I. Bargmann. "Natural variation in a neuropeptide Y receptor homolog modifies social behavior and food response in C. elegans." *Cell* 94.5 (1998): 679-689.

Gray, Jesse M., et al. "Oxygen sensation and social feeding mediated by a C. elegans guanylate cyclase homologue." *Nature* 430.6997 (2004): 317-322.

Macosko, Evan Z., et al. "A hub-and-spoke circuit drives pheromone attraction and social behaviour in C. elegans." *Nature* 458.7242 (2009): 1171-1175.

McGrath, Patrick T., et al. "Quantitative mapping of a digenic behavioral trait implicates globin variation in C. elegans sensory behaviors." *Neuron* 61.5 (2009): 692-699.

Rogers, Candida, et al. "Inhibition of Caenorhabditis elegans social feeding by FMRFamide-related peptide activation of *NPR-1*." *Nature Neuroscience* 6.11 (2003): 1178-1185.

2부 생명의 보편성: DNA에서 세포까지

1. 쌍둥이가 똑같지 않은 이유

Burga, Alejandro, M. Olivia Casanueva, and Ben Lehner. "Predicting mutation outcome from early stochastic variation in genetic interaction partners." *Nature* 480.7376 (2011): 250-253.

Casanueva, M. Olivia, Alejandro Burga, and Ben Lehner. "Fitness trade-offs and environmentally induced mutation buffering in isogenic C. elegans." *Science* 335.6064 (2012): 82-85.

Chalancon, Guilhem, et al. "Interplay between gene expression noise and regulatory network architecture." *Trends in Genetics* 28.5 (2012): 221-232.

Costanzo, Michael, et al. "The genetic landscape of a cell." *Science* 327.5964 (2010): 425-431.

Eldar, Avigdor, et al. "Partial penetrance facilitates developmental evolution in bacteria." *Nature* 460.7254 (2009): 510-514.

Eldar, Avigdor, and Michael B. Elowitz. "Functional roles for noise in genetic circuits." *Nature* 467.7312 (2010): 167-173.

Elowitz, Michael B., et al. "Stochastic gene expression in a single cell." *Science* 297.5584 (2002): 1183-1186.

Hunter, Craig P., and Cynthia Kenyon. "Spatial and temporal controls target pal-1 blastomere-specification activity to a single blastomere lineage in C. elegans embryos." *Cell* 87.2 (1996): 217-226.

Kitano, Hiroaki. "Biological robustness." *Nature Reviews Genetics* 5.11 (2004): 826-837.

Lehner, Ben. "Genotype to phenotype: lessons from model organisms for human genetics." *Nature Reviews Genetics* 14.3 (2013): 168-178.

Raj, Arjun, et al. "Imaging individual messenger RNA molecules using multiple singly labeled probes." *Nature Methods* 5.10 (2008): 877.

Raj, Arjun, et al. "Variability in gene expression underlies incomplete penetrance." *Nature* 463.7283 (2010): 913-918.

Raser, Jonathan M., and Erin K. O'Shea. "Noise in gene expression: origins, consequences, and control." *Science* 309.5743 (2005): 2010-2013.

http://mol-biol4masters.masters.grkraj.org/html/Co_and_Post_Translational_Events4-Glycosylation_of_Proteins.htm

http://www.biocat.com/cgi-bin/page/sub1.pl?main_group=genomics&sub1=rna_single_molecule_fish

http://www.stembook.org/sites/default/files/chapters_new/Kimble_F01_0.jpg

http://www.nytimes.com/2013/05/14/opinion/my-medical-choice.html?_r=1&

2. 단백질을 고쳐서 쓸까, 새로 만들까?

Avery, SimonáV. "Molecular targets of oxidative stress." *Biochemical Journal* 434.2 (2011): 201-210.

Ben-Zvi, Anat, Elizabeth A. Miller, and Richard I. Morimoto. "Collapse of proteostasis represents an early molecular event in Caenorhabditis elegans aging." *Proceedings of the National Academy of Sciences* 106.35 (2009): 14914-14919.

Hill, R. J., and P. W. Sternberg. "The gene lin-3 encodes an inductive signal for vulval development." *Nature* 358.6386 (1992): 470-476.

Liu, Gang, et al. "EGF signalling activates the ubiquitin proteasome system to modulate C. elegans lifespan." *The EMBO journal* 30.15 (2011): 2990-3003.

Rongo, Christopher. "Epidermal growth factor and aging: a signaling molecule reveals a new eye opening function." *Aging* (Albany NY) 3.9 (2011): 896-905.

3. '뛰는 유전자', 쫓는 꼬마 RNA

Ashe, Alyson, et al. "piRNAs can trigger a multigenerational epigenetic memory in the germline of C. elegans." *Cell* 150.1 (2012): 88-99.

Bagijn, Marloes P., et al. "Function, targets, and evolution of Caenorhabditis elegans piRNAs." *Science* 337.6094 (2012): 574-578.

Batista, Pedro J., et al. "PRG-1 and 21U-RNAs interact to form the piRNA complex required for fertility in C. elegans." *Molecular cell* 31.1 (2008): 67-78.

Biémont, Christian, and Cristina Vieira. "Genetics: junk DNA as an evolutionary force." *Nature* 443.7111 (2006): 521-524.

Lee, Heng-Chi, et al. "C. elegans piRNAs mediate the genome-wide surveillance of germline transcripts." *Cell* 150.1 (2012): 78-87.

Shirayama, Masaki, et al. "piRNAs initiate an epigenetic memory of nonself RNA in the C. elegans germline." *Cell* 150.1 (2012): 65-77.

Sijen, Titia, and Ronald HA Plasterk. "Transposon silencing in the Caenorhabditis elegans germ line by natural RNAi." *Nature* 426.6964 (2003): 310-314.

http://www.nobelprize.org/nobel_prizes/medicine/laureates/2006/medpress_eng.pdf

http://media.hhmi.org/ibio/wessler/LRgriff_c15_523-552hr.pdf

4. 바이러스와 인간의 이상한 동거

Bagasra, Omar, and Kiley R. Prilliman. "RNA interference: the molecular immune system." *Journal of Molecular Histology* 35.6 (2004): 545-553.

Diogo, Jesica, and Ana Bratanich. "The nematode Caenorhabditis elegans as a model to study viruses." *Archives of Virology* 159.11 (2014): 2843-2851.

Félix, Marie-Anne, et al. "Natural and experimental infection of Caenorhabditis nematodes by novel viruses related to nodaviruses." *PLoS Biol* 9.1 (2011): e1000586.

Fire, Andrew, et al. "Potent and specific genetic interference by double-stranded RNA in Caenorhabditis elegans." *Nature* 391.6669 (1998): 806-811.

Lu, R., et al. "Animal virus replication and RNAi-mediated antiviral silencing in Caenorhabditis elegans." *Nature* 436.7053 (2005): 1040-1043.

Wilkins, Courtney, et al. "RNA interference is an antiviral defence mechanism in Caenorhabditis elegans." *Nature* 436.7053 (2005): 1044-1047.

5. 아버지의 미토콘드리아는 어디로 사라졌을까?

Al Rawi, Sara, et al. "Postfertilization autophagy of sperm organelles prevents paternal mitochondrial DNA transmission." Science 334.6059 (2011): 1144-1147.

Gyllensten, Ulf, et al. "Paternal inheritance of mitochondrial DNA in mice." *Nature* (1991): 255-257.

Lane, Nick. Power, Sex, Suicide: Mitochondria and The Meaning of Life. Oxford University Press, 2006. 닉 레인 지음. 김정은 옮김. 《미토콘드리아》. 뿌리와이파리, 2009.

Lindahl, Kirsten Fischer. "Mitochondrial inheritance in mice." *Trends in Genetics* 1 (1985): 135-139.

May, Alexander I., Rodney J. Devenish, and Mark Prescott. "The many faces of mitochondrial autophagy: making sense of contrasting observations in recent research." *International Journal of Cell Biology* 2012 (2012).

Sato, Miyuki, and Ken Sato. "Degradation of paternal mitochondria by fertilization-triggered autophagy in C. elegans embryos." *Science* 334.6059 (2011): 1141-1144.

Sato, Miyuki, and Ken Sato. "Maternal inheritance of mitochondrial DNA: Degradation of paternal mitochondria by allogeneic organelle autophagy, allophagy." *Autophagy* 8.3 (2012): 424-425.

Zarkower D. "Somatic sex determination." *Wormbook: The Online Review of C. elegans Biology* (2006) Feb 10.

Cann RL, Stoneking M, Wilson AC. "Mitochondrial DNA and human evolution." *Nature*. 1987 Jan 1-7;325(6099):31-6.

6. 간이 잘 맞은 음식이 맛있는 이유

Chatzigeorgiou, Marios, et al. "*tmc-1* encodes a sodium-sensitive channel required for salt chemosensation in C. elegans." *Nature* 494.7435 (2013): 95-99.

Henry, Jane E., and Christine L. Taylor, eds. *Strategies to Reduce Sodium Intake in the United States*. National Academies Press, 2010.

Hukema, Renate K., Suzanne Rademakers, and Gert Jansen. "Gustatory plasticity in C. elegans involves integration of negative cues and NaCl taste mediated by serotonin, dopamine, and glutamate." *Learning & Memory* 15.11 (2008): 829-836.

Oka, Yuki, et al. "High salt recruits aversive taste pathways." *Nature* 494.7438 (2013): 472-475.

Zhang, Yali V., Jinfei Ni, and Craig Montell. "The Molecular Basis for Attractive Salt-Taste Coding in Drosophila." *Science* 340.6138 (2013): 1334-1338.

7. 함께 살아가는 방법

Cabreiro, Filipe, and David Gems. "Worms need microbes too: microbiota, health and aging in Caenorhabditis elegans." *EMBO Molecular Medicine* 5.9 (2013): 1300-1310.

Cabreiro, Filipe, et al. "Metformin retards aging in C. elegans by altering microbial

folate and methionine metabolism." *Cell* 153.1 (2013): 228-239.
Garsin, Danielle A., et al. "Long-lived C. elegans daf-2 mutants are resistant to bacterial pathogens." *Science* 300.5627 (2003): 1921-1921.
Gusarov, Ivan, et al. "Bacterial nitric oxide extends the lifespan of C. elegans." *Cell* 152.4 (2013): 818-830.
Houthoofd, Koen, et al. "Axenic growth up-regulates mass-specific metabolic rate, stress resistance, and extends life span in Caenorhabditis elegans." *Experimental Gerontology* 37.12 (2002): 1371-1378.
Rosenberg, Eugene, and Ilana Zilber-Rosenberg. "Symbiosis and development: the hologenome concept." *Birth Defects Research Part C: Embryo Today: Reviews* 93.1 (2011): 56-66.
Wikoff, William R., et al. "Metabolomics analysis reveals large effects of gut microflora on mammalian blood metabolites." *Proceedings of the National Academy of Sciences* 106.10 (2009): 3698-3703.

3부 늙는다는 것은 생명의 일: 선충에서 인간까지

1. 단명하는 체세포와 불멸하는 생식세포

Bonner, John Tyler. "The origins of multicellularity." *Integrative Biology Issues News and Reviews* 1.1 (1998): 27-36.
Curran, Sean P., et al. "A soma-to-germline transformation in long-lived Caenorhabditis elegans mutants." *Nature* 459.7250 (2009): 1079-1084.
Janic, Ana, et al. "Ectopic expression of germline genes drives malignant brain tumor growth in Drosophila." *Science* 330.6012 (2010): 1824-1827.

2. '세포 타이머' 텔로미어가 개체의 타이머라고 할 수 있을까?

Blasco, Maria A. "Telomere length, stem cells and aging." *Nature Chemical Biology* 3.10 (2007): 640-649.
Bodnar, Andrea G., et al. "Extension of life-span by introduction of telomerase

into normal human cells." *Science* 279.5349 (1998): 349-352.

de Jesus, Bruno Bernardes, et al. "Telomerase gene therapy in adult and old mice delays aging and increases longevity without increasing cancer." *EMBO Molecular Medicine* 4.8 (2012): 691-704.

Donate, Luis E., and Maria A. Blasco. "Telomeres in cancer and ageing." *Philosophical Transactions of the Royal Society of London B: Biological Sciences* 366.1561 (2011): 76-84.

Gladyshev, Vadim N. "On the cause of aging and control of lifespan." *Bioessays* 34.11 (2012): 925-929.

Guarente, Leonard. "Forever young." *Cell* 140.2 (2010): 176-178.

Heidinger, Britt J., et al. "Telomere length in early life predicts lifespan." *Proceedings of the National Academy of Sciences* 109.5 (2012): 1743-1748.

Jaskelioff, Mariela, et al. "Telomerase reactivation reverses tissue degeneration in aged telomerase-deficient mice." *Nature* 469.7328 (2011): 102-106.

Kaeberlein, Matt. "Lessons on longevity from budding yeast." *Nature* 464.7288 (2010): 513-519.

López-Otín, Carlos, et al. "The hallmarks of aging." *Cell* 153.6 (2013): 1194-1217.

Martínez, Daniel E., and Diane Bridge. "Hydra, the everlasting embryo, confronts aging." *International Journal of Developmental Biology* 56.6-7-8 (2012): 479-487.

Rando, Thomas A. "Stem cells, ageing and the quest for immortality." *Nature* 441.7097 (2006): 1080-1086.

Royle, Nicola J., et al. "The role of recombination in telomere length maintenance." *Biochemical Society Transactions* 37.3 (2009): 589-595.

Sahin, Ergün, et al. "Telomere dysfunction induces metabolic and mitochondrial compromise." *Nature* 470.7334 (2011): 359-365.

Shay, Jerry W., and Woodring E. Wright. "Hayflick, his limit, and cellular ageing." *Nature reviews Molecular cell biology* 1.1 (2000): 72-76.

Shay, Jerry W., and Woodring E. Wright. "Hallmarks of telomeres in ageing research." *The Journal of Pathology* 211.2 (2007): 114-123.

Tomás-Loba, Antonia, et al. "Telomerase reverse transcriptase delays aging in cancer-resistant mice." *Cell* 135.4 (2008): 609-622.

Vera, Elsa, et al. "The rate of increase of short telomeres predicts longevity in mammals." *Cell Reports* 2.4 (2012): 732-737.
Wolinsky, Howard. "Testing time for telomeres." *EMBO Reports* 12.9 (2011): 897-900.
http://www.bionutric.net/version1/web/productGRapeSeed.asp
http://www.independent.co.uk/news/science/the-163400-test-that-tells-you-how-long-youll-live-2284639.html
http://www.nature.com/news/2011/110528/full/news.2011.330.html
http://www.nobelprize.org/nobel_prizes/medicine/laureates/2009/popular-medicineprize2009.pdf
http://www.nytimes.com/2011/05/19/business/19life.html?pagewanted=all&_r=0

3. 불협화음의 미스터리

B Hwang, Ara, Dae-Eun Jeong, and Seung-Jae Lee. "Mitochondria and organismal longevity." *Current Genomics* 13.7 (2012): 519-532.
Durieux, Jenni, Suzanne Wolff, and Andrew Dillin. "The cell-non-autonomous nature of electron transport chain-mediated longevity." *Cell* 144.1 (2011): 79-91.
Haynes, Cole M., and David Ron. "The mitochondrial UPR -protecting organelle protein homeostasis." *J Cell Sci* 123.22 (2010): 3849-3855.
Houtkooper, Riekelt H., et al. "Mitonuclear protein imbalance as a conserved longevity mechanism." *Nature* 497.7450 (2013): 451-457.
Ristow, Michael, and Kim Zarse. "How increased oxidative stress promotes longevity and metabolic health: The concept of mitochondrial hormesis (mitohormesis)." *Experimental Gerontology* 45.6 (2010): 410-418.
Ryan, Michael T., and Nicholas J. Hoogenraad. "Mitochondrial-nuclear communications." *Annu.Rev.Biochem.* 76 (2007): 701-722.

4. 거세당한 남성의 장수 비결

Arantes-Oliveira, Nuno, et al. "Regulation of life-span by germ-line stem cells in

Caenorhabditis elegans." *Science* 295.5554 (2002): 502-505.
Guarente, Leonard, and Cynthia Kenyon. "Genetic pathways that regulate ageing in model organisms." *Nature* 408.6809 (2000): 255-262.
Hsin, Honor, and Cynthia Kenyon. "Signals from the reproductive system regulate the lifespan of C. elegans." *Nature* 399.6734 (1999): 362-366.
Kenyon, Cynthia, et al. "A C. elegans mutant that lives twice as long as wild type." *Nature* 366.6454 (1993): 461-464.
Kirkwood, Thomas BL, and Steven N. Austad. "Why do we age?." *Nature* 408.6809 (2000): 233-238.
Lant, Benjamin, and Kenneth B. Storey. "An overview of stress response and hypometabolic strategies in Caenorhabditis elegans: conserved and contrasting signals with the mammalian system." *Int J Biol Sci* 6.1 (2010): 9-50.
Min, Kyung-Jin, Cheol-Koo Lee, and Han-Nam Park. "The lifespan of Korean eunuchs." *Current Biology* 22.18 (2012): R792-R793.
Mukhopadhyay, Arnab, and Heidi A. Tissenbaum. "Reproduction and longevity: secrets revealed by C. elegans." *Trends in Cell Biology* 17.2 (2007): 65-71.
Rando, Thomas A., and Howard Y. Chang. "Aging, rejuvenation, and epigenetic reprogramming: resetting the aging clock." *Cell* 148.1 (2012): 46-57.
Shen, Yidong, et al. "A steroid receptor-microRNA switch regulates life span in response to signals from the gonad." *Science* 338.6113 (2012): 1472-1476.
Yamawaki, Tracy M., et al. "The somatic reproductive tissues of C. elegans promote longevity through steroid hormone signaling." *PLoS Biol* 8.8 (2010): e1000468.
http://www.age.mpg.de/science/research-labs/antebi/research/dauer-formation-and-longevity/

5. 홀아비가 여자보다 오래 살 수 있을까?

Gems, David, and Donald L. Riddle. "Genetic, behavioral and environmental determinants of male longevity in Caenorhabditis elegans." *Genetics* 154.4 (2000): 1597-1610.

6. 소식을 할까, 간헐적 단식을 할까?

Honjoh, Sakiko, et al. "Signalling through RHEB-1 mediates intermittent fasting-induced longevity in C. elegans." *Nature* 457.7230 (2009): 726-730.

Uno, Masaharu, et al. "A fasting-responsive signaling pathway that extends life span in C. elegans." *Cell Reports* 3.1 (2013): 79-91.

7. 많이 빛나는 당신, 위험합니다

Anson, R. Michael, and Richard G. Hansford. "Mitochondrial influence on aging rate in Caenorhabditis elegans." *Aging Cell* 3.1 (2004): 29-34.

Li, Kaitao, et al. "Superoxide flashes reveal novel properties of mitochondrial reactive oxygen species excitability in cardiomyocytes." *Biophysical Journal* 102.5 (2012): 1011-1021.

Ma, Qi, et al. "Superoxide Flashes Early Mitochondrial Signals For Oxidative Stress-Induced Apoptosis." *Journal of Biological Chemistry* 286.31 (2011): 27573-27581.

Shen, En-Zhi, et al. "Mitoflash frequency in early adulthood predicts lifespan in Caenorhabditis elegans." *Nature* (2014).

Wang, Wang, et al. "Superoxide flashes in single mitochondria." *Cell* 134.2 (2008): 279-290.

Zhang, Xing, et al. "Superoxide constitutes a major signal of mitochondrial superoxide flash." *Life Sciences* 93.4 (2013): 178-186.

부록 배고프면 춤추는 꼬마선충의 비밀

Cassada, Randall C., and Richard L. Russell. "The dauerlarva, a post-embryonic developmental variant of the nematode Caenorhabditis elegans." *Developmental Biology* 46.2 (1975): 326-342.

Golden, James W., and Donald L. Riddle. "The Caenorhabditis elegans dauer larva: developmental effects of pheromone, food, and temperature." *Devel-*

opmental Biology 102.2 (1984): 368-378.

Hu, Patrick J. "Dauer." *WormBook: the Online review of C. elegans Biology* (2007): 1.

Lee, Harksun, et al. "Nictation, a dispersal behavior of the nematode Caenorhabditis elegans, is regulated by IL2 neurons." *Nature Neuroscience* 15.1 (2012): 107-112.

Wolkow, C.A. and Hall, D.H. *Dauer Behavior*. WormAtlas. 2011

찾아보기

벌레의 마음

초판 1쇄 발행 2017년 1월 20일
초판 3쇄 발행 2019년 9월 11일

지은이 김천아 서범석 성상현 이대한 최명규
편집 김은수 박선진
디자인 주수현 이미연

펴낸곳 바다출판사
발행인 김인호
주소 서울시 마포구 어울마당로5길 17 5층
전화 322-3675(편집), 322-3575(마케팅)
팩스 322-3858
E-mail badabooks@daum.net
홈페이지 www.badabooks.co.kr
출판등록일 1996년 5월 8일
등록번호 제10-1288호

ISBN 978-89-5561-907-2 03470